智能电网工控安全及其防护技术

杨　云　吴文勤　张　曦　陈　曦　徐光侠　著

科学出版社

北　京

内 容 简 介

本书结合智能电网工控安全的基础知识和国家电网实际采用的防御技术，系统、全面地讨论了智能电网工控安全的思想和方法。第1章介绍智能电网工控安全的基本知识以及理论基础；第2～5章介绍物理设备的工控安全及防护方案，着眼于各种设备的网络安全架构方案、使用场景以及注意事项的描述；第6章着重介绍认证、访问控制、安全审计等技术，并给出详细的例子；第7～9章具体介绍智能电网工控安全的几项重要技术：数据安全及防护、安全接入及防护，以及安全感知技术，分析国家电网当下正使用的安全技术同时也对未来的最新技术进行展望；第10章介绍测评及标准认证。

本书对电力方向研究生、工程师以及相关行业技术人员均有参考价值。

图书在版编目（CIP）数据

智能电网工控安全及其防护技术 / 杨云等著. — 北京：科学出版社，2018.6

ISBN 978-7-03-055770-4

Ⅰ. ①智… Ⅱ. ①杨… Ⅲ. ①智能控制-电网-自动控制系统-电力安全 Ⅳ. ①TM76

中国版本图书馆 CIP 数据核字（2017）第 298655 号

责任编辑：闫 悦 / 责任校对：郭瑞芝

责任印制：徐晓晨 / 封面设计：迷底书装

科 学 出 版 社 出版

北京东黄城根北街 16 号

邮政编码：100717

http://www.sciencep.com

北京厚诚则铭印刷科技有限公司 印刷

科学出版社发行 各地新华书店经销

*

2018 年 6 月第 一 版 开本：720×1 000 1/16

2021 年 7 月第三次印刷 印张：16

字数：310 000

定价：98.00 元

（如有印装质量问题，我社负责调换）

前　言

2001 年，美国电力科学研究院提出了“IntelliGrid”(智能电网)，重点开展了智能电网整体信息通信架构的研究以及配电侧的业务创新和技术发展， 2009 年 5 月，国家电网公司在“2009 特高压输电技术国际会议”上提出了名为“坚强智能电网”的发展规划。智能化电网(智能电力)也被称为“电网 2.0”，它是建立在集成的、高速双向通信网络的基础上，通过先进的传感和测量技术、先进的设备技术、先进的控制方法以及先进的决策支持系统技术的应用，实现电网的可靠、安全、经济、高效、环境友好和使用安全的目标，其主要特征包括自愈、激励和包括用户、抵御攻击、提供满足 21 世纪用户需求的电能质量、容许各种不同发电形式的接入、启动电力市场以及资产的优化高效运行。

智能电网是一个复杂的网络系统，其工控安全防御的可靠运行不仅可以保障电力系统的正常运营与供应，更是全社会稳定健康发展的基础。国家电网公司大力推进特高压电网、SG186 工程和电力通信等的建设，数字化电网、信息化企业的蓝图逐步实现，为配电自动化智能系统建设奠定了扎实的基础。电网的快速发展，带来了电网系统数据爆炸性的增长，同时也引入了大量的安全风险和新的挑战。

智能电网工控安全动态防御技术的研究将实现电网管理安全化和精益化，将形成覆盖电网各个环节的通信网络体系，实现电网数据管理、信息运行维护综合监管、电网空间信息服务，以及生产和调度应用集成等功能，全面实现电网管理的安全化和精益化。很多供电企业为了给信息资产提供更安全的防护，应用了多家厂商的产品和解决方案，包括反病毒、防火墙、入侵检测、安全扫描器、访问控制、认证、单点登录、VPN 和加密网关等。这些解决方案主要应用于业务优先事项的实时响应、安全信息过载、数据智能化管理等问题。换言之，这些方案的主要应用场景是配电自动化智能系统。配电自动化智能系统的数据不仅包含了电力行业的核心数据资料，还涉及国家政治、军事以及社会生活的各个层面，具有较高的保密性，其非法使用和泄露将会给电力行业带来不可挽回的损失。多年信息化建设的实践表明，配电自动化智能系统数据的安全性仍然存在很多安全隐患，用户和系统数据隐私保护仍然处于一种高风险的状态，因此对于配电自动化智能系统的工控安全动态防御技术的研究是很有必要的。

本书结合智能电网工控安全的基础知识和国家电网公司实际采用的防御技术，系统、全面地讨论了智能电网工控安全的思想和方法。第 1～5 章分别从物理安全、网络安全、主机安全、应用系统安全等方面对智能电网现有的安全防御情况进行了系统的阐述。第 6～9 章首先分析国家电网公司智能电网工控系统应用的几项重要的安全技术，然后对智能电网工控系统的最新安全技术进行了应用分析。最后一章介绍了评测及标准认证。

本书的编写特色在于：①理论+案例的编写风格：以简练的语言进行理论知识的讲解，配上丰富而实用的案例；②充分考虑读者之便利：所选的实例贴近读者的理解水平，术语引入节奏合理，不会让读者产生晦涩的感觉，其个别难点，都尽量讲解得详尽且清晰；③实践性很强：本书是在作者长期在国家电网公司工作积累的经验并结合企业内部专业培训讲义的基础上，研究国内外相关书籍所整合的优缺点，结合收集到的相关安全技术的资料，整理和改编而成，具有很强的实践性。

鉴于作者水平有限，加之智能电网工控安全技术的发展日新月异，书中难免会有疏漏和不妥之处，敬请广大读者不吝赐教。

作　者

2017 年 11 月于国家电网重庆市电力公司

目　录

第 1 章　智能电网工控安全概述

随着信息化新技术在电网中广泛的使用，电网的接入方式和接入方法不断增多，传统电网逐渐发展成现在的智能电网。智能电网的兴起，促进了可再生能源的发展，提高了能源利用率，完善了电力市场，但同时也引入了很多安全问题。一方面，智能电网作为工业基础设施，其核心是工业控制系统，随着自动化技术发展，工业控制系统不断引入新技术，例如，将通用的 TCP/IP 作为网络基础设施，将工业控制协议迁移到应用层，提供各种无线网络接入，广泛采用标准的商用操作系统、设备、中间件及各种应用系统，工业控制系统逐渐由原始的孤立、封闭转变为包容、开放，不可避免地增加了工控系统的脆弱性。根据中国国家信息安全漏洞共享平台在 2015 年发布的新增漏洞信息可知，2015 年工控系统漏洞达 108 个且类型复杂多样，其价值和影响力越来越大，其中信息泄露方面的漏洞高居榜首，其次就是缓冲区溢出漏洞、密码类漏洞。这些漏洞经常被攻击者利用来搜集工业控制系统信息，为真正的网络攻击提供情报，对智能电网等工业基础设施构成了极大的威胁。另一方面，信息通信网络在智能电网中承载着数据交换的重要业务，是智能电网的基础。由于通信设备数量庞大、种类繁多，所以在计算能力和资源均有限的情况下，大多设备采用成本低廉、灵活性高的嵌入式无线通信，在信息传输过程中，面临着恶意虚假设备恶意接入、数据窃听、篡改、伪造、恶意注入等安全风险，一旦控制命令被篡改，就有可能造成大面积停电事故，造成人身伤亡，甚至危及公众和国家安全。所以智能电网工控安全是整个智能电网中非常重要的一个环节。

工控安全主要是由用电信息采集智能终端和配电自动化终端组成，它们在系统组成上基本一致，典型的电力配用电智能设备的组成从结构上可分为三层：物理层、系统层、业务层。终端设备一般由相关的物理硬件及其配套的软件构成，软件部分可分为系统层和业务层两个层次。配用电智能设备的安全运行必须保障这些主要组成部分的安全性，一旦某一层次出现安全问题，都会造成整个设备运行出现异常。

智能电网在给用户带来便利的同时，也引入了大量安全风险和新的挑战，智能电网的重要特点就是要求计算设备随时联网，网络化使得攻击者可以随时发起攻击。另外一方面，随着集成电路等工业技术的提高，嵌入式系统越来越智能化，这也给攻击者植入病毒、木马带来了便利。工控系统面临的网络安全威胁和风险更是日益突出，所以在开展智能电网环境下，工控系统安全防护是重中之重。

1.1　智能电网概述

智能电网是一个自动化的供电网络，以物理电网为基础(中国的智能电网是以特高压电网为骨干网架、各电压等级电网协调发展的坚强电网为基础)，将现代先进的传感测量技术、通信技术、信息技术、计算机技术和控制技术等与物理电网高度集成而形成的新型电网。其中的每一个用户和节点都得到实时监控，并保证从发电厂到用户端电器之间的每一点上的电流和信息的双向流动。智能电网通过广泛应用的分布式智能和宽带通信，以及自动控制系统的集成，以此保证市场交易的实时进行和电网上各成员之间的无缝连接及实时互动。

1.1.1　智能电网的概念

2005 年，坎贝尔发明了一种技术，利用的是群体(swarm)行为原理，让大楼里的电器互相协调，减少大楼在用电高峰期的用电量。坎贝尔发明了一种无线控制器，与大楼的各个电器相连，并实现有效控制。这个技术赋予电器于智能，提高能源的利用效率。

2006 年欧盟理事会的能源绿皮书《欧洲可持续的、竞争的和安全的电能策略》(*A European Strategy for Sustainable, Competitive and Secure Energy*)强调智能电网技术是保证欧盟电网电能质量的一个关键技术和发展方向。这时候的智能电网应该是指输配电过程中的自动化技术。

2006 年中期，一家名叫“网点”(Grid Point)的公司开始出售一种可用于监测家用电路耗电量的电子产品，可以通过互联网通信技术调整家用电器的用电量。这个电子产品具有了一部分交互功能，可以看作智能电网中的一个基础设施。

2006 年，美国 IBM 公司曾与全球电力专业研究机构、电力企业合作开发了“智能电网”解决方案。这一方案被形象地比喻为电力系统的“中枢神经系统”，电力公司可以通过使用传感器、计量表、数字控件和分析工具，自动监控电网，优化电网性能、防止断电、更快地恢复供电，消费者对电力使用的管理也可细化到每个联网的装置。这可以看作智能电网最完整的一个解决方案，标志着智能电网概念的正式诞生。

2007 年 10 月，华东电网正式启动了智能电网可行性研究项目，该项目的启动标志着中国开始进入智能电网领域。

2008 年美国科罗拉多州的波尔得(Boulder)已经成为了全美第一个智能电网城市，每户家庭都安装了智能电表，人们可以很直观地了解当时的电价，从而把一些事情，比如洗衣服、烫衣服等安排在电价低的时间段。电表还可以帮助人们优先使用风电和太阳能等清洁能源。同时，变电站可以收集到每家每户的用电情况，一旦有问题出现，可以重新配备电力。

2008 年 9 月，Google 与通用电气联合发表声明对外宣布，他们正在共同开发清洁能源业务，核心是为美国打造国家智能电网。

2009 年 1 月 25 日，美国白宫最新发布的《复苏计划尺度报告》宣布：将铺设或更新 3000 英里输电线路，并为 4000 万美国家庭安装智能电表——美国行将推动互动电网的整体革命。

2009 年 2 月 2 日，能源问题专家武建东在《全面推动互动电网革命拉动经济创新转型》的文章中，明确提出中国电网亟须实施“互动电网”革命性改造。

2009 年 2 月 4 日，地中海岛国马耳他公布了和 IBM 达成的协议，双方同意建立一个“智能公用系统”，实现该国电网和供水系统数字化。IBM 及其合作伙伴将会把马耳他 2 万个普通电表替换成互动式电表，这样马耳他的电厂就能实时监控用电，并制定不同的电价来奖励节约用电的用户。这个工程价值高达 9100 万美元，其中包括在电网中建立一个传感器网络。这种传感器网络和输电线、各发电站以及其他的基础设施一起提供相关数据，让电厂能更有效地进行电力分配并检测到潜在问题。IBM 将会提供搜集分析数据的软件，帮助电厂发现机会，降低成本以及该国碳密集型发电厂的排放量。

2009 年 2 月 10 日，谷歌表示已开始测试名为谷歌电表(Google power meter)的用电监测软件。这是一个测试版在线仪表盘，代表着谷歌正在成为信息时代的公用基础设施。

2009 年 2 月 28 日，作为华北公司智能化电网建设的一部分——华北电网稳态、动态、暂态三位一体安全防御及全过程发电控制系统在北京通过专家组的验收。这套系统首次将以往分散的能量管理系统、电网广域动态监测系统、在线稳定分析预警系统高度集成，调度人员无需在不同系统和平台间频繁切换，便可实现对电网综合运行情况的全景监视并获取辅助决策支持。此外，该系统通过搭建并网电厂管理考核和辅助服务市场品质分析平台，能有效提升调度部门对并网电厂管理的标准化和流程化水平。

2011 年 3 月 1 日，国家电网 750kV 延安(洛川)智能变电站成功投运，这是世界最高电压等级的智能变电站。

2011～2015 年智能电网进入全面建设阶段，特高压电网和城乡电网建设进入快速阶段，初步形成了智能电网运行控制和互动服务体系，关键技术和设备上实现重大突破和广泛应用。

近几年，国家陆续出台政策扶持智能电网的发展。2011 年，我国智能电网进入全面建设阶段，智能电网的发展促使智能电表招标采购活动上升，加速了我国智能电表市场的增长。全球智能电网的发展，需要使用新型电表，为我国企业带来机会。受国家政策的推动以及国外市场的刺激，未来几年我国智能电表市场将保持增长态势。

从广义上来说，智能电网包括可以优先使用清洁能源的智能调度系统、可以动态定价的智能计量系统以及通过调整发电、用电设备功率优化负荷平衡的智能技术系统。电能不仅从集中式发电厂流向输电网、配电网直至用户，同时电网中还遍布各种形式的新能源和清洁能源：太阳能、风能、燃料电池等。此外，高速、双向的通信系统实现了控制中心与电网设备之间的信息交互，高级的分析工具和决策体系保证了智能电网的安全、稳定和优化运行。智能电网的目标是实现电网运行的可靠、安全、经济、高效、环境友好和使用安全，电网能够实现这些目标，就可以称其为智能电网。

由于不同国家的国情、能源分布及实际电网结构和发展现状均有所差异，因此各个国家对智能电网的含义理解不同。美国能源部在 *Grid2030* 中提出，智能电网是“一个完全自动化的电网传输系统，可以监视和控制每个用户和电网通信节点的状态，并且保障在发电、输电、变电、配电和用电的整个过程中，每个节点之间的信息和电能是双向流通的”。欧盟智能电网特别工作组对智能电网的定义是：“智能化组织电网中的电力生产者、用户、电力传输网络，保证电力供应的可持续性、经济性和安全性”。在我国，结合能源供应的形势和用电服务的需求，综合来说，智能电网是在发电、输电、变电、配电和用电等环节中，充分利用现代先进的传感测量技术、计算机技术、网络通信技术、自动化和智能控制技术，极大程度地将原始专用的电网变得信息化、现代化和智能化，一方面满足用户对电力的供求和合理资源优化，保证电力供应的可靠安全；另一方面，接入新能源，降低了对不可再生能源的依赖，保证电能的绿色环保。

综上可以得出，智能电网高度交叉了很多学科，涉及计算机、通信、控制、信号处理等多个领域，是在传统电网的上层搭建了一层双向的互动信息网，其结构如图 1.1 所示。传统电网层和互动信息网络层直接通过网络互联，形成一个复合网络，优化电网控制，实现智能发电、输电、配电和用电。

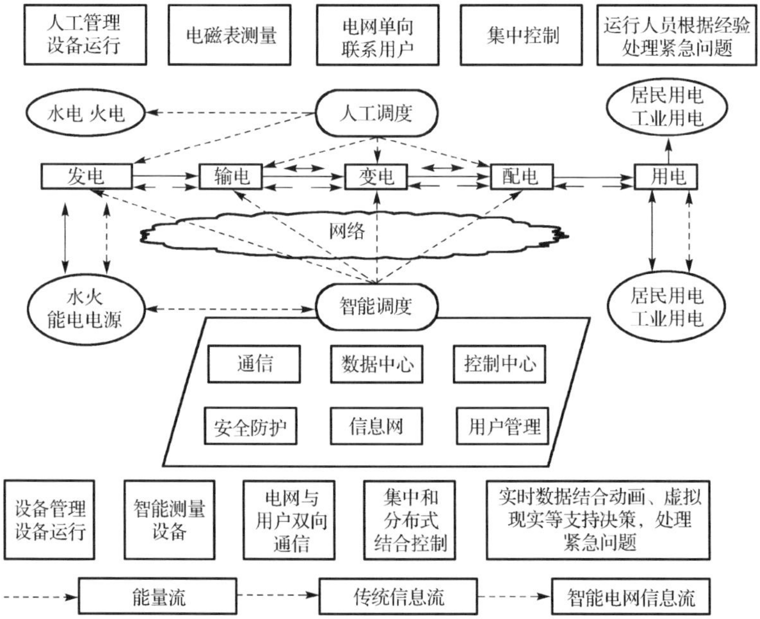

图 1.1 智能电网结构

1.1.2　智能电网的特点

由于高度融合了现代化信息和通信技术，与传统电网相比，智能电网是个企业级信息框架和基础设施体系，通过集中和分散两种变换方法，灵活重组电网结构，最优配置电网资源，优化电网服务质量，实现了和传统电网截然不同的电网理念和体系，如表 1.1 所示。

表 1.1　智能电网和传统电网比较

特点	智能电网	传统电网
用户互动	实时反馈用户能耗数据和电网电价，用户可以自主选择用电时段，参与系统运行管理，增加互动	电价是阶梯电价或者波峰波谷定价，不是实时电价，用户没有选择
能源兼容	分布式可再生能源接入，比如风力、光伏、太阳能等，同时兼容传统能源，且支持“即插即用”的分布式电源	中央发电为主，多为不可再生能源
管理优化	可以实时监控电网中每个设备，并充分利用电价、供求市场机制，实现供需互动，保证资源的最优化使用	被动式管理，无法对全网资源进行优化分配
预测自愈	通过实时监测，减少人为干预，提前发现异常并主动应对，防止停电，降低风险，另外，可以预测系统存在的问题，并及早的控制	没有实时监控的支持，在出现扰动时，只能手动拉闸，被动保护电力资产，无法做到及时修复故障
坚强可靠	借助自我恢复能力，抵御自然环境、物理设施、信息网络的安全威胁，做到及时预警和响应，减少恶意攻击	异常情况下无法快速恢复，影响时间长，面积大

综合来说，智能电网主要具有以下特点。

(1) 互动性。在智能电网中，用户将是电力系统不可分割的一部分。鼓励和促进用户参与电力系统的运行和管理是智能电网的另一重要特征。从智能电网的角度来看，用户的需求完全是另一种可管理的资源，它将有助于平衡供求关系，确保系统的可靠性。从用户的角度来看，电力消费是一种经济的选择，通过参与电网的运行和管理，修正其使用和购买电力的方式，从而获得实实在在的好处。在智能电网中，用户将根据其电力需求和电力系统满足其需求的能力的平衡来调整其消费。同时需求响应(demand response，DR) 计划将满足用户在能源购买中有更多选择的基本需求，减少或转移高峰电力需求的能力，通过降低线损和减少效率低下的调峰电厂的运营，使电力公司尽量减少资本开支和营运开支，同时也提供了大量的环境效益。在智能电网中，和用户建立的双向实时的通信系统是实现鼓励和促进用户积极参与电力系统运行和管理的基础。实时通知用户其电力消费的成本、实时电价、电网的状况、计划停电信息以及其他一些服务的信息，同时用户也可以根据这些信息制定自己的电力使用方案。

(2) 兼容性。智能电网将安全、无缝地容许各种不同类型的发电和储能系统接入系统，简化联网的过称，类似于“即插即用”，这一特征对电网提出了严峻的挑战。改进的互联标准将使各种各样的发电和储能系统容易接入。从小到大各种不同容量的发电和储能在所有的电压等级上都可以互联，包括分布式电源，如光伏发电、风电、先进的电池系统、即插电式混合动力汽车和燃料电池。商业用户安装自己的发电设备(包括高效热电联产装置)和电力储能设施将更加容易和更加有利可图。在智能电网中，大型集中式发电厂包括环境友好型电源，如风电、大型太阳能电厂和先进的核电厂将继续发挥重要的作用。加强输电系统的建设使这些大型电厂仍然能够远距离输送电力。同时各种各样的分布式电源的接入一方面减少对外来能源的依赖，另一方面提高供电可靠性和电能质量，特别是对应对战争和恐怖袭击具有重要的意义。

(3)优化性。智能电网通过高速通信网络实现对运行设备的在线状态监测，以获取设备的运行状态，在最恰当的时间给出需要维修设备的信号，实现设备的状态检修，同时使设备运行在最佳状态。系统的控制装置可以被调整到降低损耗和消除阻塞的状态。通过对系统控制装置的这些调整，选择最小成本的能源输送系统，提高运行的效率。最佳的容量、最佳的状态和最佳的运行将大大降低电网运行的费用。此外，先进的信息技术将提供大量的数据和资料，并将集成到现有的企业范围的系统中，大大加强其能力，以优化运行和维修过程。这些信息将为设计人员提供更好的工具，创造出最佳的设计来，为规划人员提供所需的数据，从而提高其电网规划的能力和水平。这样，运行和维护费用以及电网建设投资将得到更为有效的管理。

(4)自愈性。“自愈”指的是把电网中有问题的元件从系统中隔离出来并且在很少或不用人为干预的情况下可以使系统迅速恢复到正常运行状态，从而几乎不中断对用户的供电服务。从本质上讲，自愈就是智能电网的“免疫系统”，这是智能电网最重要的特征。自愈电网进行连续不断的在线自我评估以预测电网可能出现的问题，发现已经存在的或正在发展的问题，并立即采取措施加以控制或纠正。自愈电网确保了电网的可靠性、安全性、电能质量和效率。自愈电网将尽量减少供电服务中断，充分应用数据获取技术，执行决策支持算法，避免或限制电力供应的中断，迅速恢复供电服务。基于实时测量的概率风险评估将确定最有可能失败的设备、发电厂和线路；实时应急分析将确定电网整体的健康水平，触发可能导致电网故障发展的早期预警，确定是否需要立即进行检查或采取相应的措施；和本地及远程设备的通信将帮助分析故障、电压降低、电能质量差、过载和其他不希望的系统状态，基于这些分析，采取适当的控制行动。自愈电网经常应用连接多个电源的网络设计方式，当出现故障或发生其他问题时，在电网设备中的先进传感器确定故障并和附近的设备进行通信，以切除故障元件或将用户迅速地切换到另外的可靠电源上，同时传感器还有检测故障前兆的能力，在故障实际发生前，将设备状况告知系统，系统就会及时地提出预警信息。

(5)可靠性。电网的安全性要求一个降低对电网物理攻击和网络攻击的脆弱性并快速从供电中断中恢复的全系统的解决方案。智能电网将展示被攻击后快速恢复的能力，甚至是从那些决心坚定和装备精良的攻击者发起的攻击。智能电网的设计和运行都将阻止攻击，最大限度地降低其后果并快速恢复供电服务。智能电网也能同时承受对电力系统的几个部分的攻击和在一段时间内多重协调的攻击。智能电网的安全策略将包含威慑、预防、检测、反应，以尽量减少和减轻对电网和经济发展的影响。不管是物理攻击还是网络攻击，智能电网要通过加强电力企业与政府之间重大威胁信息的密切沟通，在电网规划中强调安全风险，加强网络安全手段，提高智能电网抵御风险的能力。

1.1.3　智能电网的体系结构

智能电网的信息系统体系结构主要包括三大部分，分别是智能电网信息系统基础设施、智能电网信息系统支撑平台和智能电网信息系统应用体系，如图 1.2 所示。

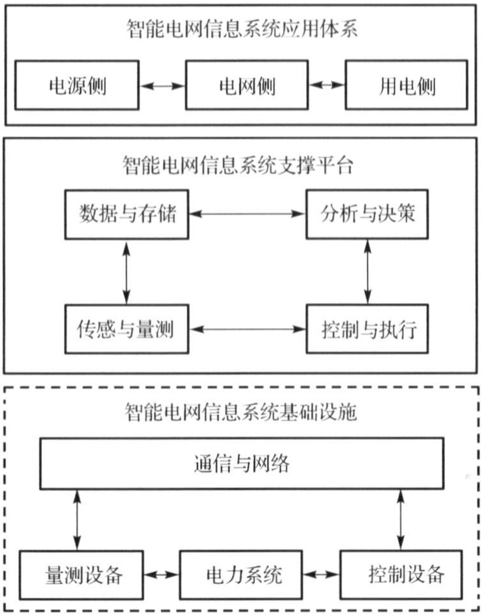

图 1.2　智能电网信息系统体系结构

基础设施是硬件基础，主要包括控制设备、量测设备和通信网络。支撑平台是软件基础架构，主要包括传感量测系统、数据表示与存储系统、分析与决策系统、控制与执行系统。应用体系实现电网目标的各类实体应用，主要包括电源侧的新能源接入管理，电网侧的可再生能源和传统能源的并网融合、针对电网的广域监控以及智能规划和调度，用电侧的电力需求管理。

1.2　工业控制系统概述

为了全面了解智能电网工控系统，首先需要了解其基本概念，本节主要介绍工业控制系统的概念和工业控制行业的现状，通过这两个概念进而引导出智能电网工控系统的概念。

1.2.1 工业控制系统的概念

工业控制系统(industrial control system，ICS)是指由计算机与工业过程控制部件组成的自动控制系统，它由控制器、传感器、传送器、执行器和输入/输出接口等部分组成。这些组成部分通过工业通信线路，按照一定的通信协议进行连接，形成一个具有自动控制能力的工业生产制造或加工系统。控制系统的结构从最初的计算机集中控制系统(computer control system，CCS)，到第二代的分布式控制系统(distributed control system，DCS)，发展到现在流行的现场总线控制系统(fieldbus control system，FCS)。随着智能化工业的发展，基于以太网的工业控制系统得以迅速发展。

根据中华人民共和国公共安全行业标准中的信息安全等级保护工业控制系统标准，可将通用的工业企业控制系统层次模型按照不同的功能从上到下划分为五个逻辑层，依次为企业资源层、生产管理层、过程监控层、现场控制层和现场设备层。

根据不同的层次结构划分，各个层次在工控系统中发挥不同的功能。

在通用的工业企业控制系统中，各层次的功能单元和资产组件映射模型如图 1.3 所示。

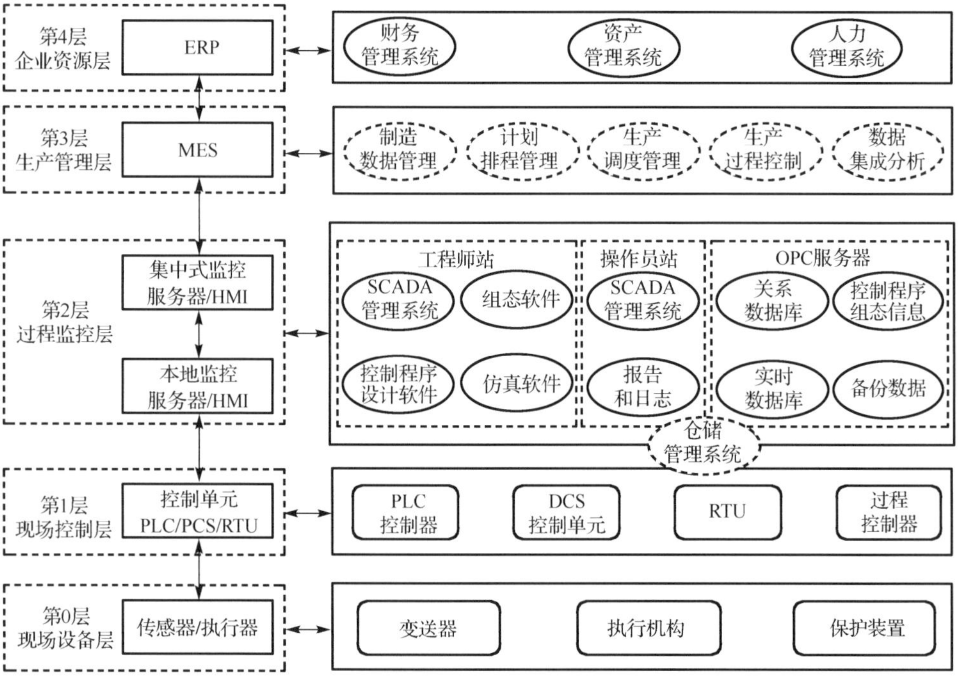

图 1.3 通用工业企业功能单元和资产组件映射模型

企业资源层主要通过企业资源计划(enterprise resource planning，ERP)系统为企业决策层及员工提供决策运行手段。该层次应重点保护与企业资源相关的财务管理、资产管理、人力管理等系统的软件和数据资产不被恶意窃取，硬件设施不遭到恶意破坏。

生产管理层主要通过制造执行系统(manufacturing execution system，MES)为企业提供包括制造数据管理、计划排程管理、生产调度管理等管理模块。该层次应重点保护与生产制造相关的仓储管理、先进控制、工艺管理等系统的软件和数据资产不被恶意窃取，硬件设施不遭到恶意破坏。

过程监控层主要通过分布式数据采集与监控(supervisory control and data acquisition，SCADA)系统采集和监控生产过程参数，并利用人机交互设备(human machine interface，HMI)系统实现人机交互。该层次应重点保护各个操作员站、工程师站、用于过程控制的对象连接与嵌入技术(object linking and embedding for process control，OPC)服务器等物理资产不被恶意破坏，同时应保护运行在这些设备上的软件和数据资产，如组态信息、监控软件、控制程序/工艺配方等不被恶意篡改或窃取。

现场控制层主要通过可编程控制器(programmable logic controller，PLC)、分布式控制系统(DCS)控制单元和过程终端单元(remote terminal unit，RTU)等进行生产过程的控制。该层次应重点保护各类控制器、控制单元、记录装置等不被恶意破坏或操控，同时应保护控制单元内的控制程序或组态信息不被恶意篡改。

现场设备层主要通过传感器对实际生产过程的数据进行采集，同时，利用执行器对生产过程进行操作。该层次应重点保护各类变送器、执行机构、保护装置等不被恶意破坏。

1.2.2　工业控制行业现状

对国内的工业控制系统行业来讲，2016 年是意义重大的一年。“互联网+”、“智能制造”和“工业 4.0”等概念不断为人们所提及。习近平总书记于 2016 年 4 月 19 日在网络安全和信息化工作座谈会上发表了重要讲话，进一步表明工控行业的相关问题已经上升到国家高度。下面将对国内工控行业的现状作简要介绍与分析。

首先，在协议方面，目前国外工控网络协议依然占据主流，国内协议难以撼动其地位。虽然国内已开发了如高速以太网(high speed ethernet，HSE)等工业以太网协议，但是由于受设备技术水平、品牌实力等因素影响很难在工控市场争取到较高的市场份额。

其次，在设备厂商方面，西门子、施耐德、罗克韦尔和三菱电机分别依靠其自主研发的主流网络协议绑定设备，占据大部分的工控领域市场。企业一旦选择供应商，将会在运营维护、工控设备升级等环节被第三方牢牢地控制，无法轻易更换供应商。

再次，在资金方面，工控系统大多由外资主导，国产系统仍需加快自主进程。在电力、冶金、石化、交通、建筑等 22 个行业中，900 套工业控制系统主要由国外厂商提供；在数据采集与监控(SCADA)系统、分布式控制系统(DCS)、过程控制系统(process control system，PCS)和大型可编程控制器(PLC)中国外厂商也占据了大多数份额。国内工控企业则由于起步较晚，同时受技术水平、品牌效应等因素影响，仅能在工控领域中提供相对低端的设备产品，占据 20%左右的市场份额。

最后，在技术方面，国内企业尚未掌握工控核心技术。工控机(如 PLC)、网关、协议变换器、集线器和人机交互设备(HMI)是构成工控系统的五大设备，其中工控机为核心设备，国内企业仅有 5%的市场份额，而西门子在全球 PLC 市场占据 31%的份额，且集中在大中型 PLC 方面。工控微控制器(micro control unit，MCU)、数字信号处理(digital signal processing，DSP)、现场可编程门阵列(field programmable gate array，FPGA)等核心元器件技术均由国外企业垄断。我国虽在整机方面有一定的基础，但局限在低端环节，而核心元器件(如敏感芯片、外围芯片等)均由国际企业主导，形成自己产业优势仍然任重道远。

2010 年 10 月，伊朗核电站爆发“震网”(Stuxnet)病毒，为工业生产控制系统安全敲响了警钟。近年来工控安全事件频发，促使企业考虑“安全”和“效益”之间的平衡。一方面，企业为了提高生产执行效率，打通了生产控制系统和企业管理系统，实现了数据的实时交互，但也导致了工控设备与互联网直接相连，存在极大的网络病毒入侵风险。另一方面，企业为了加快自动化的脚步、提高生产效率，采购了大批高精尖的自动化生产设备，如德国库卡机器人、发那科机床、西门子电机等。这些设备的运行维护，一般都是通过互联网工程师远程实现，这更大大提升了病毒侵入的可能性。因此，企业如何在先进制造设备应用与工控安全两者之间进行权衡，是需要政府、行业协会、企业和研究机构相互协同、共同解决的问题。

1.2.3 智能电网工控系统

随着计算机技术的发展、自动化水平的提高和信息网络的延伸，电力系统越来越依赖于信息系统来保证其安全、可靠、高效运行。智能电网是将传感测量技术、通信技术、信息技术、计算机技术和控制技术与物理电网高度集成而形成的新型电网，其中工业控制系统则是新型电网中关键基础设施的基石。

工业控制系统是由各种自动化控制组件以及负责实时数据采集、监测的过程控制组件共同构成的确保工业基础设施自动化运行、过程控制与监控的业务流程管控系统。其核心组件包括数据采集与监控系统、分布式控制系统、可编程逻辑控制器、远程终端、智能电子设备，以及确保各组件通信的接口技术。

在电力系统中，电网数据采集与监控系统是以计算机为基础的生产过程控制与调度自动化系统，可以提高效率、加快决策、快速诊断系统故障状态，已成为电力调度不可缺少的工具，它有助于提高电网运行的可靠性、安全性与经济效益，减轻调度员的负担，实现电力调度自动化与现代化，提高调度的效率和水平。电网数据采集与监控系统故障会使电力系统失去可控性和可测性，严重的甚至可使整个系统陷于瘫痪。

典型的工业控制系统控制过程通常由控制回路、HMI、远程诊断与维护工具三部分组件共同完成(如图 1.4 所示)，控制回路用以控制逻辑运行，HMI 执行信息交互，远程诊断与维护工具确保出现异常操作时进行诊断和恢复。

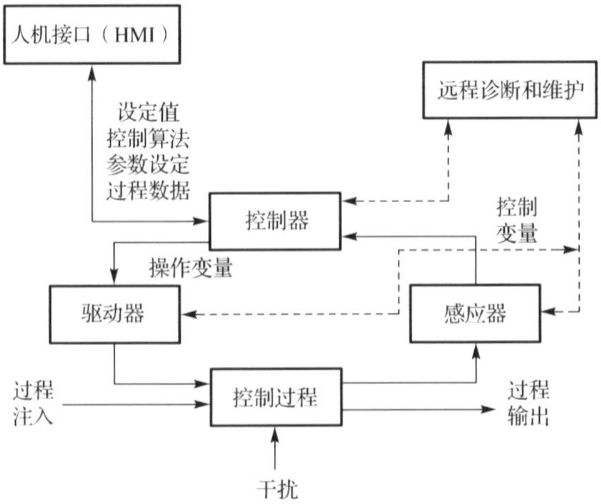

图 1.4　典型的工业控制系统操作过程

1.3　智能电网工控安全风险分析及其防护

现有的电力控制系统存在哪些问题？我们认为首先是控制系统本身发展很快，但现有工业控制系统安全防护滞后于系统的建设速度，工控系统缺乏自身的安全性设计。工业控制系统安全威胁已不局限于信息安全方面，系统内部缺乏安全保障机制。其次，现有工业控制系统面临着现实和潜在的威胁，包括自身人员能力不高、设备老化陈旧、外部入侵手段复杂多样等隐患。电力行业传统安全防护手段覆盖范围存在局限性，无法适应智能电网建设需求。随着用电负荷增长，间歇式能源飞速发展，电力控制安全环节增多，对电力防危保障体系建设需求日益紧迫。

随着信息化新技术在电网中的广泛使用，智能终端的接入数量和接入方式不断增多，在给用户带来便利的同时，也引入了大量安全风险和新的挑战，工控系统面临的网络安全威胁和风险也日益突出，所以开展智能电网环境下，工控系统信息安全防护研究迫在眉睫。本节对智能电网环境下工控系统可能面临的信息安全威胁进行了分析。

近年来，随着电网信息化建设发展，工控系统安全防护体系逐步完善，按照“安全分区、网络专用、横向隔离、纵向认证”的原则，对电力生产控制系统的边界采取了有效的安全防护措施及纵深防御策略。但是，随着工业控制系统和设备中新的漏洞、后门等脆弱性信息的发现和披露，电网工业控制系统面临如高持续性威胁(advanced persistent threat，APT)等更加隐蔽的攻击风险。确保工控系统信息安全对提高企业信息安全整体水平、保证用户的用电安全具有非常重要的意义。

1.3.1　威胁在哪里

目前，针对国家电网的网络攻击有很多，国家电网正在努力进行安全防御与拦截。仅奥运会期间就成功拦截网络威胁 51.6 万次，网络攻击 23.8 万次，木马 3000 多个；而 2010 年世博会期间则拦截网络威胁多达 737.5 万次，网络攻击 165 万次，木马 18901 个。

像这样的电网遭到病毒攻击的案例在全球范围内发生了多起。

震网病毒事件：2010 年 11 月，Stuxnet 蠕虫(震网病毒)攻击伊朗核电厂，该病毒专门针对西门子公司的 SIMATIC WinCC 监控与数据采集系统进行攻击，造成伊朗布什尔核电站瘫痪。感染过程如图 1.5 所示。

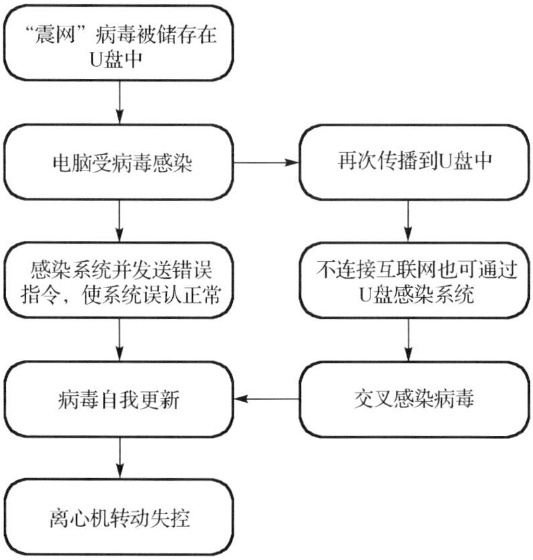

图 1.5　震网病毒攻击过程

2012 年 5 月，卡巴斯基实验室发布报告，发现“火焰”病毒部分特征与“震网”相似，但结构更复杂、损害更大，拥有强大的间谍功能。

2014年7月，赛门铁克披露代号为“蜻蜓”的黑客组织利用Havex木马程序，攻击了欧美地区的一千多家能源企业。

2014年10月，美国工控网络应急响应中心(Industrial Control Systems Cyber Emergency Response Team，ICS-CERT)发现黑客通过恶意软件针对多个厂商的HMI进行攻击，被攻击厂商包括GE、研华WebAccess、西门子WinCC。ICS-CERT公布的数据中，工控安全事件主要集中在能源行业(59%)和关键制造业(20%)，工控安全事件呈快速增长的趋势。

2015年12月23日，乌克兰电力部门遭到恶意病毒攻击，至少三个区域的电力系统被Black Energy恶意软件攻击，其中部分变电站的控制系统(SCADA)遭到破坏，监控管理系统同时遭到入侵，导致发电设备产生故障，造成用户大面积停电。

网络入侵电网的大致过程如图1.6所示。

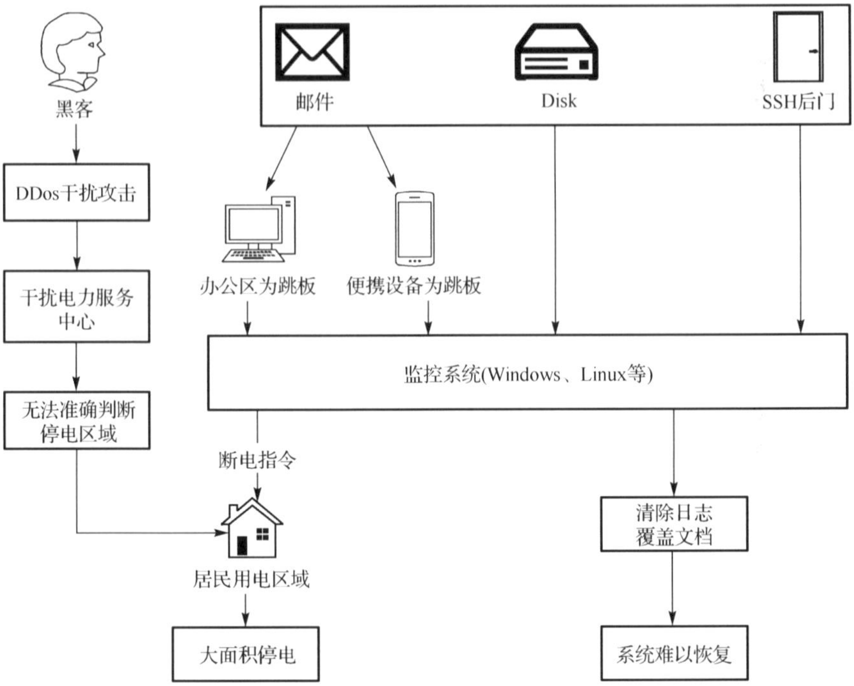

图1.6 网络入侵过程

智能电网充分发挥了电网资源优化配置的作用，具有坚强可靠、经济高效、清洁环保、透明开放、友好互动的典型特征。结合这些特征，将智能电网所面临的安全风险归纳为以下五点。

(1)电网复杂度增加，使安全防护的难度加大。智能电网是一个多网融合的网络，在发电、输电、变电、配电、用电及调度等几个环节中，应用物联网技术感知采集海量的实时数据、非实时数据、结构化数据、非结构化数据，同时，大量智能终端如新能源电动汽车、家庭太阳能、智慧城市等，使得电网架构更加复杂，给智能电网带来了新的信息安全隐患。

(2)通信网络环境更加复杂。随着第四代无线通信技术(time division long term evolution，TD-LTE)的成熟，4G环境下智能电网的网络试点平台也相继建成。TD-LTE试点网络平台为实现配电自动化提供了高可靠、高速率、低时延的业务通道，为配电自动化“五遥”功能的实现提供了通道保障。同时大量智能仪表、移动终端也广泛投入到应用中，提高电网智能化、自动化的同时，也使得电网的网络环境更加复杂，受威胁的环节增多。

(3)安全接入技术更加多样、灵活。国家电网公司将信息网划分为信息内网与信息外网，并在两个网络之间采用专用隔离装置进行安全隔离，信息内、外网边界的各类接入对象通过多种接入方式与信息内、外网进行数据交换与通信。而智能电网采用物联网技术，在移动网络的基础上集成了感知网络和应用平台，使得智能电网具有更加复杂的接入环境、多样灵活的接入方式、数量庞大的智能接入终端。如何保证各类分散的接入对象安全、可信地连入电力信息网络，同时保证机密数据不会遭到泄露，并且实现对接入对象和操作的监控与审计，是智能电网信息化建设中迫切需要解决的问题。

(4)软硬件设备进口使得信息安全不可控程度更高。由于认识能力和技术发展的局限性，在硬件和软件设计过程中，难免留下技术缺陷，由此可造成网络的安全隐患。如全球90%的微机都装有微软的Windows操作系统，许多网络黑客就是通过微软操作系统的漏洞和后门而进入网络。

(5)业务的漫游办理使数据安全受到威胁。电网公司的营业厅实施“大营销”改造，所有营业厅都能漫游办理业务，联网在各处银行交纳费用，电力决策部门可根据需求调整电力生产计划，但是“大营销”的开放环境也使数据丢失和受到远程攻击的可能性上升。

面对如此现代化、自动化、信息化、互动化的智能电网，信息安全所面临的威胁更加复杂，信息安全问题也更加突出。如果电力信息网络发生重大安全事故，那么造成的损失将不可估量，不仅表现在经济方面，还包括社会影响、人们生活等。

1.3.2 风险有多大

1. 物理和环境安全风险

物理和环境安全是指智能电网运行所必须的各种物理设施的安全，主要包括输电线缆被盗安全、自然灾害毁坏安全、篡改和用户认证安全等方面，硬件设备是保障智能电网信息系统稳定运行及电力正常输送的物理基础条件。在智能电网中，智能设备主要用于替代人们完成复杂而危险的工作，在这种无人检查的环境下，非法攻击者经常通过设备去盗取和篡改系统信息，或者设备会遇到自然灾害的损坏。

智能电网的物理安全是指智能电网系统运营所必须的各种硬件设备(例如输电线路、各种接入终端等)安全，是智能电网整体安全的重要内容。物理安全防护的目标主要是防止有人通过破坏电网外部物理组成以达到使系统停止服务的目的，或防止有人通过物理接触的方式对系统进行入侵。要做到在信息安全事件发生前和发生后能执行对设备物理接触行为的审查和追查。

智能电网的物理设备组成是整个电网运行的基础，绝大多数的电网信息数据都是通过物理渠道进行传输，由于巨大的数据量和繁多的数据类型，造成对数据的管理很难有一个统一的标准，加上访问控制和认证管理不完善，容易造成用户访问机制失序，数据被泄露、修改。物理环境安全防护不当会造成数据丢失等问题，会严重阻碍整个智能电网的稳定运行。与此同时，智能电网中采用的一些高端设备，由于运维人员的不恰当操作也可能导致电网出现安全隐患，造成对智能电网正常运行的影响。

2. 网络安全风险

网络安全风险主要有边界安全防护、远程访问、可信身份认证、网络协议、网络拓扑图这五个方面。

边界安全防护主要是信息泄密、入侵攻击、网络病毒、木马入侵、网络攻击等，可以看出网络边界的安全问题主要来自外部，并且形式、性质多种多样，所以我们需要对一切的外来通信进行监控，控制入侵者的必然通道，设置不同层面的安全关卡，建立容易控制的缓冲区，架设安全监控体系，对于进入网络的每个用户进行跟踪、审计其行为等。

远程访问安全为我们带来极大便利的同时也带来了安全隐患，远程访问通常都是通过互联网进行控制，然而互联网又具有很多的不可控因素，所以对电网会造成一定的安全风险，需要对其进行安全防护，一般都是利用网络安全防火墙加上一些安全认证协议，虽有风险，但程度较低，相对于远程访问带来的便利还是可以接受的。

可信身份认证存在以下风险。传统的终端用户的登录系统上，用户访问数据的权限依赖于传统的密码识别机制，攻击者可以轻易破解，可能导致用户数据被其他用户非法使用；终端访问网络方式的多样性增加了电力通信系统内部网络信息被恶意盗窃的可能性，入侵者可以通过系统安全漏洞篡改重要信息；用户终端与接入网之间的差异性、电力系统存储空间的重用与资源共享降低了系统检测用户行为的能力；攻击者非法访问、蓄意攻击，是电力通信网络安全运行的严重威胁，会影响电力系统的稳定运行。

网络协议是就网络中进行数据交换而建立的规则、标准或约定，一个成熟的网络协议能带来较高的安全性，因为协议使用环境的不同，工控协议为了适应互联网的运行做了修改，因此带来一些可被利用的安全漏洞，需要对其进行更换或者改善，应用最多的是 ModbusTCP、OPC、DNP3、Ethernet/IP、EtherCAT 这五个协议。

网络拓扑图可以帮助人们更了解他们的网络，比如节点在哪儿，它是什么类型的设备，以及节点如何相互连接。当我们知道这些信息时，就可以在故障发生时快速找到故障，分析其出现的原因以及如何解决。

3. 主机安全风险

主机软件安全风险：软硬件老化严重，设备故障率逐年提高；资金投入严重不足，造成主机设备超期服役、带病运行；管理有弱化倾向，认为主机管理可有可无。

配置和补丁风险：随着互联网的不断发展壮大，因漏洞攻击导致的网络安全事件层出不穷。全球每年因漏洞攻击导致的经济损失巨大，且逐年增加，漏洞已经成为危害互联网安全的主要因素之一。由于系统漏洞越来越多，漏洞被利用的速度也随之加快，网络攻击技术和攻击工具不断更新，网络安全形势十分严峻。

4. 工业控制设备安全风险

工业控制系统(ICS)广泛应用于工业、能源、交通、水利以及市政等领域，用于控制生产设备的运行。一旦工业控制系统信息安全出现漏洞，将对工业生产运行和国家经济安全造成重大隐患。工业控制系统产品多采用通用协议、通用硬件和通用软件，以各种方式与互联网等公共网络连接，病毒、木马等威胁正在向工业控制系统扩散，工业控制系统信息安全问题日益突出。随着社会的发展，在国家政策、技术创新和工业参与者需求转变等多个维度的共同驱动和协同下，工业正朝着数字化、网络化、开放化、集成化的工业互联方向发展，将面临更加复杂的信息安全威胁。

5. 应用系统安全风险

智能电网中主要的应用系统是 Linux 和 Windows，近年来，系统的更新越来越快，伴随着系统更新进步的同时，应用系统的安全风险也随之增大，应用系统的安全防护主要有以下三种方式。

身份认证：介绍一个基于用户社交行为身份认证平台，提供了一种部署在电力云各业务系统便捷且安全的统一身份认证机制，利用用户手机具有的社交特性，通过传递用户和好友之间的信任，达到认证用户身份的目的。

访问控制：就是通过某种途径，显式地准许或限制访问能力及范围的一种方法。

通过访问控制服务，可以限制对关键资源的访问，防止非法用户的侵入或者因合法用户的不慎操作所造成的破坏。本部分将介绍一种智能电网用户访问授权方法，该方法通过计算处理用户身份认证信息，并结合环境信息进行多维度的访问授权控制让整个访问授权过程安全、方便、快捷且易于实现。

安全审计：安全审计技术作为一种事后获得电子证据的方法，在发现系统信息安全漏洞、网络入侵行为调查取证分析等方面起着重要作用。安全审计通过记录可疑数据、入侵信息、敏感信息等，能够监视和控制来自于信息系统外部的入侵行为，还能够监视来自于内部人员的违规和破坏操作，能够对时间跨度较大的累计型安全事件进行发掘，并事后获得直接的电子证据，防止行为抵赖。

对应用系统的安全防护一般还配备有运维人员进行管理，提高应用系统的安全性，如果系统安全性太低，导致系统被入侵，那么将导致巨大的经济损失甚至人员伤亡。系统安全需要运维人员及时修复漏洞、严格制定安全策略、合理设置文件系统和数据库系统等，既保证程序能够正常运行，又不给多余的权限，不给入侵者侵入机会，那么应用系统被侵入的可能性就大大降低。

6. 数据安全风险

随着大数据时代的到来，智能电网产生的数据量也越来越大，近几年几乎是呈指数形式增长，数据源多，数据量大，加之具有实时性和内容共享的要求导致数据的私密性受到了严重的影响。

智能电网云存储系统可以存储智能电网中大量的数据，这些数据在业务系统与外界的用户之间进行交互时，存在数据泄露风险。而对于一些新技术来说，其本身就存在着一些漏洞，会有数据安全的风险。当这些新技术推广到智能电网中时，这些风险也会带到智能电网中来。一般来说，在接入智能电网终端时，需从智能电网云存储系统中获取数据，但如果控制或非法接入这些智能终端时，会对智能电网造成巨大安全问题，因此需要保护智能电网云存储中的数据。智能电网信息系统的基本安全性有保密性和完整性，且其对数据安全的保护主要体现在保护数据的保密性和完整性。

7. 接入安全风险

终端安全是接入风险的一个重点，终端不安全，造成的后果是非常严重的，在深入推进智能电网建设的同时，海量智能、可编程的设备将接入电网，对电网运行进行实时监控，提升电网系统稳定性、可靠性。智能设备能够支持远程控制，比如远程连接、断开、配置、升级等。在信息技术发展带来便利的同时，安全漏洞也同样伴随左右，通过入侵智能设备，黑客可以对设备进行完全控制，对某些设备功能进行破坏，甚至有可能控制局部电力系统，造成非常严重的后果。

随着电网运行模式和服务模式的转变，智能电网的结构也越来越复杂，获取智能电网服务的用户也越来越多，其中伴随着的安全隐患就是安全传输(包括节点安全，网络安全和软件安全)，如果防护不当就会造成严重的后果。例如，无线信道的开放性特征使得安装在特定环境中的节点被顶替的可能性变大，恶意攻击者假冒节点的可能性增大，攻击者可能会根据该节点的功能特点、服务类型窃取合法用户的服务，为用户的生活带来不必要的麻烦。

在通信过程中，节点与服务器一直处于被要求认证的状态将增大服务通信量为本来就有限的带宽带来更重的负担，增大交互信息服务成本，缩减节点寿命，降低服务器的服务效率。

节点与电网服务器的安全认证大多是通过相互认证完成，这样的认证方式安全性不高，容易被黑客攻击，造成电网信息泄露。

1.3.3　防护总体方案

通过分析智能电网对信息安全防护的总体需求，结合国家等级保护要求和国家电网公司已有的工程总体防护方案，构建了有效指导智能电网信息安全防护工作的主动防御体系，并在此基础上设计了具体落实智能电网信息安全防护工作的总体防护方案。

1. 智能电网信息安全主动防御体系构建

智能电网信息安全主动防御体系遵循“分区分域、安全接入、动态感知、精益管理、全面防护”的主动防御策略，如图 1.7 和图 1.8 所示。

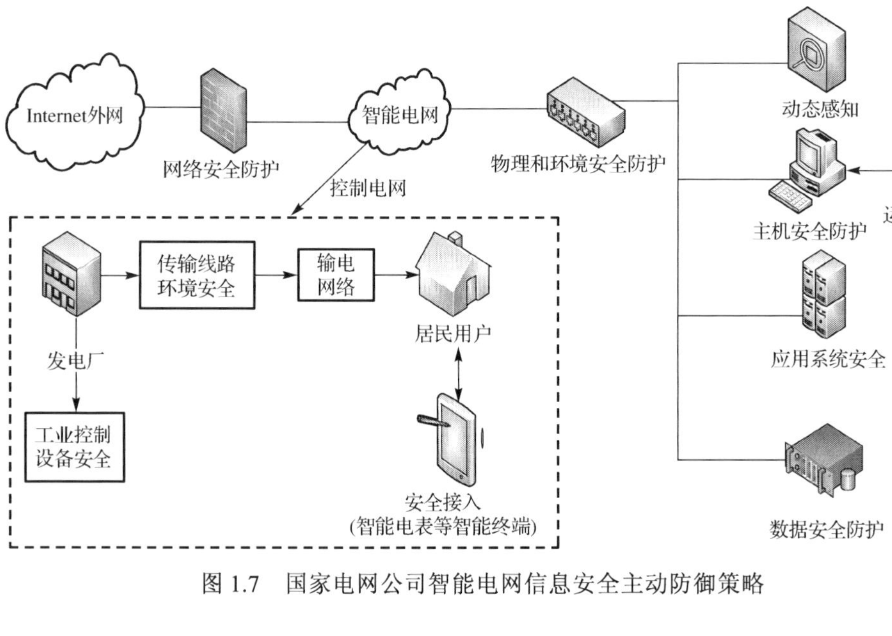

图 1.7　国家电网公司智能电网信息安全主动防御策略

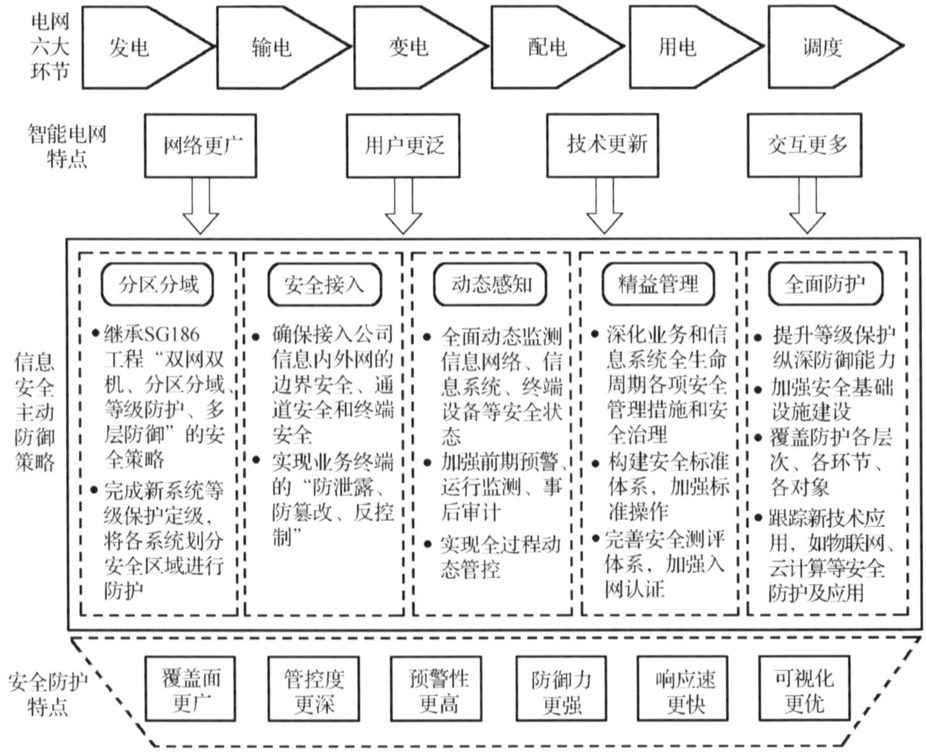

图 1.8　国家电网公司智能电网信息安全主动防御策略释义

2. 智能电网信息安全防护总体方案设计

通过对智能电网业务系统特点分析和研究，将智能电网系统抽象为主站系统层、通信网络层和终端层，如表 1.2 所示。

表 1.2　智能电网层次架构

电网各环节	发电	输电	变电	配电	用电	调度	跨环节
主站系统层	电厂功率预测及运行监控系统	输变电设备状态在线监控系统		配电网自动化系统	电力负荷管理系统、用电信息采集系统、智能小区电力光纤入户等	智能电网调度技术支持系统	地理信息系统
			智能变电站及集中监控系统				电网统一视频监控系统
通信网络层	光纤专网						
	IPv6						
	EPON(以太网无源光网络)						
	电力宽带载波						
	新型无线网络技术(3G、4G、WIFI、WAPI、RFID、ZigBee、WiMax、…)						

续表

<table>
<tr><th>电网各环节</th><th>发电</th><th>输电</th><th>变电</th><th>配电</th><th>用电</th><th>调度</th><th>跨环节</th></tr>
<tr><td rowspan="3">终端层</td><td rowspan="3">发电运行监控终端</td><td colspan="3">PDA 等移动作业终端</td><td>智能表终端</td><td rowspan="3"></td><td rowspan="3">视频监控终端</td></tr>
<tr><td colspan="2">各类状态监控装置</td><td>配电子站</td><td>电动汽车充电桩</td></tr>
<tr><td></td><td>智能电子装置</td><td>配电终端</td><td>智能互动终端</td></tr>
</table>

智能电网业务系统信息安全防护设计遵从“分区分域、安全接入、动态感知、精益管理、全面防护”的防护策略，将国家电网公司智能电网业务系统信息安全防护划分为物理环境安全防护、业务终端安全防护、边界安全防护、网络环境安全防护、主机系统安全防护、应用与数据安全防护六个层次进行主动全面的安全防护措施。设计方案设计的安全控制措施包括：分区分域、网络隔离、安全接入、数据保密、身份鉴别、访问控制、网络设备安全、安全加固、入侵检测、内容安全、病毒防范、监控审计、备份恢复、资源控制、剩余信息保护、开发安全及物理安全措施，其中，用于确保智能电网信息安全的重点安全控制措施包括分区分域、网络隔离、安全接入、数据保密、身份鉴别、监控审计、开发安全等。核心技术要求包括以下四点。

(1)将智能电网信息系统进行等级保护定级，划分安全域，按照等级保护要求和智能电网总体防护方案进行防护。

(2)根据接入信息内网智能终端所承载的业务和处理的信息的重要程度，选择使用安全加固、安全芯片、安全通信模块组件、数字证书、安全、定制终端等手段确保终端安全可信，防止终端外联互联网。

(3)智能终端与信息内网主站系统之间建立专用加密通道保证远程数据传输的机密性、完整性以及可用性。接入边界采用安全接入平台，实现终端身份认证、安全接入以及安全数据交换检测等。

(4)加强对智能电网信息系统的安全状态的监控预警，加强管理控制和基础安全防护。

智能电网信息安全防护总体思路如下。

(1)从物理环境、数据库、主机、业务系统应用、用户终端、设备终端、主站、传输通道、网络边界接入等多个方面加强基础安全防护。对于远程控制类智能电网系统安全防护(包括智能电网调度技术支持系统、智能变电站系统、配电自动化系统、大规模风电功率预测及运行控制系统等)具有控制功能的系统或模块，控制类信息经由生产控制大区网络或专线传输，严格遵守电力二次系统安全防护方案，基于国家认可密码算法对系统终端与主站进行身份认证及访问控制，采取强身份认证及数据完整性验证等安全防护措施保障主站的控制命令和参数设置指令安全。

(2)对于信息采集处理类智能电网系统(包括用电信息采集系统、输变电设备状态在线监测系统、电动汽车智能充换电服务网络运营管理系统等)具有采集功能的系统或模块，根据采集信息的保密性，采用身份认证及访问控制措施和专线接入内网的方式；不具备专线条件时，在虚拟专网基础上采用终端身份认证访问控制措施、建立加密传输通道进行信息采集。同时，加强对采集终端存储和处理敏感业务数据的安全防护，以保证业务数据的保密性和完整性。

(3)对海量信息互动与空间地理信息类智能电网系统(包括地理信息系统和电网统一视频监视系统等应用)，对存储或处理大量基础业务或敏感业务数据进行分类存储，并采取严格的用户访问控制、安全审计等措施加强对敏感业务数据的防护，将涉及敏感信息的系统数据库部署于内网，并部署对重要地理信息、语音、视频类信息的安全存储和安全传输措施。

(4)对互联网应用类智能电网系统(包括互动网站等基于互联网应用的系统或模块)，对网站基础数据、账户数据、电力客户档案、客户电量电费等敏感数据进行分类安全存储，对于信息外网的应用需要穿透访问信息内网的数据或服务，制定严格的双向身份认证、访问控制、安全传输等专项安全防护措施，保障应用快速穿透和信息安全交互，满足客户服务，及时响应需求。

(5)对于采用无线专网或运营商虚拟专网接入公司内部网络的网络传输类应用，在网络边界部署安全接入平台，建立专用加密传输通道，实现终端身份认证、安全准入和数据安全交换。对于采用专线的内网传输，采用访问控制措施。

1.4　本 章 小 结

本章全面介绍了智能电网工控系统安全的相关内容，首先介绍了智能电网的概念以及智能电网的体系结构和特点，其次讲述了工业控制系统的概念和现状，然后结合智能电网描述了智能电网工控系统，最后对智能电网工控安全进行了风险分析，介绍了智能电网工控安全防护的相关技术。

智能电网。智能电网就是电网的智能化(智能电力)，也被称为“电网 2.0”，它是建立在集成的、高速双向通信网络的基础上，通过先进的传感和测量技术、先进的设备技术、先进的控制方法以及先进的决策支持系统技术的应用，实现电网的可靠、安全、经济、高效、环境友好和使用安全的目标，其主要特征包括自愈、激励和包括用户、抵御攻击、提供满足 21 世纪用户需求的电能质量、容许各种不同发电形式的接入、启动电力市场以及资产的优化高效运行。

工业控制系统。工业控制系统是指由计算机与工业过程控制部件组成的自动控制系统，它由控制器、传感器、传送器、执行器和输入/输出接口等部分组成。这些组成部分通过工业通信线路，按照一定的通信协议进行连接，形成一个具有自动控制能力的工业生产制造或加工系统。

智能电网工控系统。智能电网工业控制系统是由各种自动化控制组件以及负责实时数据采集、监测的过程控制组件共同构成的确保工业基础设施自动化运行、过程控制与监控的业务流程管控系统。其核心组件包括数据采集与监控系统、分布式控制系统、可编程逻辑控制器、远程终端、智能电子设备，以及确保各组件通信的接口技术。

智能电网工控安全分析。首先是控制系统本身发展很快，但现有工业控制系统安全防护滞后于系统的建设速度，工控系统缺乏自身的安全性设计，工业控制系统安全威胁已不局限于信息安全方面，系统内部缺乏安全保障机制；其次，现在工业控制系统面临着现实和潜在的威胁，包括自身人员能力不高、设备老化陈旧，外部入侵手段复杂多样等隐患；电力行业传统安全防护手段覆盖范围存在局限性，无法适应智能电网建设需求，随着用电负荷增长、间歇式能源飞速发展，电力控制安全环节增多，对电力防危保障体系建设需求日益紧迫。

应对方案。智能电网工控安全防护首先是在信息内网中独立成域，按照三级防护原则进行安全防护设计；在不同主站系统之间，通过远程安全加密通道、身份认证、网络边界安全防护、隔离装置等安全措施，为应用系统提供数据源认证、抗回放、数据加密、数据完整性验证等多种可靠的安全防护，全方位的网络安全防护有效防护网络中可能存在的各种威胁，从而有效保障相关数据的安全性和完整性。安全防护体系总体原则：信息内网和信息外网之间采用逻辑强隔离设备进行强隔离；信息系统间的远程传输采用网络加密系统保证远程数据传输的安全性和完整性、对终端和用户身份进行严格验证，保证用户身份的唯一性和真实性；信息系统通过划分为边界、网络环境、主机系统、应用系统四个层次进行安全防护设计，以实现层层递进、纵深防御。

第 2 章　物理和环境安全及其防护

在第 1 章我们宏观地了解了智能电网，认识到智能电网的威胁和风险。在本章我们主要从智能电网的物理和环境安全防护方面来学习。

在学习本章之前需要先了解以下名词，以便更好的理解本章内容。

主体：发起访问的主动方。通常是系统的操作者或者访问系统的程序进程。

客体：被访问的对象。通常是可以识别的系统资源，包括系统维护的数据、连接的设备等。一个实体在某一时刻是主体而在另一时刻又成了客体，这取决于该实体是动作的执行者还是承受者。

安全访问策略：安全访问策略指用于确定主体是否拥有对客体具有操作权限的规则。

停止位：用于表示单个包的最后一位。典型的值为 1、1.5 和 2 位。由于数据是在传输线上定时的，并且每一个设备有其自己的时钟，因此停止位不仅仅是表示传输的结束，还提供计算机校正时钟同步的机会。

奇偶校验位：在串口通信中一种简单的检错方式。有四种检错方式：偶、奇、高和低。当然没有校验位也是可以的。

认证：在认证阶段，依据有效的用户名和口令数据库的内容检查用户名和口令。如果找到匹配的用户名和口令，那么可以继续操作。

授权：在此阶段，依据定义授权用户如何访问系统的数据库的内容，检查用户名和口令。认证确定用户是谁，授权确定用户能做什么。

2.1　物理层安全威胁分析

在智能电网中物理层主要包括各种物理设备，如变电站、传感器、主机等。这些物理硬件设备面临的安全威胁主要有盗窃、自然灾害、篡改、用户认证等。智能电网中，智能设备主要用于替代人们完成复杂而危险的工作，在这种无人检查的环境下，非法攻击者经常通过设备去盗取和篡改系统信息，或者设备会遇到自然灾害的损坏，所以分析智能电网中的物理层安全就变得尤为重要。

2.1.1　物理层安全产生的原因

智能电网中物理层安全问题产生的原因有很多，主要是因为不同的硬件有不同的功能和特性，不同的硬件受到的威胁也不一样。总的来说，因为智能电网是由传统电网演变而来，大部分的问题是产生在这个过程中的，下面以变电站为例分析。

变电站作为连接发电与输配电的重要环节，随着电力行业趋势的发展，逐步从传统的变电站转为智能变电站，这就产生了许多问题。传统变电站与智能变电站的区别如图 2.1 和图 2.2 所示。

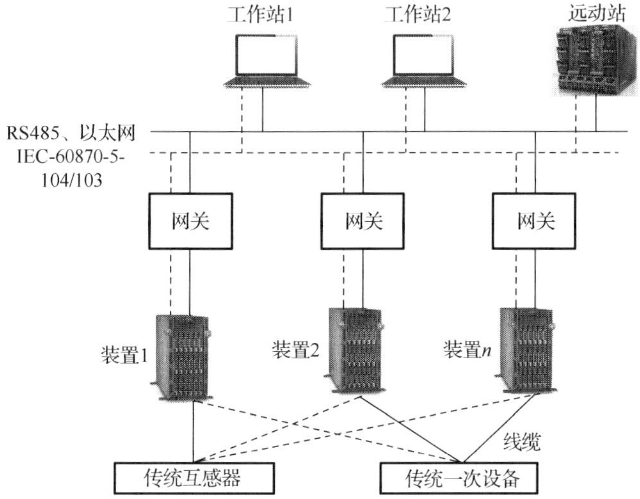

图 2.1　传统变电站

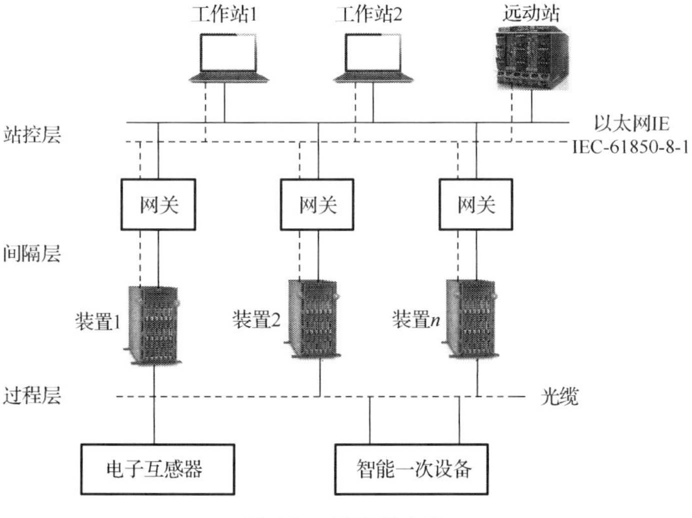

图 2.2　智能变电站

传统变电站内部主要分为站控层、间隔层两层，传统变电站没有过程层，间隔层与一次设备之间采用电缆连接，通过电流、电压等模拟信号采集数据。

传统变电站站内采用 IEC 101、104 或 103 等专用工控协议通信。智能变电站按照 IEC 61850 标准，智能变电站内部主要分为站控层、间隔层与过程层三层。

(1)站控层与间隔层之间：通过微软媒体服务器协议(microsoft media server protocol，MMS)进行报文交互，构成 MMS 网。间隔层设备通过面向通用对象的变电站事件(generic object oriented substation event，GOOSE)报文，在间隔层设备之间以及过程设备传递开、关信息等，构成 GOOSE 网。

(2)间隔层与过程层之间：过程层智能终端通过采样值(sampled value，SV)报文将采样值传输给间隔层设备，构成 SV 网。

(3)各层设备通过对时网实现时间同步。各智能变电站结合实际情况，MMS 网、GOOSE 网、SV 网、对时网采用单独部署或合并部署等方式。同时考虑到网络的健壮性，建设 A.B 网进行冗余。站控层主要有基于 IEC 61850 的计算机监控系统，基于 IEC 61850 的一体化信息平台，并通过网络汇集全站的实时数据信息，与电网调度实时通讯。

间隔层主要有基于站控层 IEC 61850 协议的成套继电保护、测控装置，执行数据的承上启下通信传输功能；基于全站过程层网络信息共享接口的集中式数字化保护及故障录波装置。

过程层主要有传统互感器、基于罗氏线圈的电子式电流互感器(electronic current transformer，ECT)和电子式电压互感器(electronic voltage transformer，EVT)、基于光学原理的光学电流互感器(optical current transducer，OCT)和光学电压互感器(optical voltage transducer，OVT)、智能一次设备、合并单元、智能终端，完成实时运行电气员的采集、设备运行状态的测量、控制命令的执行。图 2.3 为智能电网的系统分区图。

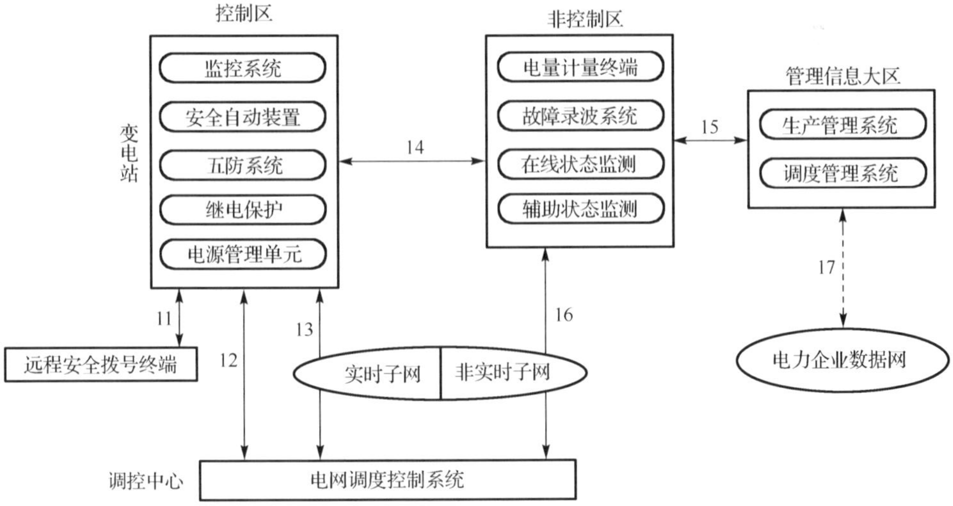

图 2.3　智能电网分区图

因为智能变电站是通过专线向上连接，所以安全风险主要集中在内部和运维时，风险大概可以总结为下面几类。

(1) 能够接受来自其他调度控制系统的刀闸闭合可能导致的系统中断。智能变电站通过专线与调度连接，所以能够接受来自其他调度系统的指令。

(2) 可能接受错误的遥控、遥测造成系统的失控。

(3) 机器人巡检路线被劫持可能会被远程控制。

(4) 远程运维的误操作造成控制系统跳变、错误动作、停机等事故。

智能变电站的三层两网是目前最常见的一种网络设计架构，是指三层设备通过两层网络互联，以及过程层和站控层交换机独立配置。下面是几种常用措施。

(1) 网络边界安全域划分和防护：在安全Ⅰ区、Ⅱ区网络边界各横向纵向核心交换机处，旁路部署边界工业防火墙。

(2) 终端安全防护：在安全Ⅰ区、Ⅱ区各操作站和工程师站上部署主机加固系统，实现对各终端的安全防护。

(3) 异常网络行为监控与审计：在安全Ⅰ区、Ⅱ区网络边界各横向纵向核心交换机处部署工控异常监测与审计产品，满足对异常通信协议和异常指令的识别解析、异常流量和异常网络行为的实时监控、流行为的展示等需求。

(4) 运维审计过程安全防护：在各安全Ⅰ区、Ⅱ区内部署工控运维审计系统，满足对运维过程的安全审计的需求。

2.1.2　智能电网物理和环境安全分析

相较于传统的电网，智能电网具有更强的开放性、与外界环境的互动性，因而其系统设计及功能实现也更为复杂。智能电网的稳定高效运行在一定程度上依赖于高端的信息通信技术，所以信息系统的安全性就显得尤为重要。但是现代信息系统安全防护技术发展并不成熟，还存在着许多漏洞，这些信息系统的漏洞影响了智能电网的安全运行，更甚至于造成智能电网的瘫痪。

智能电网信息系统易受攻击有两方面的原因：一是恶意的人为攻击，二是自然灾害或者用户无意的使用错误。智能电网信息系统在安全方面面临的威胁主要分为三个方面：物理安全、网络安全威胁、信息数据安全威胁。

智能电网的物理安全是指智能电网系统运营所必须的各种硬件设备安全，是智能电网信息安全控制中的重要内容。物理安全的防护目标是防止有人通过破坏业务系统的外部物理特性以达到使系统停止服务的目的，或防止有人通过物理接触的方式对系统进行入侵。要做到在信息安全事件发生前和发生后能执行对设备物理接触行为的审查和追查。

物理环境安全是智能电网信息安全技术中较为基础的部分。因此对电力系统而言，基础部分的安全问题能够保证，就是对整个电网信息安全的保证。保证数据和运行环境的安全性来保证整个电网系统的运转。数据的安全威胁囊括了数据库管理系统漏洞、容灾备份管理认证、访问控制、数据交换瓶颈、信息系统管理等。智能电网在执行发电、输电、变电、配电、用电时会产生大量的数据。数据安全分为数据本身的安全和数据防护安全。由于数据数量多、种类繁多，因而实现统一规定很难，加上访问控制和认证管理不完善，容易造成用户访问机制失序，数据被泄露、修改。数据存储中心以及容灾备份等防范措施不到位，引起管理人员的职能混乱，造成数据交换瓶颈、灾后数据丢失等问题，阻碍了整个智能电网稳定运行。与此同时，智能电网中采用的一些高端设备，其技术较新并不成熟，将其投放用于繁杂庞大的信息系统中可能不相适应，同样也会对智能电网的正常运行造成影响。

智能电网物理层提供了系统运行的物理环境，为上层业务功能的实现提供了直接计算环境，包括 CPU、主板、存储器、电源等，其一般以微控制单元(microcontroller unit，MCU)方式实现，在体系结构上主要以 ARM 为主。

外围接口脆弱性。外围接口包括人机接口、通讯接口、控制/采集接口等，人机接口一般为按键显示屏开关等方式，提供管理人员对设备配置和控制功能。通讯接口包括 RS232，RS458、载波、光纤、无线等方式，主要用于配用电智能设备与外界进行通讯。控制/采集接口采用电路方式与被控制的电力设备连接，用于采集电力设备的工作状态以及发送控制电信号。应对方法是：根据具体工作环境加强物理保护装置外壳“物理锁”等物理保护装置。

外围接入脆弱性包括终端设备安装位置多在用户侧或外人很容易接触的地方，如果没有对 U 盘等存储介质的使用进行有效管理，会导致病毒传播问题。如果系统的管理维护中没有达到一定安全基线的笔记本电脑接入到系统，也有可能会对系统的安全造成很大的威胁。应对方法是：对外设进行严格的控制，通过技术及管理手段实现移动存储介质“软件黑白名单”、“网络准入控制”安全配置管理等。

2.2　物理和环境安全防护措施

2.2.1　访问控制技术

在当前的智能电网中，智能设备能处理复杂的工作，在这种无人检查的环境下，非法攻击者经常通过设备去盗取和篡改系统信息，或者设备会遇到自然灾害的损坏。特别是在物理层，如果不法人员通过智能电网控制系统，对数据进行篡改或者恶意破坏系统，那么整个智能电网将会受到非常严重的破坏，所以在物理层中对访问控制技术的应用就显得十分重要。

现今工业控制系统为了达到资源共享及高使用率的目标，大多采用分布式的结构，即系统的所有资源均供多人共同使用，然而，这存在面临使用权控制的问题。

在信息安全的系统中，系统必须有能力判断使用者是否有权使用、修改或复制某一项资源。这种防止使用者盗用系统中不属于其权利范围的资源而对其权利以适当地规范，让使用者在适当授权范围内可以尽情享用计算机的资源，即所谓的授权度，又称为访问控制。访问控制简单地说，是用来保护计算机资源免于被非法者故意删除、破坏或更改的一项重要措施。

访问控制管理是工业控制系统中的一个重要组成部分，是管理信息系统必不可少的组成部分。同时，信息化技术的不断普及，管理信息系统设计的业务领域日益广泛，需要更多的人来参与使用，于是，管理信息系统的用户群体也越来越大，一个普通的系统可能就有几千用户，而一些大型的公共应用，用户量更是以百万计。相对于管理信息系统中的其他与业务相关的功能，访问控制的管理更加抽象，更加难以被非专业人士理解、使用。

物理环境安全是智能电网信息安全技术中较为基础的部分，因此对电力系统而言，基础部分的安全问题能够保证，就是对整个电网信息安全的保证。如果不法人员接触到终端设备并且通过终端得到整个系统的权限，那么整个智能电网系统都可以被不法人员所控制。由此可见访问控制对于物理环境安全的重要性。

下面是几种典型的访问控制技术。

1. 访问控制矩阵

20 世纪 70 年代初，Lampson 在其论文中提出了访问矩阵概念，并且成功地将该技术运用在操作系统的安全管理中。康奈尔大学的 Conway 等在对数据的访问控制中也使用了安全矩阵，在这个模型中定义了访问控制的几个关键概念。

主体(subject)：发起访问的主动方。通常是系统的操作者或者访问系统的程序进程。

客体(object)：被访问的对象。通常是可以识别的系统资源，包括系统维护的数据、连接的设备等。一个实体在某一时刻是主体而在另一时刻又成了客体，这取决于该实体是动作的执行者还是承受者。

安全访问策略(policy of access control)：安全访问策略指用于确定主体是否拥有对客体具有操作权限的规则。

在访问控制矩阵中，将客体作为行，将主体作为列，矩阵元素表示对应的列(主体)与行(客体)之间的操作关系，如读、写、执行等。假设我们用 R_i 表示行中的第 i 个客体，O_j 表示列中的第 j 个主体，$F[i, j]$就是表示 O_j 对 R_i 所拥有的访问操作权限，$F[i, j]$是一个操作集合。

2. 强制访问控制

强制访问技术主要用于多层次安全级别的应用当中，它预先定义用户的可信任级别及信息的敏感程度。当用户提出访问请求时，系统对两者进行比较以确定访问是否合法。例如，禁止信息从高级别流向低级别，既不允许低信任级别的用户读取高敏感度的信息(向上读)，也不允许高敏感度的信息写入低敏感度区域(向下写)。

强制访问控制(mandatory access control，MAC)源于对信息机密性的要求以及防止特洛伊木马之类的攻击。美国国家计算机安全中心(National Computer Security Center，NCSC)在其安全标准TCSEC(trusted computer security evaluation criteria)中将强制访问控制列为B级安全操作系统的基本要求。MAC通过无法回避的存取限制来阻止直接或间接的非法入侵。系统中的主/客体都被分配一个固定的安全级别，利用安全级别决定一个主体是否可以访问某个客体。安全级别是由安全管理员分配，具有强制性，用户或用户进程不能改变自身或其他主/客体的安全级别。MAC的本质是基于格的非循环单向信息流政策，系统中每个主体都被授予一个安全级别，而每个客体被指定为一定的敏感密级。访问控制的两个关键规则是：不向上读和不向下写，即信息流只能从低安全级向高安全级流动，任何违反非循环信息流的行为都是被禁止的。MAC主要用于多层次安全级别的军事系统中，它通过梯度安全标记实现信息的单向流通，可以有效地阻止特洛伊木马的泄露，其缺陷主要在于实现工作量较大、管理不便和不够灵活，究其原因是主体和客体的安全级别很难确定。

3. 自主访问控制

自主访问控制技术是发展比较成熟的一种访问控制技术，该技术非常灵活，被大量应用到工程项目中。自主访问控制在访问控制矩阵的基础上增加了“自主”的特性，这种特性就是任何一个被授权的主体，都能自主地将自己所拥有的权限授权给其他的主体而不需要通过系统安全员的允许。这种方式极大的增加了授权管理的灵活性，分散了系统安全管理员的工作量，任何人都可以根据工作的需要在自己的权限范围内进行需要的权限设置。但是这样的特性也带来了一些负面的影响，集中表现在系统安全管理员可能很快失去对授权状况的控制，他们将很难了解系统中的授权情况。

在实现方式上，自主访问控制技术主要从两个角度来实现。

一方面是以主体为核心进行管理，主要描述一个主体对系统中的各种资源拥有怎样的访问操作功能，主要的实现方法包括三种。第一种方法是定义一系列的受保护的客体标示，每个标示都代表了一个具体的操作，主体只有拥有了标示才具有对客体进行相应操作的能力。第二种方法是基于安全口令，我们可以将第一种方法中的安全标示用口令进行置换，那么访问系统的主体只有知道口令才能进行对客体的操作，这种实现有比较大的局限性，如主体需要记忆大量的密码，而且密码本身的安全性也难以保护。第三种方法是采用安全配置文件，就是为每个用户对客体的访问操作权限使用一个配置文件进行描述，通过配置文件来确定主体对客体的操作能力。以主体为核心的实现方式很难回答对于某一个客体而言，有哪些对它拥有访问的权限。但是，在一个安全系统中，正是客体本身需要得到可靠的保护。

另一方面是以客体为核心进行管理，主要描述一个客体会被哪些主体访问，以及访问该客体的各主体的操作权限，主要有两种实现方法。第一种方法是通过定义保护位来实现访问控制，保护位是对访问控制矩阵信息的一种不完全表达方式。它将不同的位“bit”与不同的主体相对应。我们所熟悉的 UNIX 系统采用的就是这种访问控制方式。第二种方法是采用访问控制列表，访问控制列表可以对某个特定资源指定任意一个用户的访问权限，还可以将有相同权限的用户分组，并授权组的访问权限。采用访问控制列表来实现自主访问控制体系的方法直观而灵活，是自主访问控制技术中应用最多的一种方法。

4. 基于角色的访问控制

美国国家标准和技术研究院(National Institute of Standards an Technology，NIST)于 20 世纪 90 年代初着手组织对基于角色访问控制技术研究。第一个 RBAC(role based access control)模型于 1992 年由 David Ferraiolo 和 Rick Kuhn 提出，称为 Ferraiolo-Kuhn92 模型。

1996 年，美国乔治梅森大学的 Sandhu 等完整地描述了 RBAC 基本框架，这就是具有里程碑意义的 RBAC96 模型。RBAC 模型包含三个实体集：用户(U)、角色(R)、许可(P)，以及会话。RBAC 的主要操作包括：用户分配、许可分配。2001 年，NIST 的 Ferraiolo 和 Kuhn 提出了一致的 RBAC 模型建议，即 NISTRBAC。2004 年 2 月，NIST RBAC 经过 RBAC 研究团体的进一步提炼，美国国家信息技术标准委员会将其定为美国国家标准(ANSI INCITS359.2004)。

RBAC96 模型包括 4 个部分：RBAC0、RBAC1、RBAC2 和 RBAC3，如图 2.4

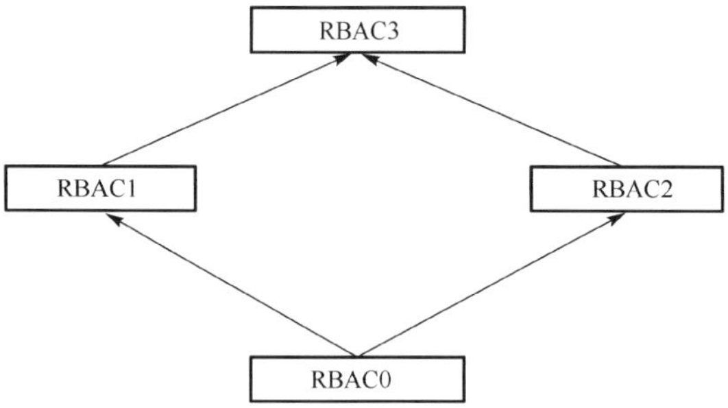

图 2.4　RBAC96 模型关系图

所示。RBAC0 是基本模型，定义了 RBAC 系统所需的最小需求；RBAC1 在 RBAC0 的基础上添加了角色层次的概念；RBAC2 在 RBAC0 的基础上添加了约束的概念；RBAC3 包含了 RBAC1 和 RBAC2，通过传递，也包含了 RBAC0。

RBAC0 只定义了最基本的 RBAC 元素：用户、角色、权限、会话。所有的角色都是平级的，没有指定角色层次关系。所有的对象都没有附加约束，没有指定限制。

RBAC1 在 RBAC0 的基础上添加了角色层次的概念。在现实世界中，职务职权之间存在着继承关系，如项目经理可能拥有项目组所有成员的权限。角色 r1 继承角色 r2，说明角色 r1 是安全级别高于角色 r2 的角色，角色 r1 将拥有角色 r2 所有的许可。我们称角色 r1 为父角色，角色 r2 为子角色。当用户激活一个角色 r 时，同时也隐式的激活了所有角色 r 所继承的子角色。角色的继承(或层次)关系是 RBAC 提供对复杂授权体系的一个重要特性之一。

RBAC2 在 RBAC0 的基础上添加了约束的概念。约束就是对用户授权的限制，即用户在接受授权的时候，必须满足一定的条件，包括是否拥有某个角色或者不能同时接受两个互斥的角色。约束不仅真实的反映了客观世界中的责权制约和环境条件，也简化了 RBAC 系统的管理。例如，一旦将某些角色定义为互斥角色，那么在以后的授权过程中，系统将自动判断，阻止一个用户同时拥有互斥的角色。同时，在一个分布式系统中，角色的管理是分布的，高层的管理员可以通过约束限制低层的管理员，实现安全的分布式分层管理。

RBAC1 和 RBAC2 是在 RBAC0 基础上针对不同需求的扩展。RBAC0 注重于角色的许可继承，以优化权限分配的管理，而 RBAC1 注重于授权规则的管理，使分布式分层管理变得可行。

RBAC3 模型是 RBAC1 和 RBAC2 模型的综合，其模型结构如图 2.5 所示。

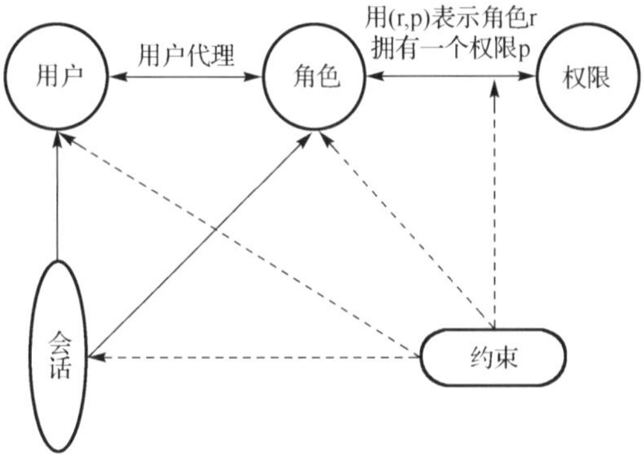

图 2.5　RBAC3 模型图

RBAC96 模型是一种基于集中管理的实现方式，在 RBAC96 模型中，认为系统只有一个安全管理员来进行系统安全策略的设计以及授权的管理，但是在大型系统中，通过一个安全管理员来集中管理访问控制是难以实现的。于是 Sandhu 在 1997 年提出了 RBAC97 模型，即 RBAC 的管理模型，并且指出 RBAC96 模型很难满足大型、复杂权限体系的管理需求。大型系统中用户和角色数量众多，单靠一个安全管理员是不现实的，通常的做法是指定一组安全管理员，如有首席安全员(chief security officer，CSO)、系统级安全员(system security officer，SSO)、部门级安全员(departmental security officer，DSO)等。RBAC97 模型就是在这个指导思想下建立的。在 RBAC97 模型中将角色分为两个大类，即管理角色和普通角色，并且申明这两类角色是互斥。同样的，系统的操作许可也根据其功能分为管理性许可和普通许可，二者同样被申明为互斥的。

RBAC97 模型通过管理角色将 RBAC 具备的分层管理的特性充分发挥出来。在 RBAC97 模型中，不同级别的安全信息员拥有的管理权限不同，而且管理工作也随着安全级别由高到低呈现出由抽象到具体的演化。高层安全管理员的工作在于设定低级别安全管理员的工作范围，也就是制定访问控制管理策略等比较宏观抽象的工作，而低级别安全管理员的工作则在于将业务层面的访问控制权限应用到用户这类具体的工作。RBAC97 模型如图 2.6 所示。

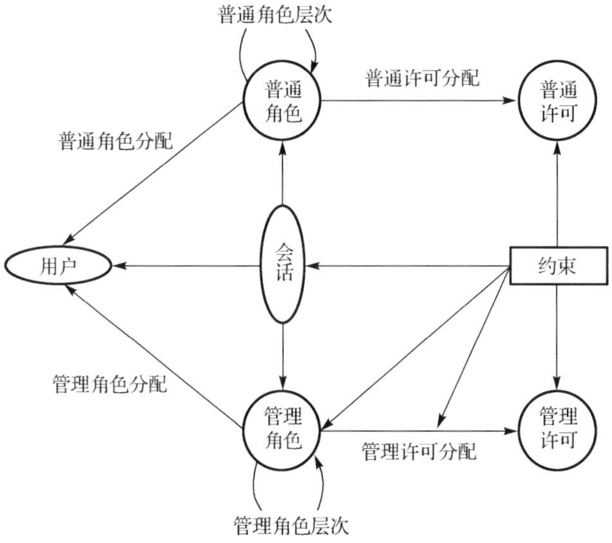

图 2.6　RBAC97 模型

2.2.2　数据安全和备份恢复

数据信息安全有两方面：一是数据本身的安全，运用加密算法对数据信息进行保密封装，以此保障数据的准确性、完整性、机密性；二是数据的软、硬件的安全。数据信息防护的安全性，在对数据进行存储或备份操作时采用不同级别的存储方式，如磁盘阵列(运用多个规格一致的磁盘组成一个存储阵列，保证数据读写的效率)、数据备份(管理重要的数据和日志，使数据业务连贯易查看)、双机容错(多预备一个能够正常运作的智能电网信息系统的设备，当一个系统处于异常状态时，便可以运用另一台，提高系统的可靠性)和异地容灾(跨地域的进行数据备份，保障数据恢复)。

2.2.3　串口的保护方案

1. 什么是串口

在智能电网中串口是一种常用的硬件，各个设备之间通过串口进行通信，和其他硬件设备一样，串口的稳定决定了整个智能电网的稳定性。如果串口损坏，各种设备之间的通讯不能及时传递，整个智能电网系统也会出现严重的故障。

串口叫做串行接口，也称串行通信接口，按电气标准及协议包括 RS232、RS422、RS485、USB 等，RS232 是目前 PC 机与通信工业中应用最广泛的一种串行接口。它是 1970 年由美国电子工业协会联合贝尔系统、调制解调器厂家以及计算机终端生产厂家共同制定的用于串行通讯的标准，其全称是“数据终端设备(data terminal equipment，DTE)和数据通讯设备(data communication equipment，DCE)之间串行二进制数据交换接口技术标准”。传统的 RS232 接口标准有 22 根线，采用标准 25 芯 D 型插头座。后来的 PC 上使用简化了的 9 芯 D 型插座，现在应用中 25 芯插头座已很少采用。电脑一般有两个串行口：COM1 和 COM2，计算机后的 9 针 D 型接口便是串行接口。

串口按位(bit)发送和接收字节。尽管比按字节(byte)的并行通信慢，但是串口可以在使用一根线发送数据的同时用另一根线接收数据。串口用于 ASCII 码字符的传输，通信使用 3 根线完成：地线、发送和接收。由于串口通信是异步的端口，能够在一根线上发送数据同时在另一根线上接收数据，其他线用于握手，但不是必须的。串口通信最重要的参数是波特率、数据位、停止位和奇偶校验。对于两个进行通信的端口，这些参数必须匹配。

波特率：这是一个衡量通信速度的参数。它表示每秒钟传送 bit 的个数。例如，300 波特表示每秒钟发送 300 个 bit。

数据位：这是衡量通信中实际数据位的参数。当计算机发送一个信息包，实际的数据不会是 8 位，标准的值是 5、7 和 8 位。

停止位：用于表示单个包的最后一位。典型的值为 1、1.5 和 2 位。由于数据是在传输线上定时，并且每一个设备有其自己的时钟，因此停止位不仅仅是表示传输的结束，而且提供计算机校正时钟同步的机会。

奇偶校验位：在串口通信中一种简单的检错方式。有四种检错方式：偶、奇、高和低。当然没有校验位也是可以的。

2. 串口通讯中存在的问题

首先，串口设备接收信号没有间隔，来自于通讯线缆的直流电位差，使信号线经常受到各种干扰。在串口通信点对多点的应用中，因为串口通信距离的限制(传输距离一般为 15 米)，形成了一个易吸收干扰信号的短距网状天线。浪涌、雷击还能通过与串口通信线缆相邻的电力线、电话线等进入，产生感应电动势，形成对串口的冲击。常见的造成对串口设备影响的原因还有：日光灯、电梯马达、大型发动机等重型设备的开启、短路、地电位差、电源切换、静电释放等。

其次，RS232 串口通信线对电压浪涌特别敏感，仅几十伏的小幅瞬变过程就可以通过串行端口造成数据丢失、硬件损坏、系统崩溃。

3. 串口保护方案

串口与通讯设备损坏造成的原因是多方面的，其中有 90%以上是由于没有使用串口隔离器，因主、从机设备间不共地所产生过大的电压差，或开关机时产生的浪涌，或遭受外界闪电、雷击、热插拔、静电等多方面因素造成串口或设备的损坏。

光电隔离器又称串口保护器，采用光电隔离模块(可承受瞬间 2500Vms，500VDC 的冲击)完全隔离了两端串口设备中的电气与地线回路，由串口一端的电信号转变成光信号传输给后方，再转变成串口信号，完全避免了因串口与设备间地线回路的电压、静电、浪涌、蓄击、热插拔等因素所造成对串口与设备的损坏，从而起到保护串口、抑制浪涌的作用。

实践证明，通过光电隔离器的保护，可使串行设备之间在电气线路上彼此隔离、独立、互不干扰，从根本上解决损坏串口的现象，节省在硬件维修上花费的宝贵时间和额外费用。串口隔离保护器已被广泛应用于电信、电力、金融、保险、银行、铁路、程控等行业的点对点的串口通信，如程控交换机、卫星接收机、可编程控制设备及任何使用串口的通信接口的环境中。

2.2.4 软件变更测试

在智能电网中，软硬件的升级更新是不可避免的，往往一个软件的改变会影响和它相关联的一系列软硬件，在进行软件的变更和维护工作时，对该软件变更及其影响范围的界定，决定了软件相关测试活动的范围。如果对该范围识别偏小，该软件变更的安全保障活动可能存在死角。如果对该范围识别偏大，则会加大软件变更与维护的成本。所以在智能电网的物理和环境安全中软件变更设计成了一个重要的部分。

首先我们需要弄清楚的问题是在智能电网中为什么需要对软件进行变更。用户需求与既有系统的需求差异、软件的缺陷修复、系统接口变化等均可引起相应的软件变更。比照前面描述的软件生命周期，软件变更根据其来源不同，可能始于以下阶段。

软件需求变更：对应软件需求阶段。

软件设计变更：对应软件结构设计、软件设计或软件组件设计阶段。

软件实现变更：对应软件组件实现与测试阶段。

软件需求变更：软件需求的管理应采用条目化的形式，软件需求各条目的内容应具备高内聚、低耦合的特性。软件需求的条目化，有利于对软件需求测试覆盖率的统计，也便于对判断测试未覆盖需求是否满足的方法进行制定。

软件设计及实现变更：软件设计及实现层面的变更可细分为如下几点。

①软件结构设计层面的变更。

②软件组件设计层面的变更。

③软件实现层面的变更。

软件运行环境变更：如果是上层软件运行的环境发生了升级，这种变更一般会涉及一些与上层软件接口函数的变更。除非有充分证据证明，这些接口函数的使用方式未受到任何影响，否则，应识别出与这些接口函数相关的上层软件函数，变更相关的测试案例(主要是软件组件测试，软/硬件集成测试与软件运行环境的升级一同进行)，并对这些函数进行相关测试的活动。如果软件运行环境的变更是软件运行平台的移植，在上层软件的实现与目标移植平台兼容的前提下，应对上层软件与目标平台的接口进行全面识别，分析对上层软件造成的影响。对于平台接口相关的软件进行变更，重新编制相关的测试案例(主要是软件组件测试，对于接口函数可采用桩函数的形式)，并进行相应的测试活动。

在软件变更测试中软件组件范围界定和软件测试范围界定是两个非常重要的部分。

(1)软件组件范围界定。

软件组件测试是一种偏向于白盒测试的活动。软件组件测试涉及静态分析、动态分析与测试、追溯性、测试覆盖率、功能及黑盒测试等。

其中，功能及黑盒测试要求较低，针对的是各软件组件功能的测试，如果函数发生了变更，则应对该函数进行功能及黑盒测试。静态分析除进行代码走查及设计评审之外，还涉及边界值分析、控制流分析、数据流分析等，这些方法大多可由工具自动完成，它们是进行动态分析与测试的基础。覆盖率是衡量测试充分性的重要标准。良好的追溯性管理可对测试全面性进行保证。本书主要对软件变更影响到的动态测试范围进行阐述。

测试覆盖率是衡量测试充分性的重要标准。软件测试覆盖率的要求有语句覆盖率、分支覆盖率、组合条件覆盖率、数据流覆盖率等。分支覆盖率的满足则意味着语句覆盖率的满足，分支覆盖率的满足还意味着测试覆盖了所有的简单条件(simple condition)和判断(decision)。

组合条件的全面覆盖成本很高，难以实现，一般采用 MC/DC 标准进行组合条件的覆盖率分析。MC/DC 覆盖意味着复合条件(compound condition)中的每个简单条件可独立的影响到复合条件的结果。

满足数据流覆盖率标准，意味着数据的定义使用流(define use pair)均得到覆盖。数据的定义使用流可通过数据流图得到，数据流图包括“节点”和“边”两种元素。“节点”包含数据的定义属性和使用属性，“边”包含各节点之间的流转条件。根据本节上述内容，不同的覆盖率标准下，软件变更对软件组件测试影响涉及的关系如下。

①分支覆盖率：软件测试案例与测试软件简单条件、判决之间的追溯关系。

②MC/DC：软件测试案例与复合条件中的每个简单条件可独立影响到复合条件结果之间的追溯关系。

③数据流：软件测试案例与数据的定义使用流之间的追溯关系。

(2)软件测试的范围界定。

软件测试活动属于较高层的测试活动，其主要针对软件的功能实现，目的是判断软件需求是否得到满足。该软件测试活动属黑盒测试。软件变更涉及的软件需求测试应包含如下内容。

①变更或新增的软件需求条目相关的软件需求测试案例。

②由于需求变更影响到既有需求的测试案。例如，对于既有需求的影响主要取决于软件的设计及实现层面，可通过软件需求与软件设计之间的追溯关系来确定。也就是说，软件变更对软件测试的影响涉及软件测试案例与软件需求条目之间的追溯关系。

2.2.5　口令策略

1. 口令和口令攻击的原理

口令在物理和环境安全防护中的作用十分重要，因为无论是在终端设备的登录还是数据的存储中，口令是保障使用者是否被认证的重要方法之一，如果口令被破解会对整个智能电网造成极大的危害。

口令通过只允许知道口令的人访问系统的方法来保护系统的安全。典型情况下，通过下述两个步骤获取访问。

(1)认证：在认证阶段，依据有效的用户名和口令数据库的内容检查用户名和口令。如果找到匹配的用户名和口令，那么进入第二阶段。

(2)授权：在此阶段，依据定义授权用户如何访问系统的数据库的内容，检查用户名和口令。认证确定用户是谁，授权确定用户能做什么。口令以明文或密文方式发送给系统。

明文提供最弱的安全保证。口令在网上以未加密方式发送，这样只要采用了适宜的工具，任何人都能看到网络上的口令。加密的口令有更好的安全性。加密口令的最常用方式是使用散列算法，如 MD4 和 MD5 等，口令从不通过网络发送，而是执行一个算法，将口令转换为密文，之后将密文通过网络发送给系统。通常情况下，在算法中使用一个称之为密钥的私密变量，来使结果更难进行反向猜测。

通常情况下，黑客用的口令破解器使用三种破解的方法。

(1) 字典攻击法：使用了一个字典文件，它包含了要进行试验的所有口令，字典文件可从网上下载，也可以自己创建。当用户设定的口令不是常用词汇时，就很容易被他人用这种方法破解口令，所以最容易受到攻击。

(2) 暴力攻击法：试验组成口令的每一种可能的字符组合，花费时间长，但最终总能得到口令。

(3) 混合攻击法：将字典攻击和暴力攻击结合在一起，常用字典词汇和常用数字结合起来用于破解口令。

一般情况下，网络渗透测试人员如果通过口令破解来审查口令策略的实施情况，通常会使用上述三种方法中的任何一种，如果他们仅仅要检查在口令中有没有使用常用词汇，那么字典攻击就已经足够了。另一方面，他们在进行必要的口令恢复时，都是先进行字典攻击，不成功时再进行暴力攻击。另一种替代方法是使用彩虹表，也就是散列对照表。它的想法是将已经破解的散列值存储起来，并在下一次破解口令时比较这些散列值。彩虹表存储了常用的散列组合，这样自然在破解口令时可以缩短大量的时间，从而使口令在很短的时间内受到攻击。

2. 口令安全措施

口令审计的方法可以是安全专业人员从数据库或 shadow 文件中提取所有用户名和口令，然后测试口令的强度。例如，使用 L0phtCrack 通过破解直接考察口令的强度，如果用户使用的口令是简单口令，那么告诉用户应该使用更长一些的口令，而且口令中不使用现成的英文单词，而是使用破解起来要花费更长时间的字符。从 Windows 2000 开始的所有微软操作系统都提供了一个特殊的设置，当打开这个设置时就要求用户使用复杂口令。这种做法极大地增强了安全性，并使口令破解更加困难。微软已经在其操作系统中实现了口令过滤动态链接库，它要求用户至少从下述四类字符中选择三类来组成一定量的字符组成口令。

①大写字母 A～Z；

②小写字母 a～z；

③数字 0～9；

④符号，如！，￥，%，&等。

(1) 记录账户登录日志。

几乎所有系统都实现记录账户登录日志。如不记录，那永远不可能发现黑客尝试进入系统的企图。例如，本地口令被破解大部分都是通过破解口令登录后保存在本地硬盘上的信息文件从而得到密码。显然，要想防止必须从“登录”和“离开”入手，尽量保护好信息文件(包括聊天记录文件等)，或者干脆删除它。另外，对于使用暴力软件的盗号者，密码本身的设置很关键。当然系统存在的困难之一是一般只在本地记录事件日志。例如，在一个有 10 个域控制器的环境中，认证过程可能被导向其中的任何一台服务器。如果认证过程发生在 DC.1 上，而我们在 DC.2 上使用时间查看器观察发生的事件，那么就会遗漏针对 DC.1 的失败登录尝试，我们必须直接观察 DC.1 才知道发生的事情。所以我们可以使用第三方工具将这些事件日志汇聚到一台机器上，或者发送给标准的系统日志服务器。

(2) 口令设置。

在设置口令时，要注意以下三点：

①口令的长度遵循在难以猜测和易于记忆之间平衡；

②口令过期使得管理员强制用户更换其口令；

③口令过期时间越短，用户更换口令的频率就越高，这样被破解也就越不容易。

(3) 口令历史。

很多操作系统都提供了口令历史记录，如 Windows 等，这个记录可以防止用户使用以前使用过的口令。例如，现在使用的口令是 LHH，这个口令到期后，理论上我们还可以继续使用这个口令，但是，如果把口令历史设置为 3 天，那么就不能直接再使用这个口令作为新的口令了，必须在更换了 3 个不同口令之后，才可以再选择 LHH 作为口令。这样可以避免长时间使用相同口令带来的安全风险。下面是一些帮助我们选择口令的指导原则。

①至少 8 个字符长度。在口令中包含一些数字或标点符号。

②可能的话，混用大小写。对于使用暴力攻击法破解密码从理论来说一定可以成功，但它的效率极低，非常花时间。所以只要密码设置的较为复杂，那么破解就变得非常困难了。

③不要使用在字典中能找到的词汇做口令，包括外文字典。

④不要使用键盘上连续字符做口令，如 asdfghjkl。

⑤不要重复使用一个字符，如 iiiiii。

⑥不要全部使用标点符号、全部使用数字或全部使用字母。

⑦不要使用很容易被确定的东西，如电话号码、汽车牌号、朋友或亲戚的名字、自己的名字或职业、日期。

⑧绝不把账户名当口令。不同的机器使用不同的口令。周期地更换口令，并且不重复以前用过的口令。

⑨不要把单词颠倒过来当作口令。

⑩不要用形状相似的数字代替字母，如不要把所有的 i 用 1 来替换。

(4) 物理保护。

Windows XP 和 Windows 2000 系统有一个人们一般不用但功能不错的命令，这就是 Syskey 命令，可以用它在系统关闭后加密 SAM 数据库。如果黑客得到了 SAM 的备份，那在暴力破解用户口令之前，须先破解 Syskey 加密。但绝大多数安装都把 Syskey 的密钥存储到 SYSTEM 注册表单元文件中，通过访问整个硬盘，Syskey 命令所起的作用是减缓了黑客访问的速度，当然也可以使用可管理的交换机，更好的方法是在交换机上实现端口安全或 MAC 过滤，阻止未知的 MAC 地址访问网络。

2.2.6 无线传感器安全

在智能电网中无线传感器是一种常用的硬件，智能电网的各个设备上都部署了无线传感器。无线传感器的安全会影响到智能电网的安全和稳定性，所以在整个智能电网中无线传感器的安全也是十分重要的。

1. 无线传感器介绍

无线传感器网络(wireless sensor network，WSN)是自组织网络的一种，其中包含很多数目的小型传感器，这些节点通过多跳的方式进行连接形成一个传播信息的网络。一般将节点放置于需要检测的地方，节点之间的通信是通过无线电波的方式进行的，通过节点的协作共同将一个区域全方位地覆盖，不断地将监控对象的信息发送到基站中供分析决策。数据采集、数据传输与控制管理是无线传感器的三项重要职能。节点是网络中独立工作的最小单位，它是由传感器模块、数据处理模块和通信模块组成的小单元，其主要职责就是将采集到的信息做处理并发送给基站。军事应用、航天科技、医疗卫生、环境保护、应急抢险等场合已经广泛应用了无线传感器。

2. 无线传感器网络在智能电网中的应用

同网络技术一样，无线传感器已经被应用到了电力行业中。相对于有线监控，无线传感器可以适应各种特殊的环境，可以在苛刻的条件下进行工作，稳定有效地采集传输有效数据，极大地降低了人工成本，具有巨大的现实意义。

3. 无线传感器网络的安全隐患

由于部署在自然条件相当差的物理状况下，每个小单元很可能遭到来自外部的攻击，安全性得不到保证。除此之外由于使用电池作为电源，传感器的工作时间相对较短。再有传感器网络中采用广播作为通信方式，使得信息被截获的可能性很高。

首先，传感器网络中往往采用多跳路由完成节点间的数据传输，多跳路由也往往成为安全攻击的主要目标。而路由安全常常是通过安全路由协议来规范的，不安全路由会导致传送的消息被篡改或有假冒节点加入进行虚假信息传输，甚至造成恶意的网络攻击。不同的应用环境，不同的应用需求，往往需要设计与之对应的安全路由协议。

其次，当前路由安全仍面临诸多挑战，尤其在分层分簇的网络体系结构下，安全路由在密钥管理、节点认证、安全路由策略等多个方面存在诸多的问题。

密钥管理方面，传统无线传感器网络多采用单密钥方案。而对于整个密码体制，其安全性完全依赖于密钥的安全性，一旦密钥发生泄露，无论加密算法多强，整个密码体制就被攻破了。为了防止主密钥目标过大或主密钥发生意外破坏，通常对主密钥分布式地进行保存。此外，在分层、分簇的无线传感器网络体系结构中，由于网络部署环境的开放性，节点失效的情形时有发生，如何在部分节点失效的情况下进行簇密钥的快速恢复也是路由安全中密钥管理的一个重要研究内容。

节点认证也是保障安全路由的重要手段。如何利用节点有限的计算能力解决无线传感器网络节点的高效认证，以及在多用户多消息的签名中，如何提高签名效率，节省能耗，这些均是路由安全在认证方面急需解决的问题。

安全路由方面，无线传感器网络往往部署环境开放且能量有限，在现有的分层分簇的无线传感器网络体系结构中，如何在保障路由安全的同时，尽量有效减少多跳路由的转发次数以降低能耗也是需要考虑的问题。

传感器网络中往往有很多节点，由于受到能量有限的限制，采取加密或认证技术显然不适合 WSN 进行数据处理，所以 WSN 中会存在很多种潜在问题制约网络正常工作。

(1)信息窃取：采用广播的方式向邻居节点发送数据，这样会导致在有效频段范围内外部的其他设备也可以获取节点传输的信息。

(2)传感器节点被捕获：无线环境下的设备容易被捕获，为了确保网络的安全，必须研究出对策应对被捕获节点的恶意攻击。

(3)破坏网络：节点在被攻击失效或者能量耗尽时会退出网络，这样会造成传感器网络的失联，必须想好这种情况下的应对策略。

(4)篡改信息：无线传感器网络最大的难题是如何预防被捕获节点将恶意修改的信息注入到网络中传输，这会使基站获得恶意数据以至于做出错误的判断。

2.2.7 智能电网管理制度设计

物理和环境安全除了需要在终端上加强安全防护以外，一个完整的物理硬件和环境的管理制度也是非常重要的。一个良好的管理制度可以尽可能多地把硬件故障发生率降到最低，在故障发生后也可以最快的速度对故障进行抢修。

1. 岗位职责设计

1)数据网专责岗位职责

数据网专责需要全面负责本单位调度数据网运行，主持运维工作的开展，协调各方面人员，全程参与运维体系的各个环节。

(1) 故障管理工作。

故障管理方面，数据网专责需要将故障分派给检修人员或驻场及服务人员处理，并确保其能够在规定时间内解决故障。协调故障管理的各环节，确保故障处理人员获得相关专业(如保护、信通)人员的配合，在其各自领域中正常工作。当无法解决故障，需要进行管理升级时，数据网专责应将相关缺陷信息报告上级。

(2) 变更管理工作。

变更管理方面，数据网专责首先应完成变更需求的识别，初步评价变更的风险和影响，为变更请求设定适当的变更类型。其次，准备并提交可行的变更方案和计划，然后发起变更，提交变更单或检修单。再次，应负责变更准备工作，递交变更开工申请，按照计划实施变更的内容，当计划时间内无法完成变更任务时，需办理延期申请，如在变更过程中发现变更失败，立即执行回退计划以保证业务安全。最后，应负责变更的竣工确认和记录。

(3) 配置管理工作。

配置管理方面，数据网专责需要建立本单位调度数据网设备维护信息表，并定义好设备逻辑配置项和物理配置项的属性和相互关系，根据检修人员或驻场及服务人员反馈的信息更新和维护设备信息表，受理配置项维护需求并负责配置项属性以及关系信息的更新。定期发起并执行对设备维护信息表的审核和验证，确保配置审核发现的差异得到修正，并制定审核报告，同时将本单位设备维护信息表报送上级部门进行备案。

(4) 访问控制管理工作。

访问控制管理方面，数据网专责负责本单位调度数据网用户权限的管理(用户权限的增加、修改、撤销和密码重置等)，管理本单位网络运维管理软件或者网络系统访问账号，编制网络账号及访问权限记录表并报送上级部门进行备案，以及定期组织本单位用户权限评审工作，对发现的问题及时处理并做好记录。

(5) 运维保障管理工作。

运维保障管理方面，数据网专责应协调相关资源(如设备、人员等)，为运维工作的正常开展提供保障。为适应智能电网的发展趋势，提高调度数据网可用性，数据网专责还应根据运行分析报告，定期制定和维护本单位各领域数据网容量监控阈值，规划和制定本单位数据网容量管理计划，发布并实施数据网容量评估报告和容量改进计划，对上级部门容量计划的制定应提供数据支持。将运维保障管理制定的各项计划分派给检修人员或驻场及服务人员执行，并评估执行情况。

(6) 运维报告工作。

调度数据网专责负责本单位数据网运维管理体系所有报告的汇总，为运维管理的既定章程或要求提供参考，在保证报告的撰写、审批均符合相关标准的前提下，定期发布本单位网络运维报告。

2) 值班员岗位职责

值班员是参照营销、配电抢修专业“一口对外”原则设置的岗位，主要职责是监视调度数据网运行状况并接收系统内外用户的故障报修申请，以及进行变更工作开工许可，跟踪故障处理和变更实施的全过程，在履行确认手续的情况下结束工作流程。针对地、县调度人员短缺的现状，该职责可由调度值班员、配电抢修值班员或其他调控中心值班人员兼任，完成24小时不间断值班任务。

(1) 故障管理工作。

故障管理方面，值班员负责故障的受理和记录，及时通知数据网专责派遣相应的人员进行处理。作为“首问负责人”，值班员需要全程跟踪所有相关故障，确保故障得到解决，在与用户确认故障处理结果后关闭故障单，终结本次故障流程。

(2) 变更管理工作。

变更管理方面，值班员负责确认变更实施前工作现场的开工条件，以及变更实施后的工作验收，在验收合格的情况下关闭变更单，终结本次变更流程。

3) 检修人员岗位职责

根据各单位“大运行”体系建设中工作移交对象的不同，检修人员可能由不同部门的人员担任，主要职责是接受数据网专责分派的工作任务，完成故障排查、配置变更等工作。

(1) 故障管理工作。

故障管理方面，检修人员负责故障的受理和记录，对故障进行初步支持，调查和诊断故障原因，预判故障等级。将重大故障或需要管理升级的缺陷信息报告给数据网专责。作为“首问负责人”，检修人员应接受数据网专责分派的任务，全程跟踪所受理的故障，实施故障的解决方案并确保故障得到解决，在与用户确认业务恢复正常后，关闭故障单并填写故障记录。

(2) 变更管理工作。

变更管理方面，检修人员作为变更工作的主要实施者，应先识别变更需求，初步评价变更的风险和影响，为变更请求设定适当的等级，并提交变更方案和计划。在变更方案和计划得到数据网专责批准后，检修人员应按照计划实施变更的内容，当计划时间内无法完成变更任务时，需办理延期申请，如在变更过程中发现变更失败，立即执行回退计划以保证业务安全。变更工作完成后，应负责竣工确认，并填写变更记录。

(3) 配置管理工作。

配置管理方面，数据网专责需要建立本单位调度数据网设备维护信息表，并定义好设备逻辑配置项和物理配置项的属性和相互关系，根据检修人员或驻场及服务人员反馈的信息更新和维护设备信息表，受理配置项维护需求并负责配置项属性以及关系信息的更新。定期发起并执行对设备维护信息表的审核和验证，确保配置审核发现的差异得到修正，并制定审核报告，同时将本单位设备维护信息表报送上级部门进行备案。

(4) 访问控制管理工作。

访问控制管理方面，检修人员应确保自身及工作班成员的访问行为遵守相关的网络访问控制管理办法，妥善保管职责范围内涉及的账号和密码，确保相应账号和密码的授权、使用合法。

(5) 运维保障管理工作。

运维保障管理方面，检修人员主要是协助数据网专责制定相关运维保障计划，执行已完成评估、审核的计划，还应做好记录为运维保障管理提供准确数据。

(6) 运维报告管理工作。

运维报告管理方面，检修人员需要根据运维工作的开展情况编写日常运维管理报告，并报送数据网专责。

4) 驻场及服务人员岗位职责

驻场及服务人员是系统外技术支持人员的统称，由设备制造、集成厂家的工程师组成，是对调度数据网运维体系的补充。一般情况下，驻场及服务人员负责为数据网专责提供专业性指导，协助处理数据网专责或检修人员无法自行解决的技术难题，必要时可在得到授权的情况下参与运维工作。

(1) 故障管理工作。

故障管理方面，驻场及服务人员应受理数据网专责或检修人员分派的任务，深入调查和诊断电力企业无法解决的故障，直至找到解决方案(或临时措施)，并将结果汇报给任务分派人。

(2) 变更管理工作。

变更管理方面，驻场及服务人员负责接收数据网专责或检修人员分派的任务，为变更计划提出专业性意见，评价变更的风险和影响并将评价结果反馈给任务分派人。确定进行变更时，应协助数据网专责或检修人员实施变更，进行变更准备，并按照计划实施变更内容。当变更失败时，应立即执行回退计划，分析失败原因，提交分析报告。变更结束后，需协助进行竣工确认和记录的填写。

(3) 配置管理工作。

配置管理方面，驻场及服务人员在获得授权的情况下，可以进行的工作有：初始化设备维护信息表，根据定义好的逻辑和物理的配置项属性和相互关系创建表单并填写；维护和更新设备维护信息表，受理配置项维护需求并负责配置项属性以及关系信息的更新，确保配置审核发现的差异得到修正。

(4) 运维保障管理工作。

运维保障管理方面，驻场及服务人员应执行运维保障管理制定的各项计划，定期制定和维护各领域容量监控阈值，根据收集的容量数据，分析调度数据网现状与预测未来需求，编制与提交容量改进报告。

(5)运维报告管理。

运维报告管理方面，驻场及服务人员应每月编写服务商(或厂商)运维报告，对当月工作情况进行汇总。

2. 智能电网运维管理制度设计

1)故障管理设计

故障管理是记录故障、有序分类并安排适当人员进行处理的管理流程，其目的是当故障发生时，能在不影响运行业务的情况下，尽快恢复已中断或受影响的网络服务。故障管理必须监督整个故障处理过程，直到故障得到恢复，正确报告故障进程。一般来说，调度数据网系统故障类型可分为四类。

重大故障：主要指省调、地调多个核心或骨干网网络设备功能瘫痪或明显下降，省调与地调互联的网络中断，省调与上级调度机构的网络中断等情况。

重要故障：主要指省调、地调单个核心或骨干网、汇聚网络设备功能瘫痪或性能明显下降，220kV 及以上厂站的网络中断或性能明显下降，由于网络原因导致重要的考核指标受到影响等情况。

一般故障：主要指 220kV 及以上厂站单套设备发生故障，110kV 及以下厂站网络中断或性能明显下降等情况。

轻微故障：主要指网络冗余度降低、网管系统故障等降低网络性能，但不影响业务传输的情况。

根据故障的类型和紧急程度可以对故障级别进行定义，故障的级别决定其处理优先级和管理升级时限，以一级故障为最高级别，高级别故障应得到优先处理。

(1)故障升级。

当达到目标解决时间时，若故障仍未解决，将触发故障升级。通过提升故障等级，确保引起足够重视，增派人员或设备，使故障可以被及时响应和解决。调度数据网的故障升级方式分为技术升级和管理升级两种，技术升级主要是由经验丰富的技术人员介入处理，管理升级主要是由更高级别领导介入协调。一般来说，技术升级时运维人员处理时间可沿用国网公司供电抢修时间的次一级标准，管理升级时由于各级故障协调难度没有统一标准，只能以现有运维经验估算得出。故障升级后，各级运维人员应遵循表 2.1 规定的响应时间。

表 2.1 规定的响应时间

序号	衡量指标	指标计算说明	目标值
1	呼叫响应及时率	从呼叫到开始服务的时间	远程服务 2h 现场服务 0.5h
2	信息发布及时率	从信息确定到告知客户的时间	0.5h
3	供应商告知及时率	从决定通知到通知到供应商的时间	0.5h
4	事件解决平均时间	各次解决事件时间之和/事件总数	

(2) 故障状态。

为便于管理，在故障管理中采用故障状态标识故障目前的处理状态，方便管理人员直观的查看处理进度。

(3) 故障关闭类型。

故障的关闭并非都是因为已解决，数据网运维工作中遇到的故障大多需要深入分析查找原因，耗费时间较长，此时可先采用临时措施恢复业务，待查明故障原因后进行消缺。故障关闭类型就是用来标识故障是在何种情况下关闭的，从而为后续处理提供依据。

(4) 故障原因。

调度数据网系统常见故障有硬件故障、软件故障、供电故障、线路故障等，这些故障原因应被记入故障单，作为数据分析的依据。

(5) 流程的触发和结束。

在故障管理工作中，流程的触发可以是用户报修，也可以是值班员监控发现。流程触发后，由值班员开启故障流程，数据网专责作为调度数据网运维工作负责人应对故障处理的及时性和有效性负责，应与值班员一同跟踪故障处理过程直至流程关闭，若故障可能影响省调接入网，还需及时通知省调数据网专责采取相应措施。

当故障处理完毕时，必须经值班员履行确认手续后方可关闭故障单，所有故障单都应在规定的时间内关闭。检修人员和驻场及服务人员在故障处理完成后需要填写记录，并在每月运维报告中体现。重大故障的处理与一般故障差别较大，需单独编制专门的流程，因该工作专业性较强，流程的结束应由数据网专责进行确认并关闭故障单，且需要填写重大故障处理报告，并为故障库添加知识条目。

故障管理通过对故障进行登记、定级、分派、跟踪和关闭等一系列活动来建立一个管理闭环，监控故障处理的全过程，缩短处理时间。故障管理应完整、准确地记录所有故障及其处理过程，按月度生成和回顾故障管理报表，对未解决的问题进行根源分析，掌握故障类型分布和出现规律，并定期回顾，改进故障管理体系。

2) 变更管理制度设计

在调度数据网运维工作中，变更操作是指在网络运行环境中对配置项(一般包括主机、网络、软件、设置、环境及相关文档等)进行增加、修改或移除等行为的操作，变更管理是指采用统一的标准流程和步骤来管理、控制所有对网络环境有影响的变更活动。智能电网条件下，调度数据网接入设备和业务的数量将远远超过目前且高度集成化，牵一发而动全身，所以运维人员必须以更谨慎的态度完成工作任务。变更管理的目的就在于通过流程的执行，对所有操作进行正确评估后再行实施，实现对网络运行环境稳定性的要求，减少由于准备不当等人为原因对网络造成的风险，保证调度数据网系统中所有操作是符合规定的、受控的，使变更对系统造成的影响最小。

(1) 变更类型。

根据紧急程度的不同，可以对变更操作进行分类，通过设置不同的执行路径和审批人员，使高级别变更获得更多资源，提高管理效率。一般情况下，变更操作可归纳为以下几种。

紧急变更：对应电力紧急检修，适用于业务已经受到严重影响，必须立即变更才能恢复，或是虽然业务还没有受到影响，如果不立即进行变更业务将受到严重影响的情况，如巡视过程中发现可能导致业务中断的严重隐患，必须尽快实施变更操作。

重要变更：对应计划检修，适用于可能影响其他部门业务的变更或需要其他部门会签的变更，如调度机房搬迁、网络拓扑调整等。

一般变更：涉及影响范围较小，不影响其他部门业务，实施风险较小且实施简单的变更，如 IP 地址更改、新设备投运、备用设备硬件更换等。

标准变更：已取得预授权，对业务的影响极小且有标准操作流程的变更，如修改设备密码等。

上述各类变更操作中，以紧急变更优先级最高，需执行紧急变更流程进行应急处置。重要变更、一般变更和标准变更的优先级依次降低，按照变更流程进行即可。为加强对变更的管理，可以考虑为变更流程设置前导时间和目标时间，使管理人员可以更加直观的掌握工作开展情况。

(2) 变更管理原则。

变更管理的目的在于保障调度数据网运行环境的稳定，因此所有涉及网络运行环境的变更都必须纳入变更管理流程。在实际操作过程中，数据网专责必须切实履行网络运维管理职责，加强监管力度，对网络变更做到可控、能控、在控。及时纠正运维人员不规范的工作行为，不允许出现流程外的变更操作。

在变更管理流程中应充分考虑“风险”和“效率”的平衡，不能偏重某一方面，通过对变更的充分评估和审核控制变更的风险，在流程或审批路径上对不同类型的变更区别对待，以达到高效的目标，前导时间和目标时间指标应根据实际工作情况及时修订。

变更执行前，需要制定相应的应急回退措施，并备份变更主体的配置基线作为变更回退的配置基准，变更一旦失败可立即恢复到变更前状态，减小对业务的影响。所有变更过程的信息都应有记录，数据网运维人员可根据记录对变更进行有效跟踪。

3) 运维保障管理制度设计

调度数据网运维保障的目的是根据当前和未来的业务发展需求，提前规划调度数据网容量带宽，管理及持续改进电网调度数据网的可用性、可靠性和可维护性，最大程度地满足业务的需求，同时确保在重大灾害与意外事件发生时调度数据网能够在既定的要求时效内恢复正常运作，以减少故障恢复时间，提高生产保障能力。

(1) 可用性管理。

可用性计划应及时反映业务和用户需求的变化、技术的发展、管理流程的改善，因此其应定期、并在相关因素发生变化时及时进行回顾，并遵循变更管理流程做出必要的更新和修改，数据网专责每年应至少对可用性计划中的改动进行一次回顾。在调度数据网可用性管理过程中，数据网专责需要对数据网及其组件的可用性进行监控，在监控过程中，应对照可用性计划进行分析，发现计划外的情况及时采取弥补和纠正措施。要建立和维护与业务需求相一致的调度数据网可用性计划，首先需要明确业务应用需求和网络运维目标，根据调度数据网业务需求的增长情况，在可用性目标的制订中予以体现，同时兼顾可用性、可靠性、可维持性等方面。在制定可用性计划的过程中，更应根据公司智能电网建设需求对可用性计划进行调整，更好的服务于工作大局。

(2) 容量管理。

容量管理应由数据网专责确定调度数据网系统的容量和性能监控要求，明确容量监测方案，定义容量监测范围、监测点、监测方法和各阈值，制定容量监测数据的记录表格和存储方式，从而对调度数据网容量和性能进行监测并记录。在系统容量达到阀值后应及时上报相关部门，并采取相应处理措施。数据网专责应根据容量运行报告，分析现有容量与业务需求和预期之间的差距，当发现网络性能存在瓶颈或容量不足时，提出容量改进计划。例如，在智能化变电站建设过程中，高清图像监控、一二次系统数据交互等业务对数据网带宽提出了更高的要求，为确保公司智能电网建设进度不受影响，数据网专责应尽早制定设备升级方案，提高通道传输带宽。

(3) 连续性管理。

为有效落实调度数据网的连续性管理，数据网专责应依据业务需求、内部管理重要程度、期望值与恢复策略等要素，识别可能导致调度数据网中断的重大风险，明确其影响程度、发生概率和严重等级，并制定应对措施。业务影响分析至少应包含以下几点。

①调度数据网所支持的各部门及其关键业务功能。

②关键业务功能所依赖的资源，包括人员、设备、数据、软件和服务等。

③关键业务功能的潜在风险，确定突发事件对关键业务功能造成的损失和影响。

④制定目标恢复时间。

⑤关键业务功能的恢复制定优先级排序。

对调度数据网而言，业务的连续性主要体现在如何保障数据网及其所提供服务的连续性，其保障措施通常应包括事故或灾难前的防范性措施，目标是降低风险发生的可能或者降低风险发生时的破坏性，减少事故或灾难可能带来的损失，一般可以采取站点冗余、设备冗余、数据备份、人员角色备份或资源备份等措施。其次是应急响应流程和预案，目标是尽快恢复受影响的网络，减少事故或灾难带来的损失，主要包括建立事件应急响应流程和应急预案，并确定应急处置人员。最后是恢复后措施，主要指网络恢复后如何进行恢复确认、总结并形成报告等，根据实际需求修订和完善原有预案。

4) 配置管理制度设计

配置管理的目标是定义和控制服务与基础设施的部件，并维护准确的配置信息。调度数据网应按要求确立配置管理方法，根据公司实际情况拟制配置管理计划，对配置项进行全生命周期管理，并明确配置项的识别标准和范围。在数据网运维工作中，配置项是指为提供 IT 服务需要进行管理的任何组件或其他服务资产，配置项可以包括由调控中心所控制的所有网络硬件、软件、配置文件、服务器、文件和所有其他的组件。配置基线则是指已经正式约定并由变更管理流程进行管理的配置的基线，如配置模板等。

配置基线、配置项作为电力二次系统重要组成部分，应受到严格保护，因此所有有关调度数据网配置项的更改(包括其他运维流程引起的对配置项的更改)都需要通过变更管理流程进行控制。只有得到授权的有关人员才能对配置信息维护表中的配置项信息进行修改，修改之前需要对物理配置项的属性进行核实。任何网络设备或业务系统升级、更新、投入使用前必须启动配置管理流程，以确保配置项信息与物理环境一致。需要定期通过评估配置项的生命周期状态，并定期根据变更的执行情况对其所引发的配置项修改情况进行审核，对配置项是否仍然适用进行预警。

(1) 配置基线管理。

配置基线作为智能电网条件下调度数据网设备的配置模板，其制定、修改必须符合本单位及上级调度机构的网络技术标准和安全规范，且应由数据网专责定期组织人员进行审核，及时修订疏漏之处，保证配置基线的正确性和标准性。为便于统一管理，调度数据网设备的上线和变更等操作必须遵守配置基线的有关规范，应有专门的记录，在规范整理后应录入知识库保存。

(2) 配置管理流程的开启与关闭。

配置管理流程一般在配置项发生改变或修改配置项信息时由运维人员提交的新配置请求触发，如增加新的网络设备或有新的安全需求需要对设备配置进行更新的情况。对配置项进行审核时发现配置信息与实际不一致时也可以开启配置管理流程，如发现设备软件 bug 或配置错误，需要更正的情况。此外，变更管理流程中，如果变更实施涉及配置项修改且数据网专责认为有必要，也可触发配置管理流程。数据网专责主要负责规划和制定配置管理设备维护信息表，定期发起并执行对设备维护信息表的审核和验证并制定提交审核报告等工作，确保配置审核发现的差异得到修正。流程启动后，数据网专责应将配置基线的评审、测试情况报告相应负责人，将通过测试的配置基线纳入基线库，完成配置基线的确认和启用。只有当配置基线经过维护并由数据网专责验证无误后，流程方可关闭。数据网专责应每年对配置管理流程进行回顾，及时优化流程，提高管理水平。

2.3 本章小结

本章首先描述了物理和环境安全防护的由来，由上到下的分析了物理层威胁产生的原因，阐述了这些威胁会对整个智能电网产生的危害。然后介绍了物理和环境安全威胁的防护措施，深入浅出的介绍了防护方法，对这些防护方法从原理和应用范围上进行详细的介绍。

物理层安全产生的原因。变电站作为连接发电与输配电的重要环节，随着电力行业趋势的发展，逐步由传统的变电站转为智能变电站，这是现在智能电网很多问题产生的根源。

智能电网物理和环境安全分析。物理环境安全是智能电网信息安全技术中较为基础的部分。因此对电力系统而言，基础部分的安全问题能够保证，就是对整个电网信息安全的保证。保证数据和运行环境的安全性来保证整个电网系统的运转。数据的安全威胁囊括了数据库管理系统漏洞、容灾备份管理认证、访问控制、数据交换瓶颈、信息系统管理等。智能电网在执行发电、输电、变电、配电、用电时会产生大量的数据。数据安全分为数据本身的安全和数据防护安全。由于数据数量多、种类繁多，因而实现统一规定很难，加上访问控制和认证管理不完善，容易造成用户访问机制失序，数据被泄露、修改。数据存储中心以及容灾备份等防范措施不到位，引起管理人员的职能混乱，造成数据交换瓶颈、灾后数据丢失等问题，阻碍了整个智能电网稳定运行。

访问控制技术。物理环境安全是智能电网信息安全技术中较为基础的部分。因此对电力系统而言，基础部分的安全问题能够保证，就是对整个电网信息安全的保证。如果不法人员接触到终端设备并且通过终端得到整个系统的权限，那么整个智能电网系统都可以被不法人员所控制。由此可见访问控制对于物理环境安全的重要性。

数据安全和备份恢复。数据信息安全有两方面，一是数据本身的安全，运用加密算法对数据信息进行保密封装，以此保障数据的准确性、完整性、机密性。二是数据的软、硬件的安全。

串口的保护方案。在智能电网中串口是一种常用的硬件，各个设备之间通过串口进行通信，和其他硬件设备一样，串口的稳定决定了整个智能电网的稳定性。如果串口损坏各种设备之间的通讯不能及时传递，整个智能电网系统也会出现严重的故障。

软件变更测试。在智能电网中，软硬件的升级更新是不可避免的，往往一个软件的改变会影响到和它相关联的一系列软硬件，在进行软件的变更和维护工作时，对该软件变更及其影响范围的界定，决定了软件相关测试活动的范围。如果对该范围识别偏小，该软件变更的安全保障活动可能存在死角。如果对该范围识别偏大，则会加大软件变更与维护的成本。所以在智能电网的物理和环境安全中软件变更设计成了一个重要的部分。

口令策略。口令在物理和环境安全防护中的作用十分重要，因为无论是在终端设备的登录还是数据的存储中，口令是保障使用者是否被认证的重要方法之一，如果口令被破解会对整个智能电网造成极大的危害。

无线传感器安全。相对于有线监控，无线传感器可以适应各种特殊的环境，可以在苛刻的条件下进行工作，稳定有效的采集传输有效数据，极大地降低了人工成本。由于部署在自然条件相当差的物理状况下，每个小单元很可能遭到来自外部的攻击，安全性得不到保证。除此之外由于使用电池作为电源，传感器的工作时间相对较短。再有传感器网络中采用广播作为通信方式，使得信息被截获的可能性很高。所以本章介绍了许多对于无线传感器的保护措施。

智能电网管理制度设计。物理和环境安全除了需要在终端上加强安全防护以外，有一个完整的对物理硬件和环境的管理制度也是非常重要的。一个良好的管理制度可以尽量地把物理和环境故障发生率降到最低，在故障发生后也可以以最快的速度对故障进行抢修。

第3章 网络安全

随着工业控制系统在智能电网中的广泛应用，工业控制系统自身的安全问题直接影响到智能电网的安全性。本章介绍、分析了智能电网中工业控制系统的网络安全方面存在的问题，并根据国家发布的工业控制系统信息安全防护指南的要求，给出智能电网工业控制系统网络安全防护的一些典型例子。

3.1 网络安全层关键点

在网络发展不断深入各行各业的今天，这个巨大的信息交流平台为全世界的用户提供了不可或缺的资源与服务。但随着网络规模的日渐增长，安全问题逐渐突显出来，各种攻击、病毒可以对智能电网工控系统构成致命的威胁，但电网与大众生活密不可分，我们不能因噎废食，在这种情形下我们应当构建智能电网工控系统自身的网络防护体系，本节主要介绍其中三个关键点。

3.1.1 边界安全防护

不同安全级别的网络相连接，就产生了网络边界，防止来自网络外界的入侵就要在网络边界上建立可靠的安全防御措施。非安全网络互联带来的安全问题与网络内部的安全问题是截然不同的，主要的原因是攻击者不可控，攻击是不可溯源的，也没有办法去“封杀”，只能预先建立尽量完备的被动防御体系。一般来说网络边界上的安全问题主要有以下几个方面。

(1)信息泄密。

网络上的资源是可以共享的，但没有授权的人得到了他不该得到的资源，信息就泄露了。一般信息泄密有两种方式。

①攻击者(非授权人员)进入了网络，获取了信息，这是从网络内部的泄密。

②合法使用者在进行正常业务往来时，信息被外人获得，这是从网络外部的泄密。

(2)入侵攻击。

攻击者通过互联网(或其他渠道)进入网络，篡改数据或实施破坏行为，造成网络业务的瘫痪，这种攻击是主动的、有目的，甚至是有组织的行为。

(3)网络病毒。

与非安全网络的业务互联，难免在通讯中带来病毒，病毒感染网络后业务将受到巨大冲击，病毒的传播与发作一般有不确定的随机特性。这是“无对手”、“无意识”的攻击行为。

(4) 木马入侵。

木马是一种新型的攻击行为，结合了入侵攻击与病毒的特征，木马在传播时像病毒一样自由扩散，但进入网络后，便主动与其制造者联络，从而让木马制造者来控制网络，既可以盗用网络的信息，也可以利用网络的系统资源为他工作，比较典型的就是“僵尸网络”。

(5) 网络攻击。

网络攻击是针对网络边界设备或系统服务器的，主要的目的是中断网络与外界的连接，虽然不破坏网络内部的数据，但阻塞了应用的带宽，是公开性的攻击，攻击的目的一般是造成服务的中断。

可以看出，网络边界的安全问题主要来自外部，并且形式、性质多种多样，所以我们需要对一切的外来通信进行监控，控制入侵者的必然通道，设置不同层面的安全关卡，建立容易控制的缓冲区，架设安全监控体系，对于进入网络的每个用户进行跟踪、审计其行为等。

对于来自网络内部的安全问题则简单得多，人员是可控的，可以通过认证、授权、审计的方式追踪用户的行为轨迹，也就是行为审计与合规性审计。

在智能电网工控系统中需要安全防护的边界，如图 3.1 所示，有信息内网与第三方边界、信息外网与第三方边界、信息内外网边界、信息内网纵向上下级单位边界及横向域间边界五类。对其中的电力用户用电信息采集系统来说，其边界可划分成信息内网与第三方边界、信息内外网边界、信息内网纵向上下级单位边界及横向域间边界四类。

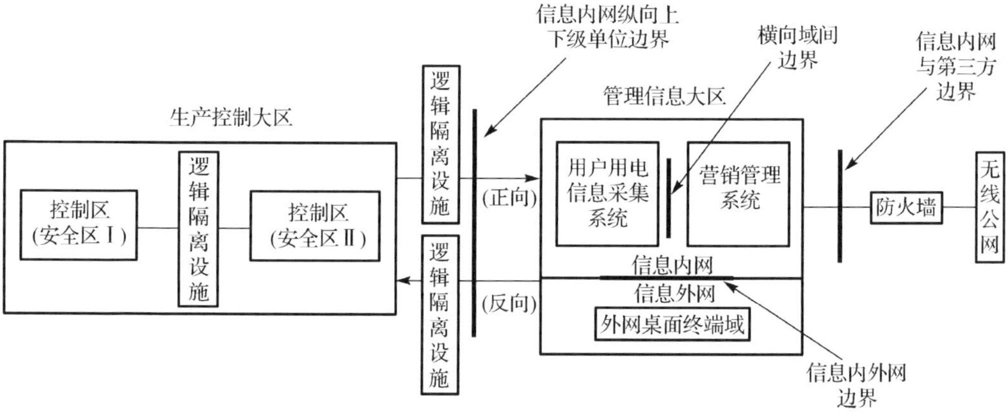

图 3.1　智能电网工控系统结构图

如果要建立电力用户用电信息采集系统的边界防护，需要在信息内网与第三方边界和信息内外网边界上建立防火墙，禁止没有防护的工业控制网络连接与不安全的互联网连接；在信息内网纵向上下级单位边界上设立电力专用纵向认证，阻断来自管理网的非法行为；在横向域间边界上建立横向隔离装置。

3.1.2 远程访问安全

作为企业网络平台的一种有效的延伸，远程访问接入技术一直在网络应用中扮演着非常重要的角色。利用远程接入技术，用户便不再需要处于企业局域网络平台覆盖范围之内，通过局域网接入方式来访问企业网络应用服务。此外，远程访问技术解决的另一个问题是灵活性，不论用户、职员身在何处，均能够利用远程访问技术接入到企业内部网络平台。

1. 远程访问方式及其优缺点

虚拟专用网络(virtual private network，VPN)是利用网络设备——路由器、服务器与防火墙，建立的专用远程网络连接。有些企业网络以路由器为中心，把VPN服务加在路由器上；当然也有些企业把防火墙看成是Internet安全通讯的核心，选择防火墙式的VPN建置方案。

(1)路由器式VPN。

使用具有VPN功能的路由器，使用者就可以在分公司间经由Internet或互联网服务提供商(internet service provider，ISP)网络来传输资料。相对来说，路由器式VPN部署较容易，只要在路由器上添加VPN服务，通常只需将软件升级即可。而新型路由器通常已在软件或操作系统内建立了VPN服务。基本上，路由器上的VPN软件升级，一般都会包括防火墙、加密以及隧道等功能。有些厂商则会将用户身份辨识与既有的身份辨识服务(如远程身份辨识拨接用户服务(remote authentication dial-in user service，RADIUS))连接在一起。

(2)软件式VPN。

由生产厂商与协作厂商提供VPN应用程序，可执行加密、隧道建立与身份辨识，让用户通过VPN与企业内网相连，沿用既有设备将软件安装在现有的服务器，不需更改网络组态。另外，程序可与现有的网络操作系统的身份辨识服务相连，如此一来，将可大幅简化VPN的管理工作。

(3)防火墙式VPN。

许多企业均以防火墙为Internet安全措施的核心，以拒黑客于门外。有些企业甚至用防火墙在网络上扫描病毒，或是找出怀有恶意的攻击程序，因此许多防火墙厂商已在它们的产品中支持VPN服务，保护内部网络免于被未授权交通和用户侵入。一个良好的防火墙可以根据用户、应用程序和传输源辨识交通流。这种作法的好处是现有网络架构保持不变，管理VPN服务所用的接口，通常与原本管理防火墙的使用接口是相同的，因此培训成本也缩减到最小，因为加密与建立隧道等 VPN 服务也是由软件来处理，效能是考虑的重要指标之一。

2. VPN 的安全问题

如同任何的网络资源一样，VPN 也必须得到有效的管理。同时需要关注的还有 VPN 的安全问题，尤其是和 Internet 相关的安全问题。针对这一方面，目前所有的 VPN 设备都应用了相关的核心技术，这些技术包括隧道协议(tunneling)、资料加密(encryption)、认证(authentication)及存取控制(access control)等。

(1)隧道协议。

一般而言，隧道协议技术分为两种不同的类型。第一种类型是端对端(end-to-end)隧道技术，从用户的 PC 延伸到用户所连接的服务器上。由每个端点的 VPN 设备负责隧道的建立与端点之间资料加密及解密等工作。

第二种类型是节点对节点(node-to-node)隧道技术，主要用于连接不同地区的局域网络。在局域网络内部传送的资料并不需做任何的变动，当资料必须经由网络外围(edge)的 VPN 设备发送到其他的局域网络时，这些数据才会被加密然后经由隧道传送给下一个节点的对应设备。当节点收到资料后，VPN 设备会将这些资料解密，还原成原来的格式传送到自身关联的内部局域网络。隧道协议利用软件的方式搭建在实体网络上，构成 VPN 的虚拟特性，让隧道内任何一个连接看起来像是线路上唯一的连接，隧道也让一个 VPN 得以维持内部网络一样的安全性和优先性。

(2)资料加密。

大部分的 VPN 设备厂商都支持加密技术，而密钥长度的选择取决于许多因素，较明显的因素包括：确保资料机密的重要性程度以及资料所流经的网络安全性等。

一旦 VPN 采用加密技术后，系统也必须提供用户一套取得密钥的方法。最常见的几种密钥管理技术为：点对点协议(point-to-point protocol，PPP)中的加密控制协议(encryption control protocol，ECP)、具备密钥管理功能的 Microsoft 点对点加密技术(microsoft point-to-point encryption，MPPE)、以及 ISAKMP/IKE(internet society association key management protocol/internet key exchange)等。

VPN 提供私密性。加密应只使用于特别敏感的交通，当有需要时才使用，或加装硬件加密模块，因为加密非常占用处理器资源，而且会影响速度性能。

(3)认证。

VPN 连接中一般都包括两种形式的认证。①用户身份认证，在 VPN 连接建立之前，VPN 服务器对请求建立连接的 VPN 客户机进行身份验证，核查其是否为合法的授权用户。如果使用双向验证，还需进行 VPN 客户机对 VPN 服务器的身份验证，以防伪装的非法服务器提供错误信息。②数据完整性和合法性认证，检查链路上传输的数据是否出自源端以及在传输过程中是否经过篡改。VPN 链路中传输的数据包含密码检查和密钥，只由发送者和接收者双方共享两方面内容。

(4)存取控制。

在确认用户身份之后，进一步所需要的功能就是针对不同的用户授予不同的存取权限。许多 VPN 的产品都有其对应该产品的认证服务器，如拨号用户远程认证服务器(remote authentication dial-in user service，RADIUS)及终端存取控制存取系统(terminal access controller access system，TACAS)共同运作的能力。用户必须接受身份认证(authentication)和授权程序(authorization)，让网络获知用户的权限，让用户知道自己的权限。一个良好的系统也会执行账户稽核(accounting)，以追踪支出源和确保安全性。验证、授权和账户稽核，统称为 AAA 服务。

3. 智能电网工控系统远程访问的安全策略

远程访问在提升了便利性的同时，也给企业或者其他单位的局域网的安全性带来了新的隐患。远程访问中存在的安全问题以及加强局域网安全保障的对策进行分析具有非常重要的现实意义。对于智能电网工控系统的远程访问，可以从以下几个方面入手。

(1)采取较为安全的远程节点访问方案。

目前如果需要通过路由器或者其他的应用服务器进行远程访问，一般的用户都是通过 Telent 协议来进行的，但是在 HTTP 协议下 Telent 服务的安全性很差，密码和执行代码在网络中都是基于明文的方式进行传输，这样很容易造成泄密。而采用 SSH 协议则相对而言较为安全，这种协议下，密码以及执行代码的传输都经过了加密，能够有效的提高远程节点访问的安全性。

(2)采用安全性较高的远程控制软件。

首先，我们需要提出的是，在没有特殊必要的前提下，一般要禁止安装远程控制软件，更不要随意开启远程控制软件，因为即使采取了足够的措施，由于远程控制开放的权限太高，安全隐患还是较大。在此基础上，如果确定需要远程控制，也要选择一些安全性较高而且经过验证较为成熟的远程控制软件。

(3)加强网络访问控制。

加强网络访问控制是有效防止开放远程访问带来的安全隐患的一个非常重要的策略，加强网络访问控制的主要作用在于保证网络资源不被非法的远程访问使用或者破坏。从目前来看，对网络访问进行控制的技术较多，根据它们的作用方式进行分类，可以分为入网访问控制、网络权限控制、目录级控制以及属性控制等，通过对这些技术的综合利用能够达到加强网络访问控制的效果。

(4)采用防火墙技术。

采用防火墙技术的要点在于将局域网内部的服务器与普通的计算机进行分隔，

如果确有必要，也可以在计算机之间进行适当的分隔，使得内部网络与互联网起到一定的隔离作用，能够有效的限制网络互访，从而避免内部网络资源被非法的远程使用者入侵，同时还能够执行安全管制措施，对所有的可疑事件进行记录，确保网络的安全。

针对智能电网工控系统的远程访问安全防护工作，应当做到以下三点。

①确需远程访问的，采用数据单向访问控制等策略进行安全加固，对访问时限进行控制，并采用加标锁定策略。

②确需远程维护的，采用虚拟专用网络(VPN)等远程接入方式进行。

③保留工业控制系统的相关访问日志，并对操作过程进行安全审计。为了达到这些目标，可以优先限制远程访问，如需则部署VPN，实现对远程访问行为的访问控制及加密，同时在各设备中开启日志记录；如需统一管理则可部署日志审计系统，对所有设备操作的日志进行记录，可供日后溯源。

3.1.3 可信身份认证

随着智能电网投入运行，电力行业服务模式将发生重大变化，如信息和数据交互的显著增长、智能终端接入的增长，同时这些变化必将引入新的安全隐患和挑战。如何解决智能电网可信接入终端认证已经成为需要解决的智能电网发展的一个越来越重要的问题。如果无法实现智能电网可信访问，会影响智能电网的发展，甚至可能导致智能电网的发展终止。传统的访问认证方法仅适用于小型简单网络系统，直接应用于智能电网可能会导致以下问题。

①传统的终端认证直接收集信息来认证用户的准确性，而传输过程中的信息可能被篡改，导致用户信息被披露，影响系统的可信度、可靠性、安全性。

②目前，已经有可以在智能电网接入终端上实现可信接入的技术，但由于系统组件过多，系统级复杂性、可靠性、可扩展性差等缺陷，导致整个接入认证过程变得复杂、速度慢，无法满足智能电网大量用户快速认证访问的需求，同时，其巨大的接入技术系统结构使系统无法实现精准和智能化的要求，这将抑制智能电网的发展。

因此，有必要提出一种紧凑、可靠、安全的新访问认证系统，以满足未来智能电网发展的需要，同时提高智能电网用户的便利性与安全性。

1. 智能电网终端目前面临的安全隐患

当前的智能电网终端存在着以下四个安全隐患。

(1)传统的终端用户的登录系统上，用户访问数据的权限依赖于传统的密码识别机制，攻击者可以轻易破解，可能导致用户数据被其他用户非法使用。

(2)终端访问网络方式的多样性增加了电力通信系统内部网络信息被恶意盗窃的可能性，入侵者可以通过系统安全漏洞篡改重要信息。

(3)用户终端与接入网之间的差异性、电力系统存储空间的重用与资源共享降低了系统检测用户行为的能力。

(4)攻击者非法访问、蓄意攻击，是电力通信网络安全运行的严重威胁，会影响电力系统的稳定运行。

2. 智能电网终端可信接入认证方法案例

为了克服现有的智能电网安全漏洞，尽量减少安全威胁，有必要制定一系列安全策略，确保业务应用安全可靠。结合终端业务场景和安全防护要求，智能电网的终端安全认证要求如下：智能电网终端应采取措施实现密钥组件与系统代码的完整性认证，从而确保安全可靠的环境；智能电网终端应制定完善的安全控制策略和区域隔离策略，实现用户识别认证、程序访问控制和程序之间的可靠通信。

用户终端应根据数据敏感性对数据和文档进行分类和存储，并对不同级别的数据和文档采取不同的安全措施。同时，用户终端应定义更完善的安全审计策略，以帮助发现潜在安全隐患和事件。

智能电网终端还应设计在发生数据丢失后的自毁机制，如信息锁定和信息销毁机制，清除敏感信息，防止敏感数据泄露。

接下来给出一个智能电网终端可信接入认证方法的例子。

智能电网在接收终端用户信息后，通过信息处理系统(小型高效嵌入式计算系统)全面管理用户信息，然后传递信息到终端访问认证服务器以进行鉴别。这个认证服务器确保信息在网络传输过程中的安全性和可靠性，我们通过这种设计确保智能电网中可信访问系统的结构简单和可移植性。

智能电网终端可信接入认证系统结构如图 3.2 所示。顶层是信息采集层(information collecting layer，ICL)，其次是信息处理层(information processing layer，IPL)，

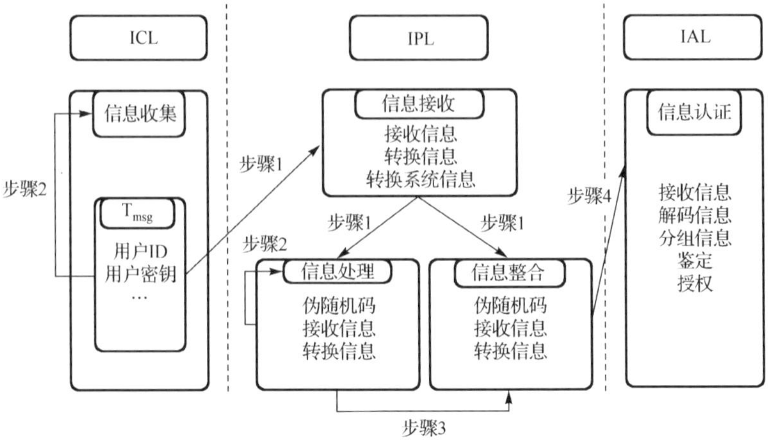

图 3.2 认证系统结构

最后是信息认证层(information authentication layer，IAL)。信息采集层终端收集信息并将信息发送到信息处理层，经过处理后，信息被整合，最终传送到信息认证层，信息认证层将完成认证。

1)概要步骤

步骤1：根据智能电网终端认证系统部署的层次结构，认证系统分别包括信息收集层(ICL)，信息处理层(IPL)和信息认证层(IAL)。信息收集层与信息处理层连接，信息处理层与信息认证层连接。

步骤2：信息收集层将收到的信息收集并发送到信息处理层。

步骤3：信息处理层解封收到的信息，处理和加密终端信息，最终将处理的数据传送到信息认证层。

步骤4：信息认证层对认证数据进行解密、恢复和验证，以完成认证。

2)系统分层介绍

信息收集层负责收集终端信息和验证终端信息的有效性。信息处理层包括信息接收器、信息生成器和信息整合器，它们依次负责完成消息接收、发送、处理、加密和集成的功能。信息认证层由验证服务器组成，可以对完成信任认证的访问进行反编译处理并恢复原始信息。

(1)信息收集层。

信息收集层的工作流程如图3.3所示，终端信息由信息收集层收集，信息收集层收集终端信息并将其发送到信息处理层。

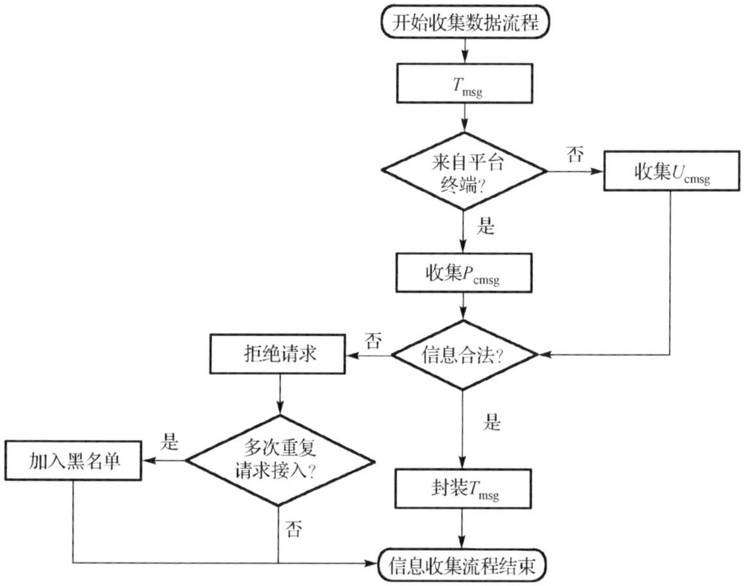

图3.3　信息收集层工作流程

步骤1：终端接收输入信息并检查其形式。

步骤2：根据用户类别信息收集用户输入信息，如果由平台终端访问，则收集其安全信息，包括防火墙是否打开以及是否安装了指定的防病毒软件等。

步骤3：将收集的信息封装到 U_{cmsg}(用户终端信息)或 P_{cmsg}(平台终端信息)中，然后发送到信息处理层。

信息收集器检查用户输入信息的方式是：将其与有效格式进行比较，如果信息无效，则保存输入时间戳并将错误标志(mistake flag，MF)的值自增。之后，检查两个连续时间戳中的错误标志(MF)的增量，如果小于一定值，则认证通过并清空时间戳、重置错误标志(将MF返回为零)，否则锁定用户。

锁定用户是指：如果用户认证在短时间内连续失败，我们将把用户添加到黑名单中(黑名单总在身份验证之前被遍历)。如果当前用户在黑名单中，将被拒绝。另外，黑名单中的文件将被定期重组。

重新组织黑名单过程如下：当新用户认证信息放入黑名单时，将添加时间戳。同时，当信息收集者在新的终端访问时检查每个小时的时间戳，系统将比较保存在黑名单中的时间戳。如果时间间隔大于24小时，则从黑名单中解锁该用户。

信息采集层的主要工作是收集终端信息。除此之外，为了提高系统安全性的鲁棒性，还要对信息进行一些简单的完整性测试。不允许无效或恶意攻击信息访问系统，提交无效信息的终端将在监视器下输入，防止系统持续高强度攻击。

(2)信息处理层。

信息处理层接收到信息收集层打包的信息之后，再将信息发送到信息认证层进行认证之前，需要进一步处理，工作流程如图3.4所示，也就是打包，处理和加密 U_{cmsg} 或 P_{cmsg}。然后，将处理后的信息 PD_{msg} 发送到信息认证层。

步骤1：信息处理层中的信息接收器接收终端信息，向信息发生器发送系统通知指令，告知有一个新的终端请求访问。同时，将收到的终端信息发送到信息集成器。

步骤2：信息发生器收到通知后，并行产生一个不定长度的随机数Vlrn，然后将它们发送到信息集成器和信息认证层。

步骤3：当信息集成器收到终端信息时，将信息分为两部分，并等待信息发生器生成的Vlrn。最后，将Vlrn与终端信息进行组合，并在加密后将其发送给信息认证层。

在接收终端接入通知后信息发生器生成随机字符串的方法是：三个计算组件并行工作，使用时间戳产生不超过128bit的随机数，再根据随机数抽取字符，然后将它们的拼接成一个完整字符串，从而创建产生三个随机字符串(Vlrn1，Vlrn2和Vlrn3)，它们的大小不超过128bit，由大小写字母、数字和标记组成。然后将这三个字符串包装成一个可以完整的字符串Vlrn，将Vlrn发送到信息认证层和信息集成器。

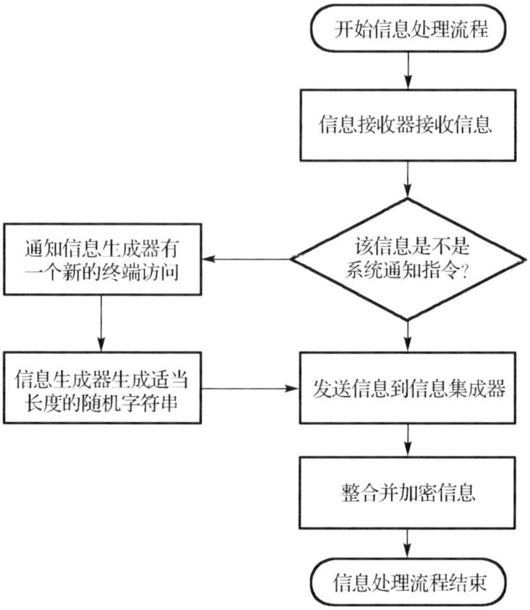

图 3.4　信息处理层工作流程

信息整合器组合终端信息的方法是将终端信息分为两部分，并将其与上述三个随机字符串(Vlrn1，Vlrn2 和 Vlrn3)有序组织到 PD_{msg}。然后使用公钥 $K_p\{PD_{msg}\}=K_p\{Vlrn1，F_{msg}，Vlrn2，L_{msg}，Vlrn3\}$进行加密，最后将其发送到信息认证层。

(3)信息认证层。

信息认证层将对所收到的信息进行一系列解码，以对其进行恢复，然后对其进行认证，其工作示意图如图 3.5 所示。

步骤 1：信息认证器接收由信息发生器生成的 Vlrn 和由信息集成器发送的加密信息。

步骤 2：解密处理后的信息，根据 Vlrn 进行分割，以恢复终端信息。

步骤 3：通过与存储在服务器中的信息进行比较，验证终端信息来实现可信访问。

认证服务器恢复终端信息的方法是将所处理的信息解密，首先使用公钥，得到合成信息 PD_{msg}。然后，将 PD_{msg} 分为五部分，其中包括三部分的 Vlrn 和终端信息的两部分，根据接收到的 Vlrn，后两个节点将被恢复成终端信息 T_{msg}。

获取终端信息后，将其与服务器数据库中的信息进行比较。如果存在，认证成功；否则失败。

该方法通过重新编译由信息处理层处理的信息从而恢复原本的用户信息，而且应用了高级认证来提高访问认证的效率和安全性。

通过上述这个简单有效的认证系统，可以保护网络传输过程中用户信息的安全，满足智能电网在终端接入认证过程中的安全需求。

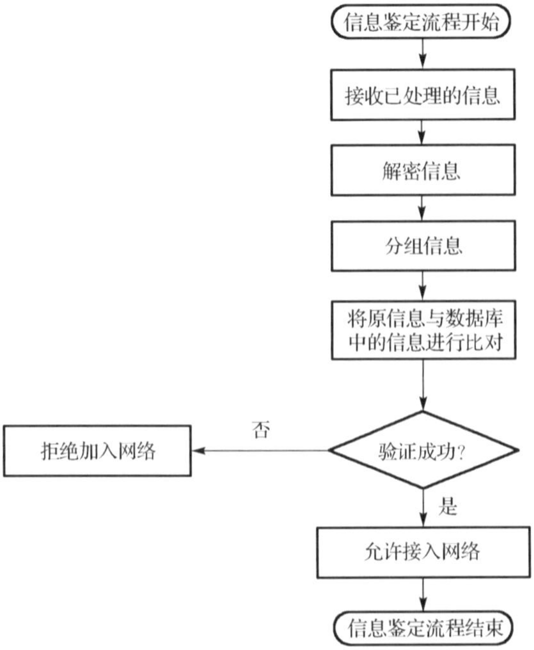

图 3.5 信息认证层工作示意图

3.2 典型工业控制系统通信协议安全分析

网络协议是计算机网络中进行数据交换而建立的规则、标准或约定。要理解工业网络如何工作，首先要了解它们所使用的底层通信协议及其应用场景和选择这些协议的原因。目前，已有的许多工业控制专用协议，大多是为了提高效率和可靠性而设计的，以满足大规模分布式控制系统的运行需要。同时，令人堪忧的是为了提升效率而放弃了协议的安全特性，如要求额外开销的认证和加密等措施。更有许多工控协议为了能够适应以太网运行做了修改，使得协议存在可以被利用的漏洞。

本节对 Modbus TCP、OPC、DNP3、Ethernet/IP、EtherCAT 这五种常见协议进行安全性分析。

3.2.1 Modbus TCP 协议

Modbus 是由 Modicon 公司在 1979 年提出的，是一个划时代、里程碑式的网络协议，作为 20 世纪第一个在工业现场总线发挥作用的工业总线协议，Modbus 协议由于其免费、开放、简单等优点，至今仍然活跃在工业、建筑、基础设施等领域中。随着时代的发展和需求的变化，Modbus 已经衍生出 Modbus Plus、Modbus TCP/IP 等协议，已经发展成一个协议簇。

在我国，已制定国家标准 GB/T19582-2008《基于 Modbus 协议的工业自动化网络规范》。Modbus 协议是应用于电子控制器上的一种通用语言。通过此协议，控制器相互之间、控制器经由网络(如以太网)和其他设备之间可以通信。

使用 Modbus 协议，不同厂商生产的控制设备在各种网络体系结构内进行简单通信，每种设备(PLC、HMI、控制面板、驱动程序、动作控制、输入\输出设备)都能使用 Modbus 协议来启动远程操作，在基于串行链路和以太 TCP/IP 网络的 Modbus 上可以进行同步通信。

Modbus TCP 以一种比较简单的方式将 Modbus 帧嵌入 TCP 帧中。互联网编号分配管理机构(the internet assigned numbers authority，IANA)给 Modbus 协议赋予 TCP 端口 502。

1. Modbus TCP 协议规范

Modbus TCP 是开放式通信系统互联参考模型(Open system interconnection，OSI)第七层上的应用层报文传输协议，它在连接至不同类型总线或网络的设备之间提供客户机/服务器通信，如表 3.1 所示。

表 3.1　Modbus 协议栈

层	ISO/OSI 模型	协议名称
7	应用层	Modbus 应用协议
6	表示层	
5	会话层	
4	传输层	
3	网络层	
2	数据链路层	Modbus 串行链路协议
1	物理层	EIA/TIA-485(或 232)

协议格式如图 3.6 所示。

MBAP 报文头	功能代码	数据

图 3.6　协议格式

2. 协议安全性分析

(1)没有认证机制。

在网络连接方面利用的是 TCP 协议。在知道目标 IP 地址的情况下，只要通过 502 端口就可以发起并建立通信连接。如果应用数据单元携带的功能码是 Modbus 设备所支持的，那么就可以建立起一个合法的 Modbus 会话，没有消息校验(只有 Modbus TCP 存在该问题)。在某些 Modbus TCP 实现中，校验和是在传输层而非应用层生成，从而使得假冒命令更加容易。

(2)没有权限区分。

对于任何人，只要他能够连接到目标 Modbus 设备上，那么他就可以执行所有 Modbus 设备所具有的功能。

(3)数据明文传输。

Modbus 协议封装的是应用数据单元(application data unit，ADU)，传输的也是这个 ADU，在网络上都是以明文的形式传输，通过抓包技术就可以获取并解析出里面的数据。由于工厂生产环境的特殊性，不到万不得已的地步，工厂很难做到随时停工停产进行生产设备的更新换代，因此在现有条件基础上，对 Modbus 协议以上三点缺点，进行安全加固工作很有必要。

(4)没有广播抑制(只有串行 Modbus 变体存在该问题)。

串行连接的所有设备都会收到所有消息，意味着在串行连接设备链中，可以通过对不明地址进行广播，有效地实现拒绝服务(denial of Service，Dos)攻击。

(5)可编程性。

Modbus 最危险的是，它是为编程控制器所设计的，因此可以用来向 RTU 或 PLC 中注入恶意代码，该问题也存在于许多其他工业协议中。一些需要特别关注的 Modbus 消息的例子包括：

①强制从设备转到“只听”(listen only)模式的功能码；

②重启通信的功能码；

③清除、擦除或重置诊断信息(如计数器与诊断寄存器)的功能码；

④请求关于 Modbus 服务器、PLC 配置或其他敏感信息的功能码；

⑤对定义点列表及其值的 Modbus 请求(配置扫描)；

⑥请求从站标志信息；

⑦请求从站附加信息；

⑧大小或长度有问题的 Modbus TCP 数据包，可能引发拒绝服务攻击；

⑨从服务器到多个节点的 Modbus 流量，可能引发拒绝服务攻击；

⑩TCP 端口 502 上的非 Modbus 报文或不完整的 Modbus 报文；

⑪从设备忙异常代码延迟(异常码 06)，可能引发拒绝服务攻击；

⑫确认异常代码延迟(异常码 05)，可能引发拒绝服务攻击；

⑬不正确的报文长度(最大 253)，可能引发拒绝服务攻击；

⑭配置扫描；

⑮可用功能码扫描；

⑯修改分隔符；

⑰周期较短(实际阈值待定)的无意义命令，暴力拒绝服务；

⑱广播性质的报文或一个主站向多个从站的请求；

⑲包含在异常协议数据单元中的信息；

⑳列出所有可用功能码的命令(功能扫描)。

3.2.2 OPC 协议

OPC 是一个工业标准，管理这个标准的国际组织是 OPC 基金会，OPC 基金会现有会员已超过 220 家，遍布全球，包括世界上所有主要的自动化控制系统、仪器仪表及过程控制系统的公司。基于微软的对象连接与嵌入(object linking an embedding，OLE)(现在的 Active X)、部件对象模型(component object mode，COM)和分布式部件对象模型(distributed component object model，DCOM)技术。OPC 包括一整套接口、属性和方法的标准集，用于过程控制和制造业自动化系统。

OPC 的出现解决了控制系统突破“信息孤岛”的瓶颈问题。OPC 技术建立了一组符合工业控制要求的接口规范，将现场信号按照统一的标准与 SCADA，HMI 等软件无缝连接起来，同时将硬件和应用软件有效地分离开。只要硬件开发商提供带有 OPC 接口的服务器，任何支持 OPC 接口的客户程序均可采用统一的方式对不同硬件厂商的设备进行存取，无须重复开发驱动程序，这样大大提高了控制系统的互操作性和适应性。

第一份 OPC 标准草案于 1995 年 12 月发布，第二份草案于 1996 年 3 月发布，第二份草案成功的吸引了大量开发人员的注意，并将其理念推向世界。OPC 规范 1.0 版本于 1996 年 8 月 29 日正式出版，开始了全球范围的活动。截止 2011 年，OPC 国际基金会总共拥有 440 余位公司成员，80 多位最终用户成员，3500 多家致力于开发 OPC 产品的公司，超过 22000 种产品，拥有 3000 多种产品资料，在包括中国在内的全球 52 个国家和地区拥有众多分支机构。

1. OPC 简介

随着技术的发展和市场的需求，OPC 技术不断推陈出新。

(1)经典 OPC。

OPC 第一阶段的技术称为经典 OPC。根据工业应用的不同需求，经典 OPC 包括的规范有数据存取规范(data access，DA)，警告与事件(alarm&events，A&E)，历史数据存取规范(historical data access，HDA)，OPC 批处理规范(OPC batch)，OPC 安全规范(OPC security)，OPC 数据交换规范(OPCDX)和 OPC 复杂数据规范(OPC complex data)。其中，应用较多的有 DA，A&E 和 HDA，DA 指出如何访问当前的过程数据，A&E 提供了基于事件信息的接口，HDA 描述了如何访问已存档的数据。所有的接口都提供通过地址空间导航获取可用数据的方法。

(2)OPC DA。

OPC DA 即 OPC 数据存取规范，它是由 OPC 基金会定义的其中一种通信规范，定义了实时数据如何在数据源和数据接收体(比如PLC，HMI)之间，在不知道彼此特定通信协议的情况下仍然进行交换、传输。

OPC数据存取规范定义了OPC服务器中一组COM对象及其接口，并规定了客户程序对服务器程序进行数据存取时需要遵循的标准。OPC数据存取规范以OPC对象模型逻辑为基础，该模型包含三类对象：OPC服务器对象，OPC组对象和OPC项对象。OPC服务器对象作为OPC组对象的包容器维护有关服务器的信息，OPC服务器对象主要实现IUnKnown和IOPCServer接口，OPC客户程序通过OPC服务器的接口与OPC对象进行通信，存取数据源，数据源可以是现场设备，也可以是应用程序，服务器内部封装了与I/O控制设备通讯及操作的具体实现过程。OPC组对象维护有关其自身的信息，提供包容OPC项的机制，并管理OPC项，它提供了一种客户程序组织数据的手段，例如，一个组中可以包括一个设备中所有的数据项，客户程序和数据项之间可以建立基于"订阅"的连接；有两种类型的组，公共组和局域组，公共组可以被多个客户共享，而局域组只能被一个客户使用，每个组中都可以定义一个或多个OPC项。

(3) OPC HDA。

OPC HDA即OPC历史数据存取规范，提供了一种统一的在各种不同的应用层面之间传递数据的方式，但与OPC DA完全不同的是，OPC HDA在不同角色之间传递的是非实时数据，即不是当下的时刻，而是过去某点或某段时间内的过程数据。任何支持OPC HDA规范的数据可视化、数据分析或者趋势汇报的软件，都可以从任何一个支持OPC HDA的过程历史数据库中读取数据。因为OPC HDA已经是一种非常成熟的OPC访问规范，所以现在市场上主要的过程历史数据库都支持OPC HDA，即使用户所用的历史数据库没有提供OPC通信，现在各大OPC供应商也都有为不同历史数据库提供OPC接口的软件。可以看出其应用主要不同的地方在于它是和过程数据库进行数据交换，其余的应用和之前的OPC DA规范基本相同，是为了适应新需求而升级的规范。

(4) OPC A&E。

OPC A&E即OPC报警事件规范，提供了基于事件信息的接口。OPC支持两种类型的报警事件服务器：简单的和复杂的。简单服务器监测报警或事件，并提供给报警事件客户；复杂服务器从多个数据源处(包括简单服务器)监测报警或事件信息，并向报警事件客户提供信息。报警事件客户也分为三类：操作站、报警事件管理子系统和报警事件logging组件。

OPC报警事件服务器包含一系列的对象和接口，这些对象和接口向客户提供报警事件信息。OPC报警事件服务器中涉及以下几个概念。

①报警(alarm)：报警是一种非正常的状态。

②状态(condition)：状态是OPC报警事件服务器定义的，每个状态还可以包含

若干个子状态，状态最终是和现场数据项联系的。每一个状态都包含一个或多个子状态、属性和质量等属性。OPC 报警事件服务器中定义状态机处理相应的状态或子状态之间的变化。

③事件：OPC 规范中定义了三种事件。条件事件：定义描述了状态的变化。跟踪事件：指当客户与 OPC 事件服务器中定义的数据项之间发生交互时引发的事件。简单事件：指除以上两种事件以外的任何事件，如服务器中定义的物理系统和设备的错误等。

④OPC A&E 服务器主要包括 OPC 事件服务器对象、OPC 事件订阅对象和 OPC 事件区域浏览对象。

(5) OPC XML-DA。

OPC XML-DA 是 OPC 基金会提出的一个基于 XML 规范和 SOAP 技术的接口规范，OP CXML-DA 将要交换的结构化数据信息组织为 SOAP 消息来传送。

基于 XML 技术和 SOAP 技术的特征使得它可以更好地促进工业现场数据跨越 Internet 的传输，简化不同应用间的互操作性，并将现场数据统一到企业层的运用中，实现诸如 MES 和 ERP 等系统的一体化连接，XML 在 OPC 规范中的引入，为控制系统到信息系统之间的数据交换搭建了一个桥梁。控制系统现场采用 XML 描述的数据可以被管理信息系统中的标准 XML 解析器解析，而不需要根据不同的控制系统数据描述开发多种解析器，这使得统一和标准化的数据传输成为可能。

OPC XML-DA 支持 8 种服务，每种服务都包括 1 个请求和 1 个响应。通过对这些服务的定义，提供了访问工业现场数据的标准接口，请求和响应按照 SOAP 协议标准被包装成 SOAP 信封，信封标题说明消息如何被处理，信封正文则包含工业过程信息。

OPC XML-DA 支持的服务类型具体包括以下几种。

①GetStatus：返回关于服务器、版本、当前模式、运行状态等信息。

②Browse：在服务器的命名空间里搜索所有可获取的项的名字。

③GetProperties：返回 1 个或多个项的属性相关信息。

④Write：向 1 个或多个项中写入新值。

⑤Read：返回 1 个或多个项的值、品质和时间戳。

⑥Subscribe：指定 1 个客户希望持续更新的项列表。

⑦SubscriptionCancel：删除在前一个 Subscribe 调用中指定的项列表。

⑧SubscriptionPolledRefresh：返回上次调用以来在项列表中数值发生变化的所有项。

(6) OPC UA。

OPC 通信标准的核心是互通性(interoperability)和标准化(standardization)问题。传统的 OPC 技术在控制级别很好地解决了硬件设备间的互通性问题，在企业层面的通信标准化是同样需要的。OPC统一架构(unified architecture，UA)之前的访问规范都是基于微软的COM/DCOM技术，这会给新增层面的通信带来不可根除的弱点。随着传统OPC技术不够灵活、平台局限等问题逐渐凸显，OPC基金会于2006年发布了最新的OPC技术规范——OPC统一体系架构(OPC UA)，涵盖了OPC实时数据存取规范(OPC DA)、OPC历史数据存取规范(OPC HDA)、OPC报警事件规范(OPC A&E)和OPC安全规范(OPC security)的不同方面，但在其基础之上进行了功能扩展。

OPC UA是在传统OPC技术取得很大成功之后的又一个突破，让数据采集、信息模型化以及工厂底层与企业层面之间的通讯更加安全、可靠，它是未来OPC技术的核心发展技术规范。

2. OPC UA介绍

OPC UA与相比以往，有以下优势：

①与平台无关，可在任何操作系统上运行；

②为未来的先进系统做好准备，与保留系统继续兼容；

③配置和维护更加方便；

④基于服务的技术；

⑤可见性增加；

⑥通信范围更广；

⑦通信性能提高。

OPC UA的总体架构如图3.7所示。

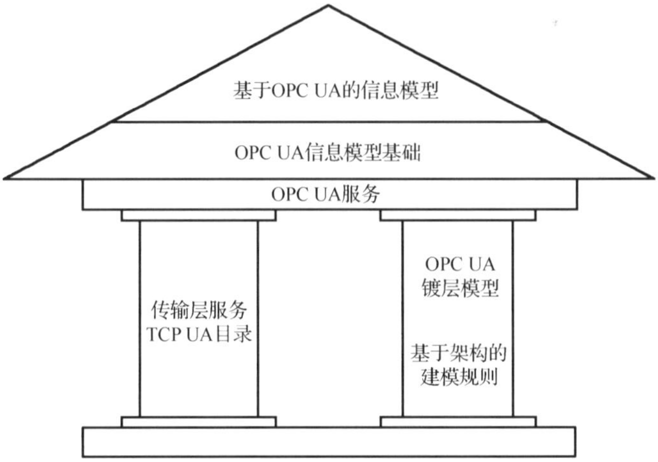

图3.7 OPC UA架构

OPC UA有效地将现有的OPC规范(DA、A&E、HDA、命令、复杂数据和对象类型)集成起来，成为现在新的OPC UA规范。OPC UA提供了一致、完整的地址空间和服务模型，解决了过去同一系统的信息不能以统一方式被访问的问题。OPC UA较大的改进有以下几方面。

(1)通信性高。

OPC UA 规范可以通过任何单一端口进行通信，这让穿越防火墙不再是 OPC 通信的路障，并且为提高传输性能控制工程网版权所有，OPC UA 消息的编码格式可以是 XML 文本格式或二进制格式，也可使用多种传输协议进行传输，如 TCP 和通过 HTTP 的网络服务。

(2)可靠性、冗余性。

OPC UA 的开发含有高度可靠性和冗余性的设计，可调试的逾时设置控制工程网版权所有，错误发现和自动纠正等新特征，都使得符合 OPC UA 规范的软件产品可以很自如地处理通信错误和失败。OPC UA 的标准冗余模型也使得来自不同厂商的软件应用可以同时被采纳并彼此兼容。

(3)标准安全模型。

OPC UA 访问规范明确提出了标准安全模型，每个 OPC UA 应用都必须执行 OPC UA 安全协议，这在提高互通性的同时降低了维护和额外配置费用。用于 OPC UA 应用程序之间传递消息的底层通信技术提供了加密功能和标记技术，保证了消息的完整性，也防止信息的泄露。

(4)平台无关。

OPC UA 软件的开发不再依靠和局限于任何特定的操作平台。过去只局限于 Windows 平台的 OPC 技术拓展到了 Linux、Unix、Mac 等各种其他平台。基于 Internet 的 WebService 服务架构(service-oriented architecture，SOA)和非常灵活的数据交换系统，OPC UA 的发展不仅立足于现在控制工程网版权所有，更加面向未来。

OPC UA 定义了一系列服务器所能提供的服务，特定的服务器需要向客户端详细说明它们所支持的服务；信息通过使用标准的和宿主程序定义的数据类型进行表达，服务器定义客户端可识别的对象模型，服务器可以提供查看实时数据和历史数据的接口，并且由报警和事件组件来通知客户端重要的变量或事件变化，OPC UA 可以被映射到一种通信协议上并且数据可以以不同的形式进行编码来达到传输便捷和高效的目的。

3. 协议安全性分析

由于使用 DCOM 与 RPC，OPC 与 OLE 受到同样漏洞的影响，导致 OPC 很容易受到攻击。此外，OPC 基于 Windows 操作系统，很容易受到针对 Windows 漏洞的攻击影响。

虽然 OPC 及相关控制系统漏洞只有 ICS-CERT 授权会员才能获得，但大量现存 OLE 与 RPC 漏洞早已广为人知。因为在工业网络中为产品系统打补丁存在困难，所以目前正在使用的工控系统依然存在许多这样的漏洞，哪怕微软公司已经提供了相应的补丁，但这种安全状态一直没有得到改变。

而且由于 OPC 基于 Windows 系统，通常的主机安全问题也会影响 OPC 系统。大量 OPC 主机使用弱安全认证机制，即使启用了认证机制也常使用弱口令。许多系统启用了与 SCADA 系统无关的额外 Windows 服务，导致非必需的运行进程和开放端口。这些问题将 OPC 系统广泛暴露于攻击之下。令问题更严重的是，由于 Windows2000/XP 审计设置默认不会记录 DCOM 连接请求，因此攻击发生时，日志记录往往不充分甚至缺失，无法提供足够的详细证据。

也就是说，与前述的简单且目的单一的协议不同，OPC 必须使用最新操作系统与网络安全手段，将其作为大型系统对待。由于 OPC 依赖于微软公司授权机制，因而弱口令是威胁 OPC 服务器最严重的安全漏洞之一。另一个主要问题是，由于 Windows2000/XP 的审计设置默认不会记录 DCOM 的连接请求、SMB 登录以及访问系统对象的尝试，从而导致日志记录不充分。

其他 OPC 的安全问题如下。

(1) 过时的授权服务。

受限于维护窗口、解释性问题等诸多因素，工业网络系统升级困难，导致不安全的授权机制仍在使用。例如，在许多系统中，仍在使用默认的 Windows2000 LanMan (LM) 和 Windows NT LanMan (NTLM) 机制，这些机制与其他过时的授权机制过于脆弱而易受攻击。

(2) RPC 漏洞。

由于 OPC 使用 RPC，因而易受所有 RPC 相关漏洞影响，包括几个在授权前就暴露的漏洞。攻击底层 RPC 漏洞可以导致非法执行代码或 DoS 攻击。

(3) 不必要的端口与服务。

OPC 支持除 TCP/IP 外的其他网络协议，包括 NetBios 增强用户接口 (NetBios enhanced user interface，NetBEUI)、在互联网分组交换协议 (internet work packet exchange protocol，IPX) 上面向连接的 NetBIOS 和 HTTP 互联网服务等。

(4) OPC 服务器完整性。

攻击者可以创建一个假冒 OPC 服务器，并使用这个服务器进行服务干扰、DoS 攻击、通过总线监听窃取信息或注入恶意代码 。

通过监控 OPC 网络或 OPC 服务器 (服务器活动可以通过采集与分析 Windows 日志监控) 可疑行为可以检测多种威胁，包括：

①从 OPC 服务器发起的使用非 OPC 的端口与服务；

②出现已知 OPC (包括底层 OLE RPC 与 DCOM) 攻击；

③来自未知 OPC 服务器的 OPC 服务 (意味着存在假冒服务器)；

④OPC 服务器上的失败授权尝试或其他授权异常。

3.2.3 DNP3 协议

1. DNP 协议简介

分布式网络协议(distributed network protocol，DNP)是 HARRIS 公司推出的一种远动通信协议，是目前电力系统自动化产品市场上的一种主流通信协议。

DNP3.0 是美国 IEEE 电力工程协会在 IEC 的基础上制定的国家标准。DNP3.0 的开发是 HARRIS 公司集其多年 SCADA 通信规约应用经验，并参考了多个标准委员会的经验交流的结果(如 IEEE，IEC，EPRI/UCA，MMSForum，AMRA，ANSI，CCAC，CIGRE 等标准委员会组织)。

2. DNP 结构与格式

DNP3.0 基于 IEC 870-5 标准，采用了 ISO 七层模型中的三层：物理层、数据链路层和应用层，其结构为增强协议结构，如表 3.2 所示。这种分层结构使得数据传送的可靠性大大提高，同时也便于软件编程的模块化。物理层一般采用普通的 RS232 或 RS485；链路层采用 CRC 校验；为了满足较长数据包的传送，又增加了一个伪传输层，发送数据时它可以将较长的应用层报文拆分为多个短帧然后多帧传送，反之，接收时将短帧组装成完整的应用层报文。

表 3.2　DNP3.0 协议结构

ISO/OSI 模型	DNP 层次结构
应用层	
表示层	
会话层	
传输层	伪传输层
网络层	
数据链路层	数据链路层
物理层	物理层

(1) FT3 帧结构。

DNP3.0 的数据链路层协议规定了 DNP3.0 版的数据链路层、链路协议数据单元(link protocol data unit，LPDU)以及数据链路服务和传输规程。数据采用一种可变帧长格式：FT3。一个 FT3 帧被定义为一个固定长度的报头，随后是可以选用的数据块，每个数据块附有一个 16 位的 CRC 校验码。固定的报头含有 2 个字节的起始字，一个字节的长度(LENGH)，一个字节的链路层控制字(CONTROL)，一个 16 位的目的地址，一个 16 位的源地址和一个 16 位的 CRC 校验码，共 10 个字节，如图 3.8 所示。

块0						块1			块2	
起始字节	长度	链路层控制字	目的地址	源地址	CRC校验码	用户数据	CRC校验码		用户数据	CRC校验码
定长的报头						主体				

图 3.8 FT3 帧结构

(2) 伪传输层帧结构。

DNP 的传输层是一个伪传输层。伪传输层功能专门设计用于在原方站和从方站之间传送超出链路规约数据单元(LPDU)定义长度的信息，其格式如图 3.9 所示。

TH(传输层报头)	数据块

图 3.9 伪传输层帧结构

其中，①传输层报头：传输控制字，1 个字节；②数据块：应用用户数据 1～249 个字节。

(3) 应用层报文格式。

应用层规约：DNP3.0 应用层规约定义了应用层报文单元(application protocol data unit，APDU)的格式。这里，主站被定义为发送请求报文的站，而从站则为从属设备。被请求回送报文的 RTU 或智能终端，只有被指定的主站能够发送应用层的请求报文，而从站则只能发送应用层的响应报文。应用请求报文的格式如图 3.10 所示。

请求报头	对象标题	数据		对象标题	数据

图 3.10 应用请求报文格式

应用响应报文的格式如图 3.11 所示。

响应报头	对象标题	数据		对象标题	数据

图 3.11 应用响应报文格式

其中，①请求/响应报头：标识报文的目的地，包含应用规约控制信息(application control protocol information，ACPI)；②对象标题：标识随后的数据对象；③数据：在对象标题内的指定的数据对象。

3. 协议安全性分析

DNP3 的主要关注点集中在数据帧完整性方面，而它并没有使用授权或加密机制(尽管在安全 DNP3 中有)。由于 DNP3 功能代码与数据类型都已经明确定义，因此篡改 DNP3 会话变得相当容易。

不过，在 DNP3 协议中引入安全机制的同时带来复杂度的增加，也为协议增加了出现漏洞的可能。ICS-CERT 已报告了几个 DNP3 漏洞。由于存在已知漏洞，而且 DNP3 协议已得到广泛使用，因此建议对 DNP3 互联进行适当渗透测试和补丁修复操作。

一些常针对 DNP3 进行攻击的实例包括使用中间人攻击(man-in-the-middle attack，MITM)来窃取地址然后用于操纵系统，实例如下。

①关闭自主报告以瘫痪告警。

②向主控站发送虚假自发响应事件，并欺骗操作员采取不当行为。

③通过注入广播数据，在 DNP3 系统内制造广播风暴进行 DoS 攻击。

④篡改时间同步数据，导致同步失锁与通信错误。

⑤篡改或阻塞确认信息，导致持续重传。

通过监控 DNP3 会话可以发起未授权的停止、重启或其他可能扰乱工控系统运行的指令，引发多种威胁。

①在 DNP3 端口上使用非 DNP3 通信(TCP 与 UDP 端口 20000)。

②使用配置功能代码 23(禁用自发响应)。

③使用控制功能代码 4、5 或 6(操作、直接操作、无确认的直接操作)。

④使用应用程序控制功能 18(停止应用程序)。

⑤大量超时自发响应(响应风暴)。

⑥对需要授权的操作进行任何非法尝试。

⑦授权失败。

⑧任何源自或去向一个未显式定义为主/从设备的 DNP3 通信。

3.2.4 Ethernet/IP 协议

1. Ethernet/IP 协议简介

Ethernet/IP 是由开放设备网供应商协会(Open Device Net Vendors Association，ODVA)和控制网国际组织(Control Net International)两大国际工业组织所推出的面向工业自动化应用的工业应用层协议。

Ethernet/IP 是一个面向工业自动化应用的工业应用层协议。它建立在标准 UDP/IP 与 TCP/IP 协议之上，利用固定的以太网硬件和软件，为配置、访问和控制工业自动化设备定义了一个应用层协议。协议基于标准的以太网技术，使用所有传统的以太网协议和标准的 TCP/IP 协议，并且采用了通用工业协议(common industrial protocol，CIP)，共同构成 Ethernet/IP 协议的体系结构。

Ethernet/IP 协议各层结构如图 3.12 所示。

在物理层和数据链路层采用标准以太网技术意味着 Ethernet/IP 可以和现在所有的标准以太网设备透明衔接工作，并且保证了 Ethernet/IP 会随着以太网技术的发展而进一步发展。

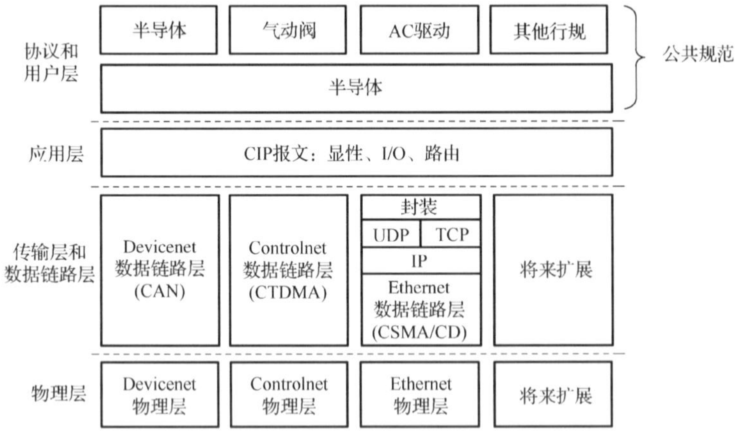

图 3.12 Ethernet/IP 协议结构

在网络层和传输层，采用 UDP 协议传送对实时性要求较高的隐式报文，将 UDP 报文映射到 IP 多播传送，实现高效 I/O 交换。用 TCP 协议的流量控制和点对点特性通过 TCP 通道传输非实时性的显式报文。

基于标准的 TCP/IP 协议，在 TCP 或 UDP 报文的数据部分嵌入了 CIP 封装协议。CIP 协议是一个端到端的面向对象并提供了工业设备和高级设备之间连接的协议，独立于物理层和数据链路层，使得连接在以太网上的各种设备具有较好的一致性，从而使不同供应商的产品能够互相交互。

Ethernet/IP 工业以太网有着 Devicenet 现场总线和 Controlnet 现场总线都不具备的特点，即其不仅采用了 OSI 模型中的物理层、数据链路层和应用层，还涉及网络层和传输层，并采用了 TCP/IP 协议。而 Devicenet 现场总线和 Controlnet 现场总线只对物理层、数据链路层和应用层进行了定义。Ethernet/IP 通信协议模型在应用层的基础上新增加了用户层，并对工业控制中的功能块进行了标准化操作，事先对其输入、输出、算法和参数等进行规定，并组成为能够在现场设备中实现执行功能的应用进程，目的是为了实现不同类型制造商的设备进行混合组态。CIP 通用工业协议是 Ethernet/IP、Devicenet 和 Controlnet 三种网络的交叉点，从而使三种网络之间实现共享，并借由工业路由器连接起来。Ethernet/IP 封装协议 Encapsulation 位于 TCP/IP 和 CIP 协议之间，基于 TCP/IP 协议的封装协议数据包结构如图 3.13 所示，其中封装信息(encapsulation message)包括封装头(encapsulation header)和命令数据(command specific data)两部分组成，如图 3.13 所示。

2. 协议安全性分析

Ethernet/IP 是实时以太网协议，容易受以太网漏洞影响。由于 UDP 之上的 Ethernet/IP 是无连接的，因此没有内在的网络层机制来保证可靠性、顺序性或进行数据完整性检查。同时 CIP 明确的对象模型也带来如下的特有安全问题。

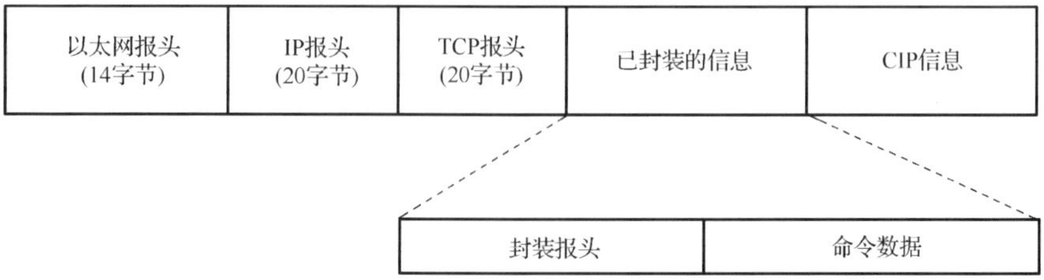

图 3.13　封装报文结构

①CIP 未定义任何显式或隐式的安全机制。

②使用通用必需对象进行设备标识，为攻击者进行设备识别与枚举创造了条件。

③使用通用应用对象进行设备信息交换与控制，可能扩大遭受工业攻击的范围，令攻击者可以操纵更多的工业设备。

④Ethernet/IP 使用用户数据报协议(user datagram protocol，UDP)与广播数据进行实时传输，两者都缺少传输控制。

⑤攻击者易于注入伪造数据或使用注入因特网组管理协议(internet group management protocol，IGMP)控制报文操纵传输途径。

3.2.5　EtherCAT 协议

1. EtherCAT 协议简介

EtherCAT 技术是德国倍福(Beckhof)公司提出的实时工业以太网技术，它基于标准的以太网技术，具备灵活的网络拓扑结构，系统配置简单，具有高速、高效数据率等特点，是一种开放式实时以太网。在自动化控制技术领域，EtherCAT 已经成为一种全球范围内先进的技术标准。EtherCAT 技术组成立于 2003 年 11 月，截至 2009 年 1 月已经有来自于 45 个国家的 900 个成员加入该技术组。

EtherCAT 是一种完全开放的技术，它已经被纳入国际标准 IEC 61158、IEC 61784 以及 ISO15745-4 中。利用 EtherCAT，无需在每次激活时再接收以太网数据包，之后再进行过程数据提取、解码。EtherCAT 从站设备提取发给它们的数据，同时，数据报文在传输过程中流经从站设备。同样，输入数据也在报文经过时插至报文中。整个过程中，报文仅有几纳秒的时间延迟。因为以太网帧在数据发送和接收方向上有许多数据流经过，所以有效的数据传输速率增加了 90%。通常情况下，EtherCAT 作为一个环形结构被配置，数据可以通过半双工或者全双工的方式进行发送。对于树形或星型拓扑结构，EtherCAT 也可以进行数据通讯。

EtherCAT 协议直接以标准以太网的帧格式传输数据，并不修改其基本结构。当主控制器和从设备处于同一子网时，EtherCAT 协议仅替换以太网帧中的 Internet 协议(IP)，如图 3.14 所示。

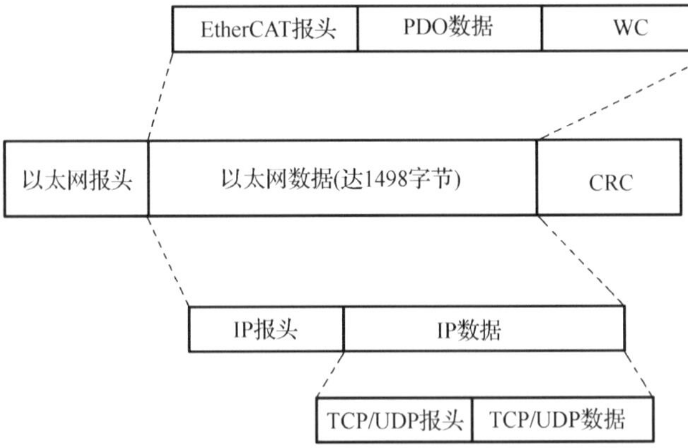

图 3.14　EtherCAT 协议帧替换图示

数据以过程数据对象(process data object，PDO)形式在主从设备之间传输。每个 PDO 都包含单个或多个从设备的地址，这种数据加地址的结构(附带用于校验的传输计数位)组成了 EtherCAT 的报文。每个 Ethernet 帧可能包含数个报文，而一个控制周期中可能需要多帧来传送所需的所有报文。

EtherCAT 技术能够在工作中处理每个以太网帧，从而克服了上述系统限制。举例来说，设想以太网的帧就像行驶中的火车，EtherCAT 报文是每节火车车厢，PDO 数据的比特就是车厢内的乘客，这些数据可以被提取并插入到合适的从设备中。整辆火车不停止地穿越所有从设备，在末端从设备处又掉头，重新反向穿越所有从设备，如图 3.15 所示。

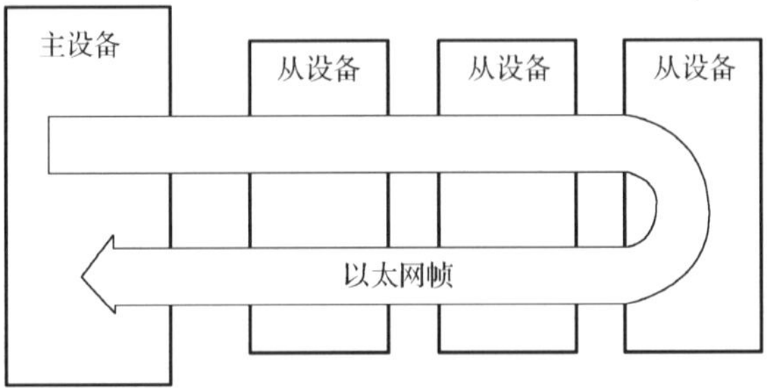

图 3.15　EtherCAT 帧行为图示

同样道理，当设备 1 收到主设备发出的以太网数据包后，将自动开始将数据包发送到设备 2，其间对数据包的读写延迟仅为数纳秒。由于数据包不断地在从设备之间传递，数据就能同时存在于数个设备上。

EtherCAT 协议直接通过以太网帧进行传输。为此，它使用了一种特殊的以太类型(Ether type)，可以包括多个 EtherCAT 报文，每个报文都服务于一块逻辑过程映像区的特定内存区域，该区域最大可达 4GB 字节，如图 3.16 所示。

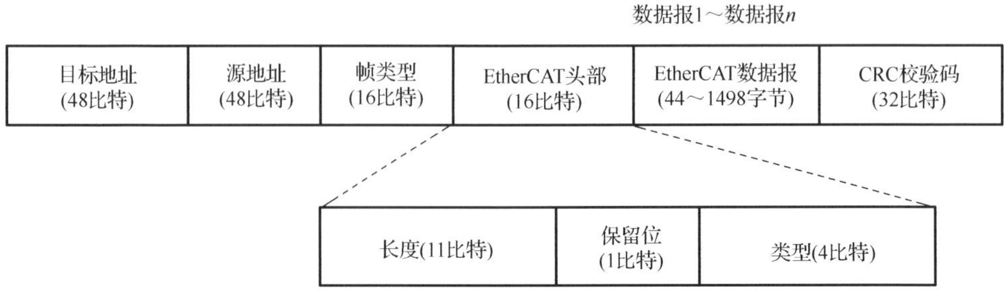

图 3.16 EtherCAT 报文结构

EtherCAT UDP(用户数据报协议)可以将 EtherCAT 协议封装为 UDP/IP 数据报文，这就意味着，任何以太网协议堆栈的控制均可编址到 EtherCAT 系统中，甚至还可以通过路由器使通讯跨接到其他子网。

EtherCAT 在标准的以太网电缆上应用主/从式的构架。美国国家仪器公司的 EtherCAT 主设备由带有两个以太网端口的实时控制器构成，如 NI CompactRIO 及 PXI。每个 NI 从设备同样包含两个端口，允许以菊花链模式与主控制器连接。

2. 协议安全性分析

EtherCAT 是实时以太网协议，容易受到所有以太网漏洞影响。UDP 上的 EtherCAT 是无连接的，没有内在的网络层可靠性、顺序和数据完整性检测机制。

像很多实时以太网一样，EtherCAT 敏感且易受到 Dos 攻击。EtherCAT 时间同步机制很容易被注入网络的干扰帧所扰乱，同时由于缺少总线授权而容易受身份伪造或中间人攻击，因此应当与其他以太网系统隔离。

3.3 网络拓扑分析

随着互联网成为人们生活的重要组成部分，计算机网络的可靠性变得尤为重要。这对网络管理提出了更高的要求，首先要尽可能快速、准确地发现网络拓扑结构。网络拓扑图可以帮助人们更了解他们的网络，比如节点在哪儿，它是什么类型的设备，以及节点如何相互连接。当我们知道这些信息时，我们就可以在故障发生时快速找到故障，分析其出现的原因以及解决方法。此外，它还可以帮助人们管理网络的性能并确保安全。简单网络管理协议(the simple network management protocol, SNMP)被广泛用于自动发现拓扑结构中的网络层与链路层的设备以及这些设备之间的连接。本节列举了一些发现网络拓扑结构的常见方法与工具，并分析其优缺点。

3.3.1 网络拓扑发现方法的协议和工具

TCP/IP 中用于网络发现的协议包括地址解析协议(address resolution protocol,

ARP)，网络控制消息协议(internet control message protocol，ICMP)和 SNMP。ARP 和 ICMP 通常用作因特网包探索器(packet internet groper，PING)或跟踪路由(trace router，TRACERT)，可以找到网络节点和它们之间的一些连接。有时我们也从 DNS 服务器获取主机信息。

(1) ARP。

ARP 是将 IP 地址映射到其 MAC 地址的协议。网络中的每个主机(或其他设备)都会维护一个 ARP 表，以记录其所属网段的映射关系。映射表让我们可以快速地在局域网中找到主机。ARP 表通过检查 ARP 表项的生存时间(time to live，TTL)更新自身。当一个主机接收到一个新的 ARP 请求时，如果地址已经存在，则主机将重置其 TTL，否则它会把新地址添加到它的 ARP 表中。当 TTL 为零时，主机将删除它，以简化 ARP 表并优化搜索速度。但这会导致主机总是更新它的 ARP 表，使得每次我们访问它都可能会有一些遗漏，得到不完整的主机列表。

(2) PING 命令。

PING 是查看目标节点是否可连的工具，很老但很有用。它不关注除源节点和目的节点之外的路径上的任何节点，所以它察觉不到网络的细节。如果要这样做，则必须逐一地 PING 所有的地址，以确认其中哪些是可连的。但是有一种叫 Broadcast PING 的 PING，它使用广播地址作为其目的地，以便向子网中的所有主机都发送此消息，因此，它可以一次获取子网中的所有可连主机。

但是 PING 也有缺点。首先，关于包的延迟，如果目的地主机可连，那么等待消息穿过网络并不是什么问题，但如果目标节点不可连或不存在，则需要花十秒钟以上的时间来确认没有消息返回，这是不可接受的。其次，Broadcast PING 请求发送后，源主机将收到许多 ICMP 响应，如果有人发送了几个子网 Broadcast PING，并将源 IP 设置为一个服务器的地址，响应包将全部返回到这个服务器，演变为一次 DOS 攻击。这就是许多路由器被配置为不会转发属于 Broadcast PING 的包的原因。

(3) TRACERT 命令。

TRACERT(在 UNIX 系统中命名为 traceroute)也是一个已经使用了很久的命令，它可以发现程序包经过的路径。它的原理对于网络拓扑发现很有价值。我们知道，当路由器转发 IP 包时，首先检查其 TTL。如果 TTL>0，则使 TTL = TTL−1，然后转发包，如果 TTL<0，路由器就丢弃它，并发送一个 TTL 过期的 ICMP 消息给源主机，其中包含自己的 IP 地址。因此，如果源主机发送 TTL 值不断自增 1 的一系列 IP 包，则主机可以知道网络中的其他主机或路由器以及它们之间的一些连接。

(4) SNMP。

SNMP 是从用于监视和管理网络中的设备的简单网关监控协议(simple gateway monitoring protocol，SGMP)开发而来。SNMP 管理模型包括 SNMP 站、SNMP 代理、管理信息库(management information base，MIB)和 SNMP 协议四部分。SNMP 站点

和 SNMP 代理程序一起被称为 SNMPv3 中的 SNMP 实体。作为受管设备的数据库，MIB 包含可由 SNMP 站管理和配置的设备和变体的信息。SNMP 协议定义了如何查询，如何配置以及如何从 MIB 获取数据。因为大多数设备支持标准 MIB，所以我们可以用它完成我们的拓扑发现。有两个常见的 MIB 表：MIB-II 的 ipRouteTable，其中包含设备获悉的所有路由信息；Bridge MIB 的 dotdStp，它可以为我们提供网桥或者交换机在数据链路层的地址被发表和平移树详细信息。

(5) 其他协议。

某些其他的协议也可以用于网络拓扑发现，如路由选择协议——开放最短路径优先协议(open shortest path first，OSPF)和边界网关协议(border gateway protocol，BGP)等。此外，域名系统服务器 DNS 也会提供很多地址信息。还有一些制造商可能会开发特殊协议来管理自己的设备，如思科发现协议(Cisco discovery protocol，CDP)，如果网络中只有 Cisco 交换机和路由器，这将非常有用。但不幸的是，这种情况真的很罕见。我们在这里谈论的都是异构和基于 TCP/IP 的网络。

3.3.2　三层网络拓扑

在网络层进行拓扑发现的目的是在网络中找到路由器和子网以及它们的连接。在这一层，子网通过其边界路由器(连接其他子网和路由器)与其他子网或相互通信。这些路由器处理网络中的所有 IP 包，确定从哪个接口转发或交付 IP 包，或者丢弃它们。

(1) SNMP 协议。

通过 SNMP 查找网络拓扑结构已经被研究得很多了。如前所述，MIB 中的 ipRouteTable 被广泛使用，而 SNMP 查找网络拓扑结构的主要过程如下，首先选择一个种子节点，通常是网关，然后获取其 ipRouteTable 的内容，并找出所有下一跳路由器和子网及其接口。接下来我们将这些新路由器视为新的种子节点，并重复以上步骤直到发现该网络所有拓扑结构。

基于 SNMP 的拓扑发现简单高效，但仍不完善，因为可能有一些设备不支持 SNMP。而且更重要的是，ipRouteTable 可能包含冗余条目或不完整，并且会影响发现的准确性。通常我们使用 SNMP 在第 3 层发现巨大的骨干网拓扑。对于不支持 SNMP 的设备，我们可以使用其他通用协议来查找它们的连接。

(2) ICMP 协议。

网络控制消息协议(internet control message protocol，ICMP)进行基于 TRACERT 的路由跟踪。我们可以用它来探索网络拓扑结构。如前文 TRACERT 命令介绍所述，TRACERT 从源节点开始工作，并通过发送 TTL 从零增加到适当值的探测包来跟踪远程 IP。实际上，我们可以使用多线程来提高发现速度。在跟踪之后，可以从它们中的每对节点和路径的所有信息中获取拓扑图。

虽然 ICMP 可以发现 SNMP 不能发现的节点，但是它不能解决路由器有多个接口并且总是使用两个或更多接口的问题。跟踪路由不能发现路由器的所有接口，不能理解哪些接口属于同一路由。并且因为 TRACERT 从源节点到远程位置，源端附近的一些节点可能会被多次探测，严重降低了发现效率。为了解决这些问题，有人提出了使用别名探针和优化算法的解决方案。

(3) IGP 协议。

内部网关协议(interior gateway protocol，IGP)是为满足主机和路由器在自治系统(autonomous system，AS)网络中交换其路由信息的需求而拟定的协议。它包括一系列原型机，如路由信息协议(routing information protocol，RIP)，OSPF 和内部网关路由协议(interior gateway routing protocol，IGRP)等。使用 IGP 发现 AS 网络的拓扑结构需要收集和分析路由器和主机持有的交互式数据。通过这种方式，我们可以发现 AS 网络的拓扑结构而不增加网络负担并且实现实时发现。

以 OSPF 为例，每个 OSPF 路由器通过链路状态广播(link state-advertisement，LSA)描述其邻居和链路状态，其中包括拓扑信息。完整的 LSA 封装在一个链路状态更新(link state update，LSU)数据包中，所以我们只需要注意这些消息即可进行网络结构探索。通过 IGP 发现拓扑结构的不足之处在于它只能用于查找 AS 网络。

3.3.3 两层网络拓扑

发现第二层拓扑的主要目的是找出交换机和它们之间的连接以及它们与一些其他设备之间的链路，如交换机域边缘的网关。因为数据链路层对我们的主机是透明的，所以在这层上发现拓扑要困难得多。在以太网中，我们可以使用 ARP 来获取一小段网络中的主机，但无法知道它们之间的连接。好消息是，类似三层设备的 MIB，网桥和二层交换机也有网桥 MIB，其中不仅有 ARP 信息，还有便利的生成树信息。

(1) AFT。

地址转发表(address forwarding table，AFT)由网桥和二层交换机维护，它记录所有接口，确认哪些帧应该从哪个接口发送出去，并忽略其他不相关的字段。AFT 可以被描述为<interface，mac>对，如果有像<IF1，M2>这样的记录，则意味着发送到地址 M2 的帧应从接口 IFl 转发。设备的每个接口都有自己的 AFT。像 ARP 表一样，动态建立 AFT，几分钟后可能会删除一些稀有的条目。

(2) STP。

生成树协议(spanning tree protocol，STP)被定义用来消除交换机域中的任何环路。运行 STP 后，网桥或交换机可能会阻塞部分接口，以确保网络的逻辑结构是树状的，这是通过在网桥之间交换网桥协议数据单元(bridge protocol data unit，BPDU)，然后选择根桥并指定接口来实现的。当网络改变时，网桥广播其设备 ID 并将其进行比较，ID 最小的那个被设为根桥，最靠近根桥的是指定桥。对于其他网桥，最靠近根桥的接口称为根端口，连接到指定网桥的接口称为指定端口，其他接口为不受限制的端口，应该被阻塞。

使用 STP 发现拓扑结构的过程如下：首先我们使用 SNMP 来获取 MIB 的 sysService，找出所有二层交换机和网桥，并记录其根端口、指定端口、状态等。然后我们可以决定哪一个是根桥，接着找到根桥的子网桥，找到这些子网桥的子网桥，按照这样进行，直到找到所有的叶节点交换机；对于叶节点交换机，我们继续访问他们的 AFT，并获得与主机或路由器的连接；如果多个设备连接到叶节点网桥，则它们之间应该有一个集线器。

(3) 多子网网络。

网络中不仅有单一网络，而且还有很多子网。在多子网网络中，单个交换机域包含两个或多个子网，并且属于不同子网的设备可以物理连接在一起，尽管它们在逻辑结构中相互不认识。而基于某些多子网的 VLAN 则以逻辑而不是物理连接划分子网。必须解决这些问题才能准确地发现网络拓扑。

为了发现多子网的拓扑，我们假设每个候选接口对都是连接的，然后应用某些条件来去除不正确的选项，这些算法通常需要一个完整的 AFT。有人提出了一些改进的方法克服了这个困难。

对于 VLAN 而言，情况比较复杂，在其网络中，每个 VLAN 都有自己的 STP 实例，交换机端口分配给不同的逻辑子网。我们可以分离每个子网和使用前面提到的算法来完成发现，但它复杂且效率不高。虽然后来出现过一些改进，但发现 VLAN 拓扑仍然是一项艰巨的任务。

3.4 本章小结

本章首先介绍网络边界的概念，分析并给出了智能电网工控系统中针对边界的安全措施，其次论述了智能电网工控系统中远程访问与可信身份认证的安全隐患与解决方法，然后系统地分析了现行工控系统中的典型协议，最后列出了几种探索网络拓扑结构的方法与工具。

边界安全。网络边界指不同安全级别的网络相连接处，为了预防网络边界给智能电网工控系统来带的威胁，应预先尽量建立完备的被动防御体系，通过监视、认证、设置权限、缓存区等手段确保内外网、内网中上下级网的边界安全。

远程访问。远程访问是一种便利、简单的企业内网接入手段，是有效的企业网络平台延伸手段，但同时也带来了巨大的安全隐患。对于智能电网工控网络，应当尽量减少远程访问的应用，一定要远程访问的，应通过安全的 VPN，在加密等手段的保障下访问。

可信身份认证。可信身份认证是企业网络安全策略中重要的一环，智能电网工控网络应当使用信息加密、用户鉴定、授权等方式确保访问者身份的合法性与系统的安全性。

Modbus 协议。Modbus 协议是一个早期出现的工控系统协议，其免费、开放、简单等优点，至今仍然在工业、建筑、基础设施等领域中大量存在，但它明文通信、无广播抑制、可编程性使得它的安全性十分堪忧。智能电网工控网络应当尽量避免使用这个协议。

OPC 协议。OPC 是由 OPC 基金会管理的工控系统协议，它解决了控制系统突破“信息孤岛”的瓶颈问题，建立了一组符合工业控制要求的接口规范。同时，OPC 不断地更新，不断完善它的安全性能，但是由于 OPC 协议出世已久，其漏洞已经广为人知，而工控系统软件、协议更新比较困难，使得没有更新的 OPC 协议成为了工控系统安全防护的短板。如果智能电网工控网络中使用了这个协议，推荐尽快更新版本。

DNP3 协议。DNP 是 HARRIS 公司推出的一种通信协议，是目前电力系统自动化产品市场上的一种主流通信协议，其主要关注点在数据帧完整性上，并没有使用授权或加密机制(尽管在安全 DNP3 中有)。由于 DNP3 功能代码与数据类型都已经明确定义且流传广泛，因此篡改 DNP3 的会话变得相当容易。建议对 DNP3 互联进行适当渗透测试和补丁修复。

Ethernet/IP 协议。Ethernet/IP 是由 ODVA 和国际控制网组织两大国际工业组织所推出的面向工业自动化应用的工业应用层协议。Ethernet/IP 是实时以太网协议，容易受以太网漏洞影响。例如，由于 UDP 之上的 Ethernet/IP 是无连接的，因此没有内在的网络层机制来保证可靠性、顺序性或进行数据完整性检查。

EthernetCAT 协议。EtherCAT 技术是德国倍福公司提出的实时工业以太网技术，它基于标准的以太网技术，具备灵活的网络拓扑结构，系统配置简单，具有高速、高有效数据率等特点，是一种开放式实时以太网。在自动化控制技术领域，已经成为一种全球范围内先进的技术标准。EtherCAT 是实时以太网协议，容易受到所有以太网漏洞影响，例如，像很多实时以太网，EtherCAT 易受到 Dos 攻击。在智能电网工控系统中，应当将采用该协议的网络部分与系统其他部分隔离。

适用于网络拓扑发现的工具主要有 ARP 协议、PING 命令、TRANCERT 命令、SNMP 协议、ICMP 协议、IGP 协议、AFT、STP 协议。它们的具体特点及网络拓扑过程过于繁杂，请回顾前文，在此不再列出。

第4章 主 机 安 全

主机安全，其核心内容包括安全应用交付系统、应用监管系统、操作系统安全增强系统和运维安全管控系统。它的具体功能是指保证主机在数据存储和处理的保密性、完整性、可用性，它包括硬件、固件、系统软件的自身安全，以及一系列附加的安全技术和安全管理措施，从而建立一个完整的主机安全保护环境。为适应特高压互联大电网运行的需要，全面提升电网系统的电网调度能力，需要开展电网调度技术支持系统的研究工作。其目标是抵御病毒、黑客等通过各种形式发起的恶意破坏和攻击，从而保障电力系统的安全稳定运行，保证了国家重要基础设施的安全。为了进一步确保整个智能电网调度技术支持系统的安全运行，需要在电网调度系统运行的各个主机上部署安全监视模块，安全监视平台应运而生。

安全监视平台利用主机上安装的操作系统、硬件接口、驱动程序及相应的日志、事件处理等接口来实时获取主机各种设备、端口、进程的运行状态，并记录在数据库文件中。在服务器端通过读取不同客户端的数据，然后根据预先设定的规则进行显示，当检测到的设备数据超出预先设定的阈值之后，将会分为页面警告、声音报警等多种报警。同时该功能模块作为电力二次系统安全监视平台在主机上的代理，根据不同的需要，可以预设不同的规则。同时根据规则不同，实时获取系统的数据，将平台关心的信息基于安全通信协议上报到电力二次系统安全监视平台。在电力二次系统安全监视平台中，可以根据不同的需求，生产不同的报表等，进而供用户进行全局的统计分析、综合运用。

4.1 安全软件选择与管理

主机安全管理属于安全管理，提起安全，人们自然就会想到网络边界安全，常规安全防御理念往往局限在网关级别、网络边界(防火墙、入侵检测系统、漏洞扫描)等方面的防御，重要的安全设施大致集中于机房或网络入口处，在这些设备的严密监控下，来自网络外部的安全威胁大大减小。但是实际情况是网络的大部分安全风险均来自于内部。大多数的计算机安全统计数字表明，内网发起的攻击占全部计算机攻击的70%～80%，来自网络内部的计算机终端的安全威胁是众多安全管理人员所普遍面临的棘手问题，因此主机安全管理模块尤其重要。主机安全管理属于综合网络管理中的一个功能模块，用它来解决主机的安全问题，减少内部网络的安全威胁。

主机作为信息系统的核心设备，是信息系统安全稳定运行的保障重点和根本核心。由于国家电网信息系统规模不断扩大，一旦发生主机数据丢失、系统崩溃，将给企业造成无法挽回的经济损失和恶劣的社会影响。基于信息系统安全的考虑，2008年后，随着国家电网公司SG186工程的建设、投运，许多重要系统由地市级公司部署逐步向省级和国家电网统一部署联网发展。

由于国家电网公司规模庞大、业务繁杂，统一部署必须以规范、统一的业务管理为前提。在全部统一业务管理之前，仍有部分业务应用、基础管理系统由地市信通部门负责，比如县公司门户、专刊、基础设施、县公司终端、网络管理等系统，这些系统的安全稳定运行对地市公司来说仍然具有十分重要的意义。2012年，国家电网公司“三集五大”机构调整后信通公司成立，在资金、人力、物力投入逐步收缩的情况下，建立适合目前地市公司现状的主机安全保障体系，是国家电网供电公司信通部门所面临的主要问题。

对于安全软件的选择与管理，在工业主机上采用经过离线环境中充分验证测试的防病毒软件或应用程序白名单软件，只允许经过工业企业自身授权和安全评估的软件运行。建立防病毒和恶意软件入侵管理机制，对工业控制系统及临时接入的设备采取病毒查杀等安全预防措施。

4.1.1 主机系统软件管理存在的问题

通过对近几年主机运维管理、故障检修工作的统计分析，总结出主机管理主要存在以下几个方面问题。

(1)软硬件老化严重，设备故障率逐年提高。

由于2008年后重要信息系统逐步收到省公司和国家电网公司集中部署，地市公司基本没有购置过新的主机设备。目前主机服役年限大多在8年以上，少数甚至超过10年。由于超期服役，部件老化严重，主机故障频繁发生，严重威胁主机安全。

(2)资金投入严重不足，造成主机设备超期服役、带病运行。

由于缺少备品备件，故障部件不能及时更换，甚至造成设备瘫痪，不能修复。鉴于同一服务器硬盘大多为同一批次产品，寿命周期接近，此类问题尤其严重。

(3)管理有弱化倾向。

由于营销、生产等重要信息系统已上收，有些管理人员放松了思想上的警惕性，认为地市信息专业管理重点已经转移，甚至主机管理是可有可无的，即使个别主机出现了故障也不会造成重要影响。

4.1.2 主机系统软件安全保障体系

“全险式”主机安全保障体系建设，就是全面分析主机安全“风险源”，建立从主机系统硬件、软件、数据、运检、制度等多层面、多维度、全方位的主机安全防护保障体系，对于延长主机使用寿命、防止系统故障发生、最大限度降低主机安全风险、提高企业信息安全管理工作水平都起到了非常重要的作用。

1. 主机系统“硬件”安全保障

主机硬件安全保障，就是根据系统重要等级的不同，分别采取系统热备份、冷备份、主机硬件冗余、备品备件等方式，防止因硬件故障造成系统停运、瘫痪等灾难性事件的发生。在主机资金投入有限的情况下，根据现有系统重要等级的不同，主机需要采取了以下几种方案防范主机硬件安全风险。

(1)采用系统硬件冷备份。

采用系统硬件冷备份是指由于主机硬件故障造成系统停运或崩溃情况下启用备用主机进行系统恢复的方式。主要针对系统故障后影响面比较大的系统。采取在两个主机上部署相同操作系统、数据库、应用系统，按备份策略保存最新数据，一旦在运行的主机发生故障，立即启用冷备份主机接管。采用系统冷备份方式的优点是投资小，操作简便，较安全、可靠；缺点是因数据不是实时备份，会丢失前一天到故障点的数据。

(2)采用主机硬件冗余。

对硬盘、内存、电源、风扇等易损部件采用热冗余方式。例如，对硬盘采用 RAID 设置，根据系统的重要等级，主要采用 RAID1，RAID5，RAID5+1 或 RAID51 设置，当一块甚至两块硬盘出现故障的情况下，仍能保障系统正常运行。

(3)通过硬件检测工具软件及时发现主机设备硬件故障。

为了在第一时间内发现主机缺陷，可以在主机上安装专业检测软件，定时对主机硬件进行检测，一旦发现硬件问题，及时修复或更换故障部件。

(4)合理添加购置备品备件。

根据实际需求购置关键备品备件，一旦发生设备硬件故障立即用备件检修更换。

2. 主机系统“软件”安全保障

软件安全是指信息系统的安全运行必须以主机操作系统、应用服务软件、数据库等系统软件安全为基础，保证这些系统软件的安全是信息系统安全可靠运行的必备条件。为了确保主机系统软件的安全，可以采取以下措施。

(1)系统软件冷备份方式。

方法和系统硬件冷备份相似，两者结合使用，区别是系统硬件崩溃一定会造成系统软件瘫痪，但系统软件故障不一定由硬件故障引起。主机、备机上安装相同操作系统、应用和数据库环境，并在备机上存放最新运行备份数据。一旦主机设备故障停运，可在较短时间恢复数据和系统运行。此类系统恢复操作简单，所需时间短，一般适用于较重要等级系统恢复。

(2)使用专业的主机系统备份和恢复软件。

这些专业软件可从本地或远程将数据备份至指定的存储设备上，在主机故障、系统瘫痪时，恢复至原始位置或指定的主机硬件上，这种方式可全面保护虚拟和物理环境。此类备份主机主要考虑地市公司主机数量有限，没有足够备机进行系统软、硬件冷备份的情况下采用。

(3)重新部署系统软件。

在首次系统安装后妥善保管引导盘、系统盘、应用部署安装盘等，并对运行环境重要参数设置进行备份，一旦需要，可通过重新部署系统软件的方式恢复系统环境。此类方式一般只适用于对时限要求不高的非重要等级系统的恢复。

3. 主机“数据”安全保障

主机数据安全是建立在主机硬件和软件基础上的，主机系统软、硬件安全是为数据安全服务的。主机数据安全主要采取本机备份方式保障系统数据安全。

(1)首先根据系统重要等级设置备份策略，按照策略在计划任务定制“定时任务”，执行自动备份脚本。并根据实际业务需求、数据量大小、备份服务器磁盘容量等情况综合规划每份备份数据的保存时间。

(2)利用专机进行数据备份。就是在与主机数据库所在生产机相分离的备份机上建立主数据库或重要数据的一个备份。备份主机上安装专业备份软件，应用主机上安装客户端。首先科学制定备份策略，最后在备份主机上生成“定制计划”进行数据备份。一旦系统出现故障，可以将备份数据恢复到应用主机。

(3)利用移动硬盘、光盘备份并异地存放，避免在不可预测灾害情况下造成数据丢失。

4. 主机“运检”安全保障

运维人员通过对多年主机运检经验的总结，探索建立了以“零”故障为目标的主动预防为主的“保健式”主机运检管理模式，极大提高了主机安全运行指标。“保健式”主动检修管理模式的核心思路是：“量体裁衣”，防患于未然，将事故损失降低到最小，是主机设备主动检修管理的工作宗旨。通过汇集多年主机设备运检经验，在完善主机设备基础数据的基础上，根据系统的重要等级、不同特点，建立《主机设备健康档案》，“量体裁衣”科学合理的主动预防检修策略，运检工作按照策略制定的周期，对设备进行不同项目的预防性巡检、消缺、检修，比如年度预试、月度巡检、周巡检、日巡检等，并用检查结果指导设备下一年度的巡检(主要指设备清扫，系统优化升级，文件、数据、磁盘清理，软件更新，病毒查杀，各种软件包升级等)、消缺(主要指设备部件消缺)和检修(主要指设备故障处理)，延长设备使用寿命，确保系统健康稳定运行。

5. 主机“制度”安全保障

将“全险式”主机安全管理模式和标准化工作相结合，编制修订了相关管理标准，修改、完善了主机运检、管理工作流程，使主机管理规范化、标准化。不断完善“全险式”主机安全制度体系建设，包括《信息服务器管理》、《班组专业管理》等车间级管理制度，涵盖主机从购置、上线、运行、退役的各个阶段。明确了从设备新购验收，到设备使用过程中的“周期巡检”、“消缺”、“故障检修”直至“报废”整个生命周期的管理，为实施“全险式”主机安全防护的全过程管理奠定了坚实的基础。

4.1.3 主机系统安全管理

主机系统目前所面临的安全问题主要有以下几点。

①非法用户进入主机对系统进行破坏。

②由于没有定义每位用户在系统内的具体访问权限，使本该由一定级别的人员才能掌握的业务秘密泄露。

③用户非法修改重要文档，造成重要信息丢失。

④主机用户非法访问恶意网站，造成主机安全受到威胁。

⑤由于没有限制用户使用计算机的外设端口，导致移动介质的随机接入，将重要机密窃取。

⑥主机用户非法停止重要、关键进程，非法启动恶意性进程。

⑦对于这些来自内部网络中的安全问题，仅仅靠单纯安装杀毒软件或防火墙是无法解决的。

根据主机目前所存在的安全问题，提出了相应的解决方案，例如，身份认证方案，访问控制方案，外设接入控制方案，上网行为控制方案，远程控制方案，文件加密方案，进程控制方案。

1. 身份鉴别

(1)系统与应用管理员用户设置。

对操作系统进行特权用户的特权分离(如系统管理员、应用管理员等)并提供专用登陆控制模块。采用最小授权原则，进行授权。

(2)系统与应用管理员口令安全。

启用密码口令复杂性要求，设置密码长度最小值为 8 位，密码最长使用期限 90 天，强制密码历史等，保证系统和应用管理用户身份标识不易被冒用。

(3)登陆策略。

采用用户名、密码、密钥卡令牌实现用户身份鉴别。

(4)非法访问警示。

配置账户锁定策略中的选项，如账户锁定时间、账户锁定阈值等实现结束会话、限制非法登陆次数和自动退出功能。

2. 主机访问控制

(1) 主机信任关系。

在域中设置信任与被信任关系，使一个域中的控制器验证另一个域中的用户，从而自助控制主机信任关系，并配置了数据库主机信任关系。

(2) 默认过期用户。

超过60天没有更新计算机账户密码的计算机账户设置为默认过期用户，为避免共享账户存在，及时删除默认过期用户。

(3) 用户最小授权原则。

根据管理用户的角色对权限做出标准细致的划分，并授予管理用户的最小权限，每个用户只能拥有刚够完成工作的最小权限，并按角色划分权限，每个角色各负其责，权限各自分离，一个管理角色不拥有另一个管理角色的特权。

3. 强访问控制

(1) 资源访问记录。

通过系统安全日志以及设置安全审计，记录和分析各用户和系统活动操作记录和信息资料，包括访问人员、访问计算机、访问时间、操作记录等信息。

(2) 重要系统文件强制访问控制范围。

对重要系统文件进行敏感标记，设置强制访问控制机制。根据管理用户的角色分配权限，并作了细致划分，禁止授予管理用户最小权限，并对用户及用户程序进行限制，从而达到更高的安全级别。

(3) 共享目录。

关闭系统设置共享目录访问权限时，我们需要指定一个基于本地“Administrators”用户组账户的权限，从而保证共享目录的访问安全。

(4) 远程登陆控制。

服务器上启用“路由和远程访问”服务，并且依据服务器操作系统访问控制的安全策略，授权访问用户身份/角色，未授权用户身份/角色访问客体，不允许进行访问。

4. 系统保护

(1) 系统备份。

系统备份策略包括本地和远程两种方式。其中，本地备份主要使用容错技术和冗余配置来应对硬件故障，采用热备软件。系统所有数据存在数据库中，实行远程同步和备份数据库

(2) 故障恢复策略。

正常情况下主服务器由于软硬件故障(非人为因素)发生宕机时，网络容错软件立即激活备份服务器保证业务过程连续进行，不影响用户使用。

特殊情况下由于网络系统遭黑客入侵，或网络系统遭病毒攻击，或系统管理员

操作失误导致服务器瘫痪，就要恢复数据和系统，故障恢复可分为数据还原和系统还原。

(3) 安全配置。

权限适用于对特定对象如目录和文件的操作，指定允许哪些用户可以使用这些对象，以及如何使用(如把某个目录的访问权限授予指定的用户)。权限分为目录权限和文件权限，每一个权级别都确定了一个执行特定的任务组合的能力，这些任务是：Read(R)、Execute(X)、Write(W)、Delete(D)、Set Permission(P)和 Take Ownership(O)。

(4) 磁盘空间安全。

采用存储区域网络的方式集中化管理存储网络，包含来自多个厂商的存储服务器、存储管理软件、应用服务器和网络硬件设备，随时随地实现信息的存储、访问、共享和保护。

机房备有不间断电源(uninterruptible power system，UPS)，保证磁盘的正常工作。做好病毒防护以及系统升级工作，操作系统都存在着很多已知和未知的漏洞，加之现在病毒攻击的范围也越来越广泛，而硬盘作为计算机的信息存储基地，通常都是计算机病毒攻击的首选目标。及时更新系统补丁，升级病毒库，做好病毒防护工作，同时要注意对重要数据进行保护和经常性的备份。在需要做硬件维护时，不进行带电操作。

服务器 7×24 小时开启，会长时间频繁的对硬盘进行读写，会对磁盘造成一定的损害，每月作一次到两次磁盘碎片整理，使硬盘的读写速度保持在最佳状态，保证磁盘空间安全。

(5) 主机加固。

系统按照安全策略实施，减少对外开放的端口，在管理控制台(Microsoft management console，MMC)中关闭不需要的服务，禁止 Messenger 服务、Telnet 服务等；切断主机与应用管理的联系，不授予主机的全局管理权限；在管理员对主机进行访问时，须提供用户名、密码才能登陆，并对密码强度和密码使用时间进行限定；主机采用了 Linux 操作系统，增加系统安全性，并有针对性的修改系统参数，如禁止自动登录、禁止在蓝屏后自动启动机器、删除服务器上的管理员共享等；设置防病毒系统升级策略，在凌晨 2:00 下载病毒代码并分发升级，根据病毒软件来更新病毒库。

5. 剩余信息保护

采用安全级别的操作系统，安全级别如表 4.1 所示。

表 4.1 操作系统安全级别

操作系统	级别
Linux	C2
Windows server2003	C2

为保证操作系统和数据库系统有足够的存储空间，存储空间分配给其他用户前需被提前释放，因此做了如下设置：在本地安全策略中的安全选项中，启用不显示上次的用户名。

为及时释放系统内文件、目录、数据库等所占用的存储空间，进行如下设置：在本地安全策略的安全选项中，启用清除虚拟内存页面文件；在本地安全设置账户策略的密码策略中，启用“用可还原的加密来存储密码”。

6. 入侵防范

为有效应对网络入侵，国家电网公司在网络边界处部署防火墙、入侵防御系统(intrusion prevention system，IPS)各一台，用于应对端口扫描、强力攻击、木马后门攻击、拒绝服务攻击、缓冲区溢出攻击、IP 碎片攻击和网络蠕虫攻击等各类网络攻击。通过防火墙对指定接口所连接的网络中主机的 IP 和 MAC 地址进行绑定，防止 IP 盗用，并对非法 IP 的访问提供详细的记录，同时在路由器上进行重要服务器的 IP/MAC 的绑定，进一步保证服务器的安全。

通过对防火墙、IPS 的配置，结合防病毒软件，及早发现入侵行为并采取相应的应对措施，减少通过网络窃取信息的可能，并结合公司的规章制度，进一步加强对信息窃取事件的防范。防火墙能够识别并防范对网络和主机的扫描攻击、异常网络协议攻击、IP 欺骗攻击、源 IP 攻击、IP 碎片攻击、DoS/DDoS 攻击等。实时应用层内容过滤，在防火墙内核协议栈中实现，支持 HTTP、FTP、SMTP 协议，具体包括 URL 过滤、网页关键字过滤、FTP 文件下载过滤、FTP 文件上传过滤、SMTP 收件人过滤、SMTP 发件人过滤、邮件主题过滤、反邮件中转过滤、Internet 蠕虫过滤。根据入侵检测结果自动地调整防火墙的安全策略，及时阻断入侵的网络连接，并可通过邮件的方式向管理员报警。

封闭以下端口，主要有 TCP137、139、445、593、1025 端口和 UDP135、137、445 端口，后门端口(如 TCP2745、3127、6129 端口)，以及远程服务访问端口 3389。并关闭计算机中高危服务，如 Alerter/clipbook、remote registry、Messenger、Task Scheduler 等服务。

操作系统的安装遵循最小安装原则，仅开启需要的服务，安装需要的组件和程序，可以极大的降低系统遭受攻击的可能性。并且及时更新系统补丁，可以避免遭到由系统漏洞带来的风险，在装有 Linux 的操作系统中关闭危险的网络服务如 echo、shell login、finger、r 命令等，关闭非必需的网络服务 ntalk、pop-2、Sendmail、Imapd、Pop3d 等。

7. 恶意代码防范

安装类似卡巴斯基企业版杀毒软件和防火墙，具有升级方便、更新及时等特点，并能够实时更新版本升级病毒库，可以手动或者按照计划自动地从卡巴斯基实验室的互联网服务器或本地更新服务器来更新威胁特征数据库和程序模块。杜绝因版本不一致而可能造成的安全漏洞和安全隐患。安装的软件应具有以下几个功能。

病毒检测及清除能力：防病毒软件具有普通文件监控、内存监控、网页监控、引导区和注册表监控功能；具有间谍软件防护功能，可检测并清除隐藏于电子邮件、公共文件夹及数据库中的计算机病毒、恶性程序和垃圾邮件，能够自动隔离感染而暂时无法修复的文件；具有全网漏洞扫描和管理，可以通过扫描系统中存在的漏洞和不安全的设置，提供相应的解决方案，支持共享文件、Office 文档的病毒查杀，能够实现立体的多层面的病毒防御体系。

实时保护：获取文件系统请求，对被访问的文件进行恶意代码扫描，清除或删除被感染对象，或隔离可疑对象以供进一步分析和处理。

手动文件系统扫描：在指定时间(或按照管理员指令)对指定区域进行扫描，检测被感染和可疑对象。它可以分析对象，清除、删除被感染对象，或将可疑对象隔离以供进一步分析和处理。

隔离：在服务器文件系统中发现的被感染对象、可疑对象或受损对象均可被移动至隔离文件夹，在那里可对其进行进一步操作，如清除、删除等。

备份存储：该解决方案在受感染对象被清除或删除前会将其副本保存至备份存储区，如果原文件在处理过程中受损，还可以手动对其进行恢复。

漏洞扫描：设置每 5 天对系统进行漏洞扫描，扫描出系统所存在的漏洞，并能及时下载安装系统补丁，修复系统存在的漏洞。

8. 资源控制

系统资源概念是指 CPU、储存空间、传输带宽等软硬件资源。通过设定终端接入方式、网络地址范围等条件限制终端登录，可以极大的节省系统资源，保证了系统的可用性，同时也提高了系统的安全性。对于 Windows 系统自身来说，可以通过主机防火墙或 TCP/IP 筛选来实现以上功能。

在终端服务配置中指定限制每个用户只使用一个会话，限制用户以桌面模式登录，同时该用户只能保留一个会话。但是若用户以特定应用程序(在登录时自动启动某个应用程序，该应用程序关闭时连接即注销)模式登录时，该设置则无效。为了使在该模式下也能保证一个用户同时只有一个会话，通过使用登录脚本来进行限制。

启用 TCP/IP 筛选，创建 IP 筛选器并进行 IP 筛选器设置，限定出相应的 IP 地址上的终端可进行登录。并且根据公司的具体情况，在路由器上做了相关设置，仅允许特定 IP 地址进行终端登录。在本地安全策略的安全选项中启用了在超过登录时间后强制注销选项，保证系统安全。

服务器运行着后台系统服务和业务应用，需要保持 7×24 小时不间断运行并提供持续的服务，其运行状态的好坏直接影响了网络用户的使用，因此，让服务器保持健康状态就成为服务器管理的重中之重。相比桌面设备管理更加关注桌面系统和上层应用自身的应用状态而言，服务器管理的首要目标就是保证服务器的稳定性和可靠性。利用网管平台管理器提供的各种管理功能，服务器的可靠性和可用性将得到有效保证。

网管平台能够 7×24 小时地监控服务器的 CPU、硬盘、内存、网络等资源的使用情况。实时系统警报功能，无论是硬件组件的预警，还是系统资源告急，都能在第一时间通知管理员并采取及时的应对策略。

4.2 配置和补丁管理

随着互联网的不断发展壮大，因漏洞攻击导致的网络安全事件层出不穷，有愈演愈烈之势。全球每年因漏洞攻击导致的经济损失巨大，且逐年增加，漏洞已经成为危害互联网安全的主要因素之一。近年来由于系统漏洞越来越多，漏洞被利用的速度也随之加快，网络攻击技术和攻击工具不断更新，网络安全形势十分严峻，所以要求对安全补丁与升级程序进行快速的部署，以最快的速度对漏洞进行修补及对防病毒软件等防护工具进行升级，实现企业对漏洞及补丁的统一管理。

配置和补丁管理需要做好以下几点。

(1) 做好工业控制网络、工业主机和工业控制设备的安全配置，建立工业控制系统配置清单，定期进行配置审计。

安全配置是基础性的安全防护措施，安全配置能够增强工控网络、工业主机和工控设备安全性，应建立工控系统安全配置清单，包括工控网络设备、工业主机、工控设备的安全配置清单。在日常运维管理方面，指导管理人员对系统安全配置优化，避免存在安全隐患。

根据工业控制系统配置清单，定期对工业控制网络、工业主机和工业控制设备开展配置审计，及时发现配置问题。

(2) 对重大配置变更制定变更计划并进行影响分析，配置变更实施前进行严格安全测试。

工控系统的日常维护管理经常涉及配置变更，但未经严格安全测试的重大变更可能会对工控系统造成破坏。在工控系统重大配置变更之前，应制定变更计划，对变更可能出现的影响进行评估分析，并在工控系统离线环境中进行安全测试，保障配置变更的安全性和可靠性。

(3) 密切关注重大工控安全漏洞及其补丁发布，及时采取补丁升级措施。在补丁安装前，需对补丁进行严格的安全评估和测试验证。

工控系统较传统的 IT 系统更脆弱，在补丁升级方面要非常慎重，补丁升级可能会影响工控系统的稳定性，如果补丁升级失败，可能对工控系统造成破坏，导致工控系统运行中断。因此，工控系统在补丁升级之前必须进行严格验证测试，包括安全性、稳定性、兼容性和可靠性验证测试。

1. 统一漏洞补丁管理系统

国家电网公司统一漏洞补丁管理系统开发与实施建设的目标要求结合国内外电力企业智能化和信息化发展趋势，遵循“统一领导、统一规划、统一标准、统一组织实施”的总体思路，构建与电网企业、集团化企业、国际化企业运营特点相适应的漏洞补丁管理系统。

统一漏洞补丁管理系统是在漏洞补丁业务应用信息化系统的基础上应用一级部署开发与实施的。为降低开发工作量和实施难度，在技术路线上仍然沿用基于JavaEE架构的SoTower平台进行开发，考虑到一级部署后系统的用户量和业务量剧增，对系统的性能要求更高，为此，采用最新的SoTower平台版本开展统一漏洞补丁管理系统的一级部署。在功能整合方面，对系统资源进行深入细化分类，建立总部角色模板、网省角色模板、地市角色模板，涵盖不同应用层级所涉及的角色，分别实现对总部用户、网省用户、地市用户的授权管理，满足不同应用层级业务管理需要。统一漏洞补丁管理系统的角色分类、角色名称以及角色定义如表4.2所示。

表4.2　统一漏洞补丁管理系统角色分类、角色名称及角色定义

角色分类	角色名称	角色定义
管理员	总部管理员	对全网单位漏洞业务、补丁业务进行监控
	网省管理员	对整个网省公司或直属单位的漏洞业务、补丁业务进行监控
	地级市管理员	对地级市漏洞业务、补丁业务进行监控
信息监察员	总部信息监察员	浏览查看全网单位相关业务数据报表
	网省信息监察员	浏览查看网省公司或直属单位相关业务数据报表
	地级市信息监察员	浏览查看地级市单位相关业务数据报表

梳理国家电网公司总部、网省公司及地市公司不同应用层级的数据查看权限，并将其应用到系统资源中，通过角色管理实现数据查看权限控制。

2. 统一漏洞补丁管理系统总体架构

(1)业务及部署架构。

统一漏洞补丁管理系统业务架构是从业务和操作角度对业务覆盖范围内的过程、环节、规则进行细化和建模。统一漏洞补丁管理系统一级部署改造的目的是要建设贯穿国家电网公司总部、省级公司(直属)及地市公司三层应用为一体的应用系统，内容包括漏洞管理、补丁管理、漏洞补丁检索、消息管理、报表管理、基础数据管理、日志管理七大功能模块。统一漏洞补丁管理系统部署架构如图4.1所示。

(2)应用架构。

应用构架是系统体系的功能蓝图和全视图，能够支持业务运作。要根据数据架

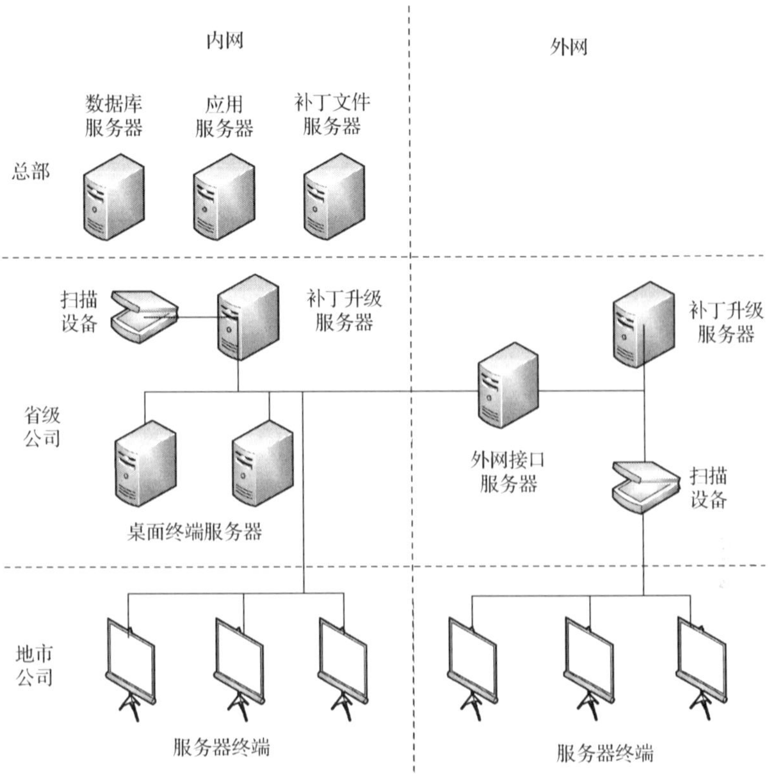

图 4.1 统一漏洞补丁管理系统部署架构

构，并结合业务特点去定义统一漏洞补丁管理系统的应用架构。各省级电网企业、直属单位虽然在物理上访问同一套应用，但在逻辑上应该相互独立，不得相互访问业务数据，保证信息数据不泄露。

(3) 数据架构。

数据架构是在完整的数据生命周期中对数据进行组织与管理，包括数据的存储、整合、转换、处理、分布策略、模型、流程等。一级部署过程中重点解决的问题是对历史数据的收集、整合、改造并导入到统一漏洞补丁管理系统中。为实现数据正确迁移，将国家电网公司作为目标库，在数据传输之前对各省级公司源库进行预处理，通过引入权限配置表，制定冲突合并规则，实现数据的准确传输。

(4) 技术架构。

统一漏洞补丁管理系统既要保证历史数据的无损迁移，又需要满足高用户并发情况下对系统性能的更高要求。基于这两个因素，统一漏洞补丁管理系统仍沿用漏洞补丁的技术路线，采用最新 SoTower 平台进行系统改造。在一级部署设计阶段统筹考虑与门户、目录、数据中心以及其他业务应用的系统集成。

3. 统一漏洞补丁管理系统关键技术

1) JavaEE 架构

JavaEE 架构是目前企业级应用系统建设的主要技术路线之一，JavaEE 包含 Servlet、JMS、EJB 等众多规范，这些规范全面地涵盖了企业级应用系统建设可能会面临的各种问题。

2) SoTower 平台

SoTower 平台是电力行业进行应用系统开发和运行的基础平台，该平台能够提供系统开发过程中所需的技术和业务组件，并在系统运行过程中为之提供安全稳定的运行环境。SoTower 平台的设计理念中突出了完备、柔性、一体化及易用四项技术特色。

(1) 完备是基础。

SoTower 平台涉及了系统开发应用过程中的各个方面，主要体现在以下几点：①统一的架构是基础保障；②构件化易于复用；③基础功能包缩短技术探索过程；④组织机构满足企业需要；⑤安全权限为应用加锁；⑥业务流程管理简化系统开发流程；⑦开发工具帮助研发人员提高开发效率。

(2) 柔性体现先进。

SoTower 平台不仅为开发人员提供一种标准化的开发模式，同时还能支持个性化的开发。SoTower 平台的柔性体现于它在标准化的开发模式与个性化的开发模式之间找到了一个完美的契合点。

(3) 易用性保障了平台的生命力。

SoTower 平台为应用开发提供了一个强大、稳定和安全的基础性支撑，同时提供了大量简单易用的开发工具。

(4) 一体化侧重应用开发过程的便捷和畅通。

SoTower 平台为整个应用开发的生命周期提供支撑，这样才能保证应用开发过程的正确性。此外，SoTower 平台还能为设计与开发一体化提供支撑，减少了设计与开发之间的沟通障碍，保证了设计意图的充分实现。

4. 统一漏洞补丁管理系统功能分析

(1) 统一漏洞扫描执行。

国家电网公司总部管理节点可以直接管理省级电网企业及分部节点，实现信息扫描任务、升级包和数据统一下发等功能。扫描任务的统一执行需要实现漏洞扫描设备统一管理、扫描策略统一管理、漏洞扫描设备统一接口、扫描任务管理等功能。

(2) 扫描任务管理。

可创建的任务可以分为一次性任务和周期性任务，一次性任务可分为立即执行任务和定时任务，周期性任务则可分为每天、每月、每周任务。平台所下发的任务，可以通过开始时间、任务类型及任务名称等条件去查询，也可以实现任务的增删查改，还可以查看任务的详细信息(扫描区域、执行时间及扫描策略等)。对于扫描已经结束的任务可以查看任务的扫描结果。

(3)漏洞情况监测。

通过漏洞评估平台、数据分析平台为漏洞扫描结果提供报表支持。报表输出格式可转换为 html、doc 等多种常用的标准格式。

(4)统一漏洞库。

利用标准漏洞库资源，结合电力行业现有的专属漏洞库，制定电网企业统一漏洞库和漏洞评估标准，定期、及时地更新漏洞库。漏洞库主要用来记录漏洞的详细信息(编号、名称及修补建议等)。

(5)统一补丁库。

及时获取各厂商最新发布的补丁与升级程序，同时将最新补丁下发至各省级电网企业及分部单位。补丁库用来记录补丁的详细信息，各单位下载补丁后可以在补丁库中查看相关补丁安装注意事项，也可以根据补丁编号、名称及导入时间等进行补丁的多条件查询。

(6)统一补丁下发。

国家电网公司总部进行统一的补丁下发管理，记录各级用户的各种操作。根据各省级公司的需求，统一采集补丁及入库，并按需下发补丁至各省级公司及分部，保证各单位及时、有效地获取所需补丁，修补服务器、终端等存在的漏洞。

统一漏洞补丁管理系统采用“一级平台、二级探针、三级应用”的方式，通过信息化手段对漏洞补丁检索业务流程和业务处理能力进行了优化，显著提升了相关业务人员的工作效率。通过项目管理业务，用户可以及时掌握电网企业信息系统漏洞补丁检索工作的方向和重点，有效规范漏洞补丁检索流程和基础工作。同时，系统各功能模块的设计方便了漏洞补丁检索人员对漏洞进行查找，并统计各年度相关数据信息，为进一步强化电网企业漏洞补丁检索工作管理提供了重要支撑，满足了国家电网公司集团化企业大范围、复杂系统信息安全漏洞与补丁的统一管理要求。

4.3 智能电网主机安全监控平台设计

随着通信技术和网络技术的发展，接入国家电力调度数据网的电力控制系统越来越多。特别是随着分布式一体化电网调度技术支持系统开发和部署，在调度中心、电厂、用户等之间进行的数据交换也越来越频繁。但与之相反的电厂、变电站减员增效，大量采用远程控制，对电力控制系统和数据网络的安全性、可靠性、实时性提出了新的严峻挑战。

电力行业的安全监控系统及其相应的产品随着电力行业本身的发展也在不断的更新。经过多年的更新及完善，在电力行业目前也已经有比较成熟的安全监视系统在运行。但是这些系统基本集中在电网的发电、变电、输电等核心骨干网环节，而且这种电力监控系统主要是面向电力消防、防火防盗等一些电力设备外围的监控。由于历史的原因，在配电及用电等环节由于系统比较繁杂，设备比较陈旧且杂乱，面向终端用户的这一环节对于安全监控方面尚未有比较成熟的方案。目前已经有的视频监控系统、消防报警系统主要是面向一些外围的监控，同时系统本身的功能也比较简陋，无法进行实时远程监控、无法提取运行日志等。

主机安全监视平台通过与操作系统内核、驱动程序、管理进程等接口，实时获取主机各种设备、端口、进程的运行状态，并记录在数据库文件中，根据预先设定的规则及阈值进行报警。同时该功能模块作为电力二次系统安全监视平台在主机上的代理，可根据预先设定的规则，将平台关心的信息基于安全通信协议上报到电力二次系统安全监视平台，供用户进行全局的统计分析、综合运用。主机安全监视功能模块作为电力二次系统安全监视平台的一部分，应部署在同一局域网内。

1. 安全分区

不同的安全区域确定了不同的安全防护要求，从而决定了不同的安全等级和防护水平。安全分区如图 4.2 所示。

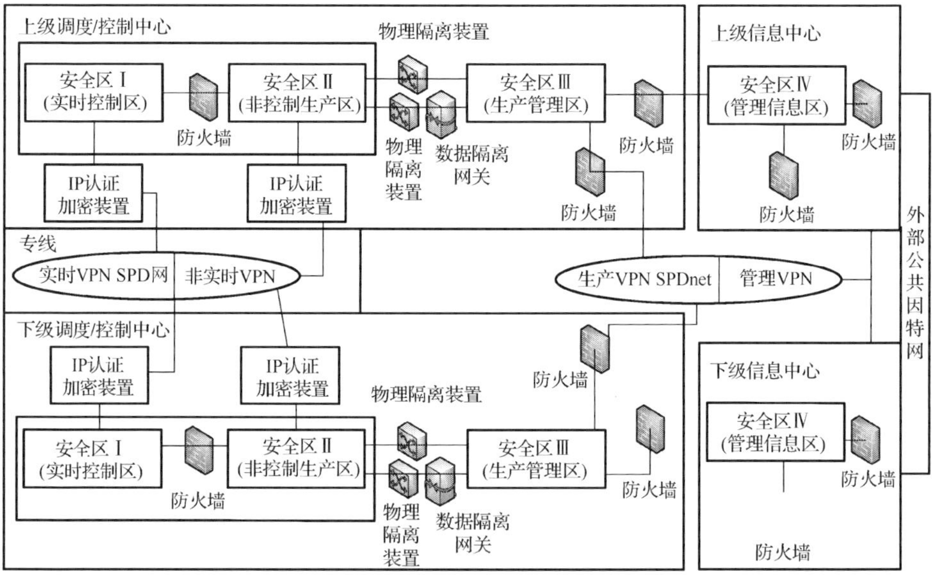

图 4.2　安全分区图

凡是具有实时监控功能的系统或其中的监控功能部分均应属于安全区Ⅰ，如调度自动化系统和相量同步测量系统、配电自动化系统、变电站自动化系统、发电厂自动监控系统等，是电力二次系统安全保护的重点与核心。原则上不具备控制功能的生产业务和批发交易业务系统均属于安全区Ⅱ，如水调自动化系统、电能量计量系统、发电侧电力市场交易系统等。生产控制大区的安全等级高于管理信息大区，其中控制区(安全区Ⅰ)的安全等级相当于计算机信息系统安全保护等级的第4级，非控制区(安全区Ⅱ)相当于计算机信息系统安全保护等级的第3级。安全区Ⅲ为生产管理区，该区的系统为进行生产管理的系统，如调度生产管理系统、雷电监测系统、气象信息接入、客户服务等。安全区Ⅳ为管理信息区，如管理信息系统及办公自动化系统。管理信息大区内部在不影响生产大区的前提下，可以根据各企业不同安全要求划分安全区。安全分区是电力二次安全防护体系的基础。

2. 网络专用

电力调度数据网在专用通道上使用独立的网络设备组网，采用基于同步数字系列(synchronous digital hierarchy，SDH)/准同步数字系列(plesiochronous digital hierarchy，PDH)上的不同通道、不同光波长、不同纤芯等方式，在物理层面上实现与电力企业其他数据网及外部公共信息网的安全隔离，如图4.3所示。

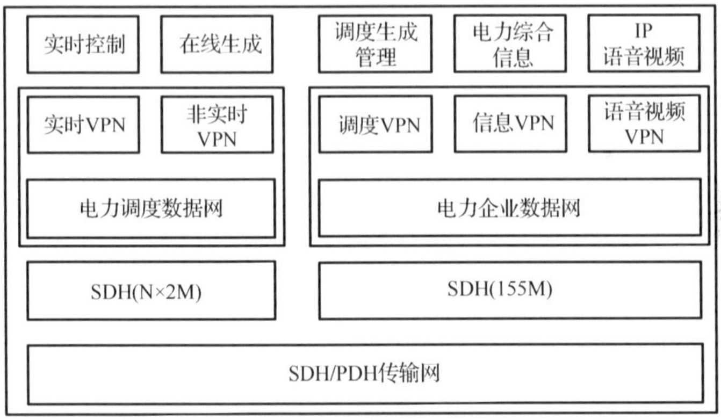

图4.3　网络专用图

电力调度数据网划分为逻辑隔离的实时子网和非实时子网，分别连接控制区和非控制区。子网之间可采用MPLS-VPN技术、安全隧道技术、PVC技术或路由独立技术等来构造子网。电力调度数据网是电力二次安全防护体系的重要网络基础。

3. 横向隔离

在生产控制大区与管理信息大区之间必须设置经国家指定部门检测认证的电力专用横向单向安全隔离装置，隔离强度应接近或达到物理隔离。生产控制大区内部的安全区之间应当采用具有访问控制功能的设备、防火墙或者相当功能的设施，实现逻辑隔离。具体隔离装置的选择还需要考虑业务所需带宽及实时性的要求。横向隔离是电力二次安全防护体系的横向防线。横向隔离如图 4.4 所示。

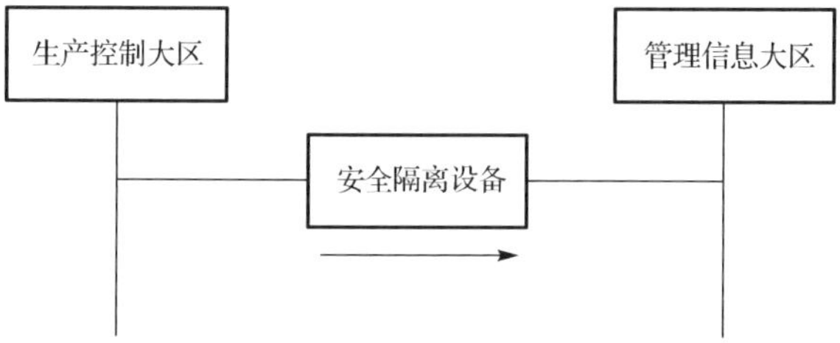

图 4.4　横向隔离图

表面上看来，电力专用横向单向安全隔离装置与我们常见的硬件防火墙很相似，但是，二者有着本质上的区别，常见的硬件防火墙作为网络安全设备是将两个网络之间做到了逻辑上的隔离。由于电力二次系统特殊的安全级别需求，仅仅的逻辑隔离是不够的，我们需要的是完全的物理隔离，这也就是我们现在看到的安全区Ⅰ与安全区Ⅱ之间使用的是硬件防火墙做逻辑隔离，而安全区Ⅱ与安全区Ⅲ之间使用的是特殊的横向隔离设备。

4. 纵向认证

采用认证、加密等技术措施实现数据的远程安全传输和纵向边界安全防护。具体的做法是，在生产控制大区与广域网的纵向交界处应当设置经电力专用纵向加密认证装置或者加密认证网关及相应设施，通过导入通讯两端的证书文件互导实现双向身份认证。电力专用纵向加密装置位于网络中的网管位置，这就能在数据进入外网之前将数据进行加密，保证在外网即使数据被截获也不会泄露电力系统的机密数据。纵向加密网关同时还可以提供包过滤的功能，这样便可以实现内外网的访问控制功能。纵向加密认证是电力二次安全防护体系的纵向防线。纵向认证如图 4.5 所示。

由于电力网络的相对分散性决定了电力数据网是由众多的子网组成的，这样使得纵向加密装置在电力系统网络中的使用相当广泛。

主机安全监视平台通过与操作系统内核、驱动程序、管理进程等接口，实时获取主机各种设备、端口、进程的运行状态，并记录在数据库文件中，根据预先设定的规则及阈值进行报警。

同时该平台作为电力二次系统安全监视平台在主机上的代理，可根据预先设定的规则，将平台关心的信息基于安全通信协议上报到电力二次系统安全监视平台，供用户进行全局的统计分析、综合运用。

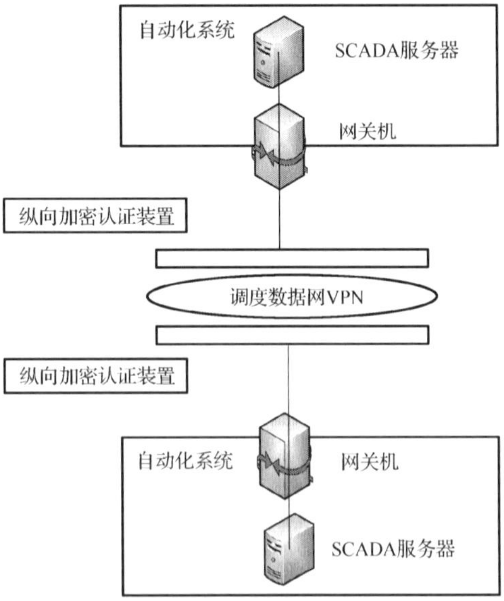

图 4.5　纵向认证图

4.3.1　日志模块设计

客户端通过 syslog 服务发送日志到服务器端，该模块实现从服务器端日志读取新消息的功能，主要提供读取日志的接口。日志接收转发模块流程图如图 4.6 所示，其描述如表 4.3 所示。

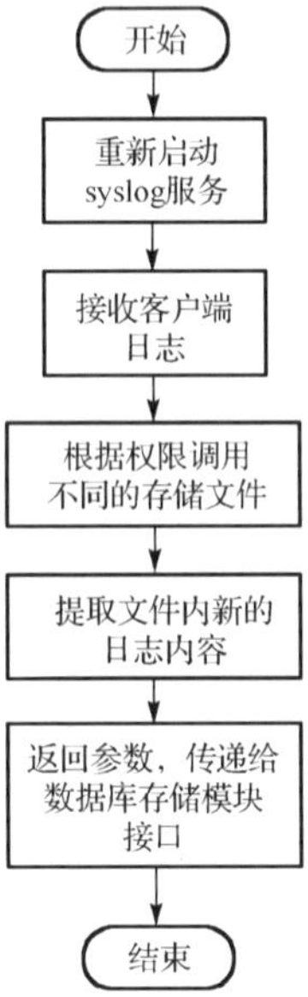

图 4.6　日志接收、数据库写入模块流程图

表 4.3 日志接收转发线程主要函数/方法描述

方法名	类型/返回值	说明
alarm_serv	int	该函数主要实现服务器端进行配置的功能。主要配置/etc/sysconf 下的 syslog 文件，使其开启中央日志主机 syslog 的远程接收功能
alarm_log	void*	接口通过给定的参数，将从日志中读取的新的消息赋给 msg 参数，用户可以调用 msg 参数对新的消息进行处理
returnSyslog	int	重新还原 syslog.conf 文件，使之前原有本程序所做的配置回到原来的状态
configurateSyslog	int	重新配置 syslog.conf 配置文件
setSyslog	int	设置 sysconf 下的 syslog 文件，使其能够接受远程的服务
setSysconf	int	设置 syslog.conf 配置文件，使之具有相应的功能
createFile	int	创建存储文件

4.3.2 数据库写入模块设计

该模块主要提供数据库操作接口，实现报警信息的数据库写入以及实时数据库的查询及维护功能。该部分主要调用智能电网调度支持系统基础平台服务中的实时库操作服务。

数据库写入模块描述如表 4.4 所示。

表 4.4 数据库写入模块主要函数/方法描述

方法名	类型/返回值	说明
openTable	int	接收网络报文、在使用实时库的接口对某张表操作之前必须先打开这张表
getRec	int	在使用实时库的接口对某张表操作之前必须先打开这张表，通过关键字进行数据库的查询

4.3.3 报警处理模块设计

该模块主要提供报警处理操作接口，实现报警信息的发出。该部分主要调用智能电网调度支持系统基础平台服务中的报警服务。

报警线程处理模块描述如表 4.5 所示。

表 4.5 报警处理线程模块主要函数/方法描述

方法名	类型/返回值	说明
DLLCreate	void	建立发送告警客户端时必须构造一个警告类的对象，由该类的接口负责与告警服务通信。该类主要提供接口函数完成应用程序的告警发送
sendAlarm	int	该函数通过消息总线发送告警信息，发出的告警信息由告警服务进行处理与人机的告警窗体交互发出报警

4.3.4 报文接收模块设计

主机安全监视代理模块定时向主机安全监视管理中心发送心跳信息，告知主机安全监视管理中心本机运行的安全代理运行正常。

报文、心跳接收线程流程如图 4.7 所示，其描述如表 4.6 所示。

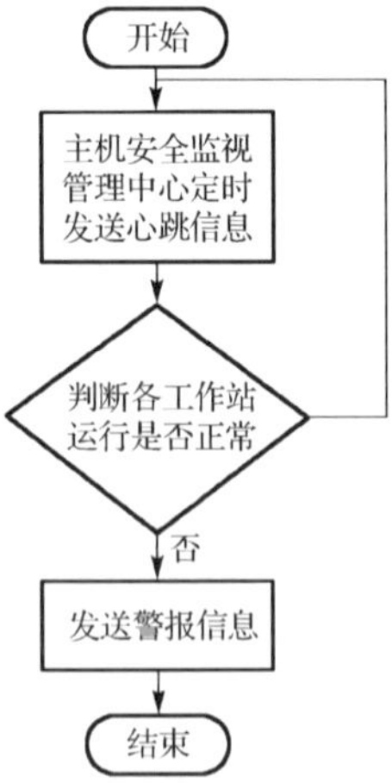

图 4.7　报文、心跳接收线程模块流程图

表 4.6　报文、心跳接收线程模块主要函数/方法描述

方法名	类型/返回值	说明
heartbeat	void	主机安全监视平台定时接收安全代理发送的心跳信息，若发现心跳终端异常，该模块及时发出告警信息
sendAlarm	int	该函数通过消息总线发送告警信息，发出的告警信息由告警服务进行处理与人机的告警窗体交互发出报警

4.3.5　IP_MAC 探测模块设计

IP_MAC 探测线程模块流程图如图 4.8 所示，其描述如表 4.7 所示。

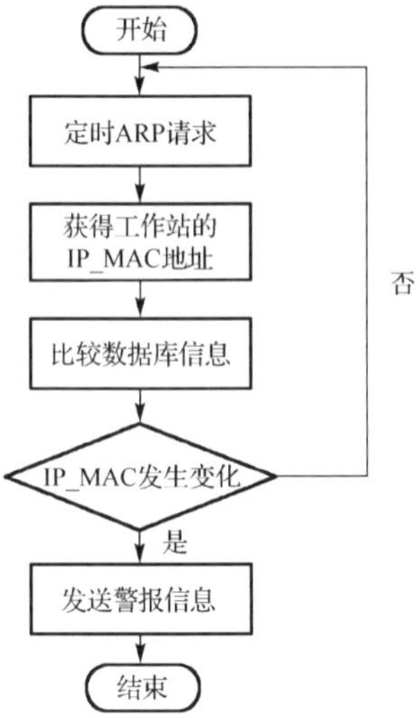

图 4.8　IP_MAC 探测线程模块流程图

表 4.7　IP_MAC 探测线程模块主要函数/方法描述

方法名	类型/返回值	说明
IP_MAC	void	该线程定时获得内网的 ARP 地址对应表，将该表内的信息通过数据库中储存的信息进行比较，如果发现 ARP 地址表出现异常变化及时发出报警
sendAlarm	int	该函数通过消息总线发送告警信息，发出的告警信息由告警服务进行处理与人机的告警窗体交互发出报警

4.4 本章小结

本章首先详细介绍了主机安全软件选择与管理、配置和补丁管理的相关知识。然后重点了介绍了智能电网主机安全监控平台的设计。安全监视平台利用主机上安装的操作系统、硬件接口、驱动程序及相应的日志、事件处理等接口来实时获取主机各种设备、端口、进程的运行状态，并记录在数据库文件中。在服务器端通过读取不同客户端的数据，然后根据预先设定的规则进行显示，当检测到的设备数据超出预先设定的阈值之后，将会出现页面警告、声音报警灯等多种报警。

第5章　工业控制设备安全及其防护方案

在第4章中，我们学习了智能电网主机安全的相关知识。本章中，我们将学习工业控制设备及其防护方案，主要介绍工控网络设备安全和终端安全。另外，还将介绍RFID技术在电网资产安全管理中的应用。

在学习本章之前必须先了解以下名词，以便更好的理解本章内容。

MIB库：称作管理信息库，是TCP/IP网络管理协议标准框架的内容之一，MIB定义了受管设备必须保存的数据项、允许对每个数据项进行的操作及其含义，即管理系统可访问的受管设备的控制和状态信息等数据变量都保存在MIB中。

体域网：英文为body area network(BAN)，是附着在人体身上的一种网络，由一套小巧可移动、具有通信功能的传感器和一个身体主站(或称BAN协调器)组成。每一传感器既可佩戴在身上，也可植入体内。协调器是网络的管理器，也是BAN和外部网络(如3G、WiMax、Wi-Fi等)之间的网关，使数据能够得以安全地传送和交换。由于这些传感器通过无线技术进行通信，所以体域网也叫无线体域网(wireless BAN，WBAN)。

TNC：称作可信网络连接，是由2004年成立的可信网络连接分组(trusted network connection sub group，TCG-SG)负责研究及制定的网络连接规范，是对可信平台应用的扩展，也是可信计算机制与网络连接控制机制的结合。

5.1　工控网络设备安全现状

工业控制系统(ICS)广泛应用于工业、能源、交通、水利以及市政等领域，用于控制生产设备的运行。一旦工业控制系统信息安全出现漏洞，将对工业生产运行和国家经济安全造成重大隐患。随着计算机和网络技术的发展，特别是信息化与工业化深度融合以及物联网的快速发展，工业控制系统产品越来越多采用通用协议、通用硬件和通用软件，以各种方式与互联网等公共网络连接，病毒、木马等威胁正在向工业控制系统扩散，工业控制系统信息安全问题日益突出。尤其是“工业互联网”、“工业4.0”、“两化深度融合”、“互联网＋”等相关概念的提出，在国家政策、技术创新和工业参与者需求转变等多个维度的共同驱动和协同下，工业正朝着数字化、网络化、开放化、集成化的工业互联方向发展，将面临更加复杂的信息安全威胁。

近年来，工业控制系统信息安全事件不断发生，“震网”、“火焰”、“毒区”、

“Havex”等恶意软件严重影响了关键工业基础设施的稳定运行，充分反映了工业控制系统信息安全面临的严峻形势。工业控制系统信息安全风险和事件数量依然呈上升趋势。

国内，根据绿盟科技公司的统计，2013 年公开新增工业控制系统相关的漏洞共计 78 个，相对于前两年有所放缓，软件漏洞数量有所回落，但硬件漏洞数量继续保持持续增长趋势。

国外，根据美国工业控制系统网络应急响应小组（ICS－CERT）发布的 2013 年年报统计，ICS－CERT 接到的工控系统漏洞上报数量在不断增加，其中在 2013 年接到的 181 个漏洞报告中，有 177 个被确认是真实的工控系统漏洞，共涉及 52 个厂商。

在这 177 个被确认的漏洞中，87%可以被通过网络远程利用。在网络化浪潮下的工业互联时代，这些漏洞的潜在威胁正在不断加大。在漏洞类型中，身份验证漏洞的数量最多。这些漏洞可能使具有初级水平的攻击者就可以通过 Internet 获得访问工业控制设备的管理员权限。

根据美国 ICS-CERT 往年统计的工控信息安全事件数量可知，近几年工业控制系统相关的信息安全事件正在呈快速增长的趋势。在 2013 年的工控信息安全事件中，能源、制造业、市政等国家关键基础设施受到的攻击最为严重。这些信息安全事件涉及的主要攻击方式包括水坑式攻击、SQL 注入攻击和钓鱼攻击等。

我国也在积极探索漏洞挖掘与风险通报工作，2012 年国务院的 23 号文与 2011 年工业和信息化部的 451 号文都提出要建立漏洞通报与发布制度。2012 年，工业和信息化部启动了工业控制系统信息安全风险发布工作。2012 年 8 月，工业和信息化部下发了《工业和信息化部办公厅关于开展工业控制系统信息安全风险信息发布工作的通知》（工信厅协函〔2012〕629 号），对工业控制系统信息安全风险信息发布工作做出了安排，指出工业和信息化部将不定期的向各地工业和信息化主管部门、有关国有大型企业及相关工业控制系统厂商发布《工业控制系统信息安全风险提示》。

为支撑工业控制系统信息安全风险发布工作，工业和信息化部也组织相关机构建立工业控制系统信息安全模拟环境和测试实验室，形成工业控制系统信息安全攻防演练及漏洞验证和挖掘能力。同时，我国也鼓励研究机构、工控产品厂商、信息安全厂商和研究人员积极参与工控风险“可发现”的研究工作，积极向主管部门上报风险。

5.1.1　接入安全分析

作为物联网的一个分支，智能电网是一个重要的公众应用网络。近年来，能源短缺、环境压力和间歇性可再生能源的大规模并网问题，使现有电网运行安全和电力系统运营模式面临严峻的挑战，由此，智能电网应运而生。智能电网是以各种发电设备、输配电网络、用电设备和储能设备的物理电网为基础，结合现代先进的传感测量技术、网络技术、通讯技术、计算技术、自动化与智能控制技术等构建的一种新型网络。智能电网终端可信接入认证系统是智能电网连接外部网络的第一道防护墙，由它来控制智能电网用户接入的方式，以及保障接入者的身份可信、接入的过程安全。智能电网不仅仅是一个新型的用于解决在发电、输电、配电及用电四大主要环节的难题的解决方案，也是物联网的重要应用。

为了解决能源供给及能源消费结构的不平衡，实现电网可持续发展，智能电网的研究与实践，旨在实现风能、太阳能等可再生能源的大规模开发利用，提升传统能源的清洁高效利用率。智能电网技术具有信息化、自动化、互动化的应用特点，能够有效的解决传统电网所存在的一些不足，特别是传统电网中的安全性、可靠性、系统运行和维护成本等难点。针对于传统电网的历史问题，智能电网旨在实现电网的可靠、安全、经济、高效、环境友好和使用安全的目标，实现与电网用户的智能交互，发电、输电、用电和配电的智能。

随着电网运行和服务模式的重大转变，信息数据交互性大量增加，智能终端接入方式不断增多，这些变化必将引入大量安全风险和新的挑战，如何解决智能电网终端可信接入认证问题成了智能电网发展急需解决的重要问题。如果无法实现智能电网终端的可信接入，则会影响智能电网的有效发展，甚至可能会导致智能电网的发展终止。传统的可信接入认证方法只是针对于小型简单的网络系统，直接应用到智能电网中可能会引起以下问题。

(1) 无线信道的开放特性使得智能电网易被监听，致使数据传输过程中信息容易被窃取，恶意攻击者可以根据窃取的信息，然后仿冒接入终端实现冒充访问电网。

(2) 随着用户量的增多，采取传统的认证方式，可能会导致认证系统的崩溃，同时也有可能使得用户认证的过程迟缓，导致系统用户积累量过大从而使得用户无法正常的通过认证接入到智能电网中。

(3) 传统认证方式可能直接采取终端信息验证用户合法性，这样可能导致在信息传输到认证服务器之前就被篡改，导致用户信息泄露，从而影响整个系统的可信、可靠、安全性。

目前，有一种可信接入技术可以实现对智能电网终端接入的可信认证，但是由于其系统组件过多、系统层次复杂，并且系统缺乏可靠的扩展性，导致整个接入认证过程变得复杂、缓慢，无法满足智能电网大用户量的快速认证接入的要求。同时该可信接入技术其庞大的系统结构，导致系统的部署无法实现智能化精确化的要求，从而使得智能电网的发展受阻，因此有必要提出一种小型的、可靠的、安全的新型认证接入系统来满足智能电网未来发展的需求，同时提高智能电网用户使用的方便性、安全性。

5.1.2 信息路径安全分析

路由器是用于连接多个逻辑上分开的网络，是连接因特网中各局域网、广域网的设备，它会根据信道的情况自动选择和设定路由，以最佳路径，按前后顺序发送信号。路由器是互联网络的枢纽，目前已经广泛应用于各行各业。目前的路由器不仅可以连通不同的网络，还能选择数据传送的路径，并能阻隔非法的访问。路由器作为 IP 网的核心设备，其技术已成为当前信息产业的关键技术，其设备本身在数据通信中起到越来越重要的作用。当前，传输控制协议/网际协议(TCP/IP)体系结构面临挑战，未来互联网研究成为热点。未来互联网体系结构、协议、算法与实现技术在部署前都需要大量的理论分析与仿真实验，更需要在试验网络系统中进行评估与验证。由于路由器的封闭性与正常业务对试验的影响，在现有的互联网上实现、验证和部署新体系结构、新协议与新算法非常困难，这严重制约了互联网体系的发展和创新。

假设将传统路由器作为 IP 网络的核心，它将会产生如下问题。

(1)增加了 3 层路由选择的时间，使得数据传输效率降低。

(2)增加了改变节点的复杂度，使得增加、移动节点变得复杂。

(3)设备价格昂贵、结构复杂、利用率不高，大大增加了子网互联的成本。如果仅仅提高路由器的硬件性能，并不能解决其瓶颈问题。因为路由器除了硬件支撑外，其复杂与强大的功能主要是通过软件来实现的。当流经路由器的流量超过其吞吐能力时，将引起路由器内部的拥塞。持续拥塞不仅会使转发的数据包被延误，更严重的是使流经路由器的数据包丢失。此外，路由器的复杂性还对网络的维护工作造成了沉重的负担。传统路由器难以满足现今高吞吐量、低成本的要求。

5.1.3 应用服务安全分析

应用服务的安全监管对于企业内部资源管理、办公自动化、调度管理等有着重要意义。信息内网应用服务安全监管系统包括应用服务发现和服务安全监管审计两个部分，其中应用服务发现又涉及网络拓扑发现技术，主要分为网络层拓扑发现和链路层拓扑发现，用来反映网络中路由器、交换机和主机之间的互联关系，其为获取监控设备列表、定位异常服务、监控服务状态等提供基础支撑。服务监管作为系统的主要部分，主要是对应用层协议的识别。通过系统可以对整个网络的主机等设备进行监管，以保证网络中的授权服务能够正常运行，并及时发现可疑行为。

目前能够实现网络监控的软件已经不少，但是鉴于网络和服务的复杂性，如何更快更好地发现和定位网络服务和异常是一个很值得研究的问题。

现有的产品主要是在 IPv4 网络中发挥效用，能够对多种网络服务进行识别和监控，其缺点是对 VLAN 的支持不够好，网络拓扑的描绘不够精确，也就不能正确反映网络状况，定位网络服务。传统的协议识别多为采用端口进行识别，这种识别能力随着网络的发展，其缺陷也越来越明显，许多协议为了逃避监管，不使用固定的端口而采用动态端口进行通信，使用传统的识别方法效率十分低下，在服务的识别方面，算法的性能决定了服务审计效率的高低，而现有系统存在着普遍效率不高的瓶颈。

5.2　终端安全分析及其防护技术

传统的电力信息采集类装置一般通过有线/专线的方式进行通信，这种通信方式成本较高，且受地理环境的限制较大。随着无线通信技术的发展，GPRS、3G、Wi-Fi 等无线通信技术日趋成熟，且使用成本相对低廉，被越来越多的电网智能终端所使用。然而，相对于有线/专线通信方式，无线通信方式由于暴露面更大，更容易受到外界的攻击。只有解决了无线传输的安全问题，才能保证电网智能终端的健康发展。

5.2.1　VLAN 应用服务安全监管技术

VLAN(虚拟局域网)是对连接到的第二层交换机端口的网络用户的逻辑分段，不受网络用户的物理位置限制而根据用户需求进行网络分段。一个 VLAN 可以在一个交换机或者跨交换机实现。VLAN 可以根据网络用户的位置、作用、部门或者根据网络用户所使用的应用程序和协议来进行分组。基于交换机的虚拟局域网能够为局域网解决冲突域、广播域、带宽问题。

VLAN 应用服务安全监管技术属于网络服务安全监管领域，提高网络拓扑发现的精确性和提高服务识别的高效性两个方面使对 VLAN 网络的监管性能得到了提升。通过创新的拓扑发现技术和服务识别算法，系统能够准确计算出所监管网络的拓扑结构信息，高效地识别 VLAN 网络中的应用服务。

网络拓扑结构的 VLAN 应用服务安全监管方法主要是通过采集 MIB 库数据后计算 VLAN 网络拓扑结构。服务器接收到上位机的指令后，通过 SNMP 协议获取设备的 MIB 库数据并保存到数据库，然后计算 VLAN 网络拓扑结构并对 VLAN 网络中的应用服务进行识别，然后将 VLAN 网络的拓扑图和应用识别结果发送给上位机。本实施例中，获取的 MIB 库数据包括 IP 地址、设备类型和端口地址表等，对于不支持 SNMP 的非智能设备使用 PING 或 telnet 命令来发现网络层设备。系统流程图如图 5.1 所示。

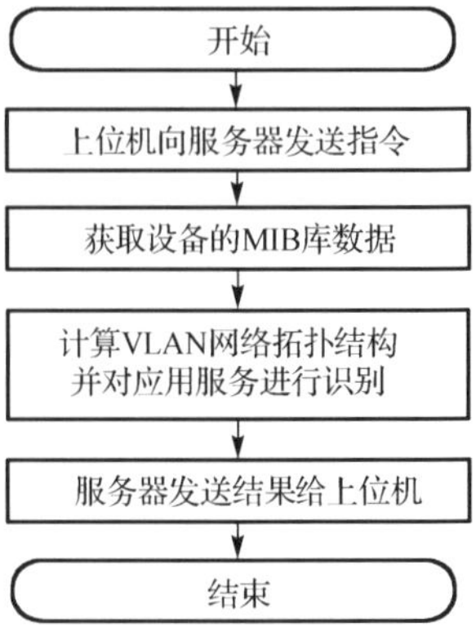

图 5.1　系统流程图

而后对 VLAN 网络拓扑结构进行计算，流程图如图 5.2 所示。

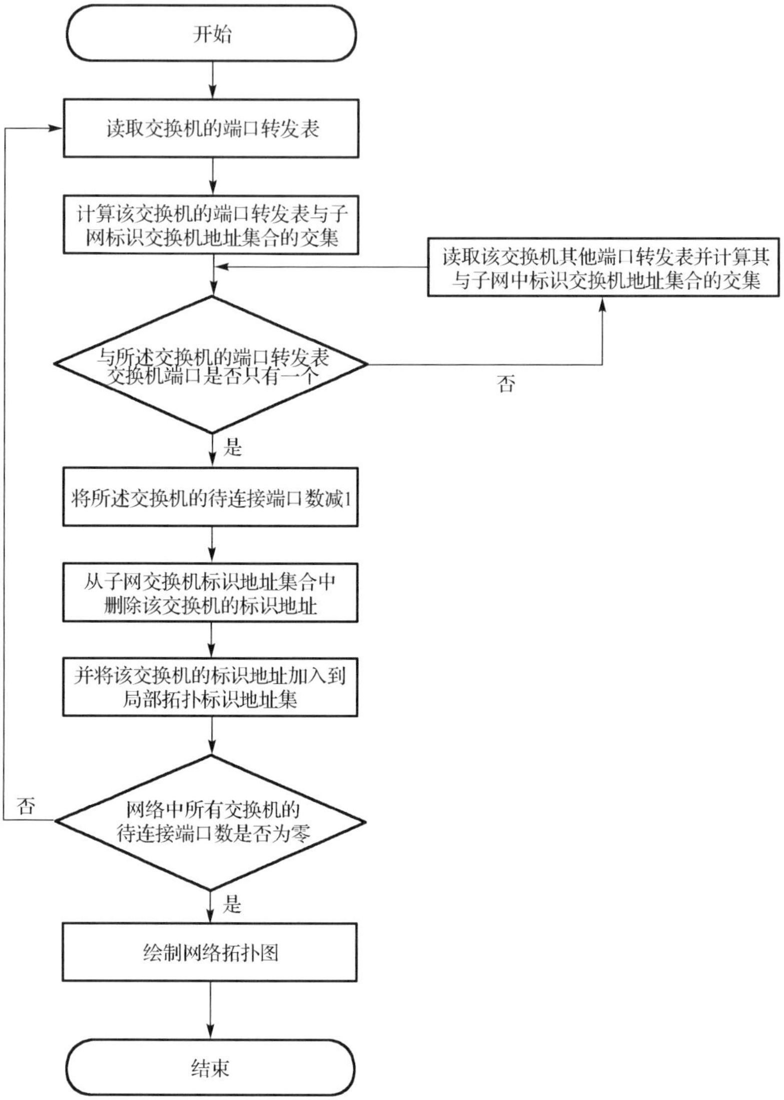

图 5.2　计算 VLAN 网络拓扑结构的流程图

结合图 5.2 可知，计算 VLAN 网络拓扑结构主要分为以下四步。

(1) 读取网络中交换机的端口转发表并计算该交换机的端口转发表与子网标识交换机地址集合的交集。

(2) 判断 VLAN 网络中与步骤(1)所述交换机的端口转发表匹配的交换机端口是否只有 1 个；当 VLAN 网络中与步骤(1)所述交换机的端口转发表匹配的交换机端口不只 1 个时，读取该交换机其他端口转发表并计算其与子网中标识交换机地址集合的交集，当有匹配端口且匹配端口数为 1 时可以确定这两个端口是直接相连的。

(3) 将步骤(1) 中所述的交换机的待连接端口数减 1，从子网交换机标识地址集合中删除该交换机的标识地址并将该交换机的标识地址加入局部拓扑标识地址集。

(4) 判断 VLAN 网络中所有交换机的待连接端口数是否为零；当 VLAN 网络中所有交换机的待连接端口数均为零时，网络拓扑发现结束，根据 VLAN 网络中的交换机端口连接关系绘制网络拓扑图；当 VLAN 网络中有交换机的待连接端口数不为零时，执行步骤(1)，直到 VLAN 网络中所有交换机的待连接端口数均为零。

对于应用识别服务，应当让各应用服务对应的协议用正则表达式来表示；而后通过网关获取各应用服务对应的报文，对各报文的报体进行解析，将各报文的报体用正则表达式表示；最后获取的报文与各服务对应的协议进行匹配，根据匹配结果来判断数据流所对应的服务。

通过对 VLAN 网络中的应用服务进行识别，进一步的，采集 MIB 库数据后还包括识别应用服务的步骤。所述识别应用服务按以下步骤进行：各服务对应的协议用正则表达式来表示；通过网关获取各应用服务对应的报文，对各报文的报体进行解析；获取的报文与正则表达式进行匹配，根据匹配结果来判断数据流所对应服务。

对于获取的报文与正则表达式进行匹配按以下步骤进行。

(1) 计算各正则表达式分别转换成确定的有穷自动机(deterministic finite automaton，DFA) 的状态数。

(2) 计算各正则表达式两两之间转换成 DFA 的状态数。

(3) 将具有相性的正则表达式分为一个组。

(4) 当所有正则表达式均已被分组后，应用识别结束，输出所有正则表达式的分组情况。

通过提高网络拓扑发现的精确性和提高服务识别的高效性两个方面使对 VLAN 网络的监管性能得到了提升。通过创新的拓扑发现技术和服务识别算法，系统能够准确计算出所监管网络的拓扑结构信息，高效地识别 VLAN 网络中的应用服务。

5.2.2　路由器虚拟化技术

为了实现传统路由器达到的现今高吞吐量、低成本的要求，出现了路由器虚拟化的技术，主要包括以下几个部分：设置分层化架构，将路由器虚拟化划分为数据平面层、控制平面层和管理平面层。原理示意如图 5.3 所示。

控制平面层将物理路由器虚拟为多个虚拟路由器，同时对数据包进行接受识别分类和转发，并通过所述数据平面层获取物理路由器的物理端口信息，建立虚拟路由器的网络端口与物理路由器的端口信息的映射关系，利用虚拟路由器对控制平面层与数据处理层进行信息交互。而管理平面层则对多个虚拟路由器的参数进行管理配置。工作示意图如图 5.4 所示。

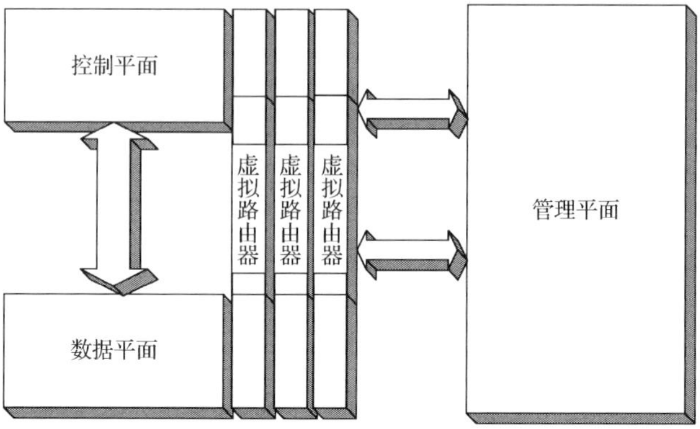

图 5.3　虚拟路由原理示意图

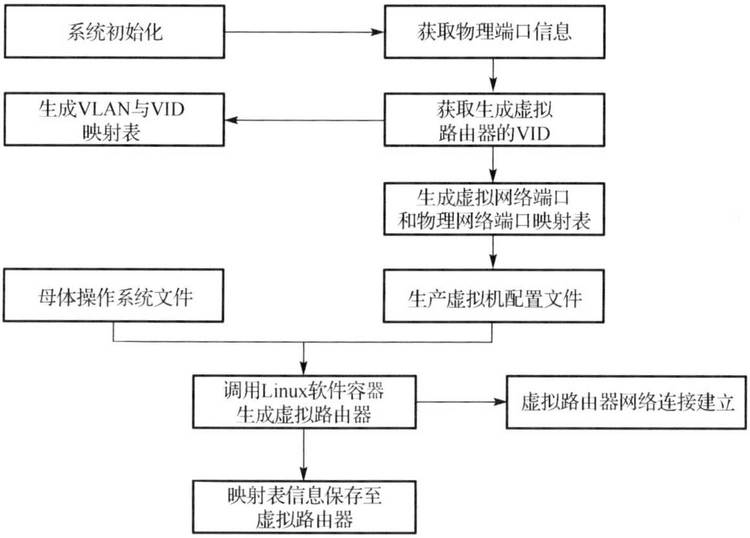

图 5.4　虚拟路由工作示意图

接着对虚拟路由器进行如下处理。

(1) 虚拟路由器是将路由器虚拟出多个安全隔离的虚拟服务器，将每个虚拟服务器作为一个虚拟路由器。

(2) 控制平面层在接收到数据平面层的数据后，对属于不同转发信息库且前缀相同的条目进行合并，并将所述前缀对应的所有下一跳信息顺序存储。

(3) 控制平面层设有用于自定义配置虚拟路由器并使虚拟路由器运行于不同的网络协议的网络信息管理模块。

(4) 数据平面层根据物理端口信息生成虚拟路由器的 VID，并生成 VLAN 与 VID 映射表。

(5) 虚拟路由器通过 VLAN 与 VID 映射表确定数据平面层的物理设备，并将网络信息和映射表信息发送到对应的物理设备。

(6) 控制平面层通过外设部件互连标准（peripheral component interconnect，PCI）总线与物理路由器进行数据交互。

(7) 数据平面层的数据包接收机制为轮询方式，所述数据平面层的总线事务传递多个数据包地址。

(8) 数据平面层设置有数据包包头解析模块，所述数据包包头解析模块设有用于支持数据包包头任意比特域自由组合的任意比特抽取器。

数据平面层、控制平面层以及管理平面层的具体过程如下所述。

(1) 数据平面层负责网络数据包的接收识别分类以及转发，如数据包的转发加速、数据的统一平面抽象化等；控制平面层集成了虚拟化模块，负责在一台物理路由器上实现多个相对独立的逻辑路由器，并且增加了对数据平面的控制，如异常数据包的分析处理；管理平面层具有路由器的各项参数管理配置功能，主要负责多个虚拟路由器的各种协议的部署维护。

(2) 虚拟路由器是将路由器虚拟出多个安全隔离的虚拟服务器，将每个虚拟服务器作为一个虚拟路由器，在一台物理路由器上实现多个相对独立的逻辑路由器，每个虚拟路由器拥有自身所有的用户程序进程，独立的 root 访问权限、IP 地址、内存、处理器、文件、应用程序、系统库和配置文件等，不同的虚拟路由器可以独立运行一种或者多种路由协议。这样就把存储虚拟化的范围由局域网范围内的虚拟存储扩展到了广域虚拟存储，再进行路由的计算以及异常数据包的分析处理，以确定下一跳转发。

(3) 控制平面层在接收到数据平面层的数据后，对属于不同转发信息库且前缀相同的条目进行合并，并将所述前缀对应的所有下一跳信息顺序存储。控制平面层在接收到数据平面层的数据后，转发表查找方法基于一种三态内容寻址存储器（ternary content addressable memory，TCAM）实现转发信息库（forward information base，FIB）存储，为支持数量线性增长的虚拟路由器实例的 FIB，如果属于不同 FIB 的某条前缀相同（下一跳不必相同），可以将其合并成一条前缀，该前缀对应的所有下一跳信息顺序存储在静态随机存取存储器（static random access memory，SRAM）中，例如，分属于两个 FIB 的条目<P，NH1>和<P，NH2>通过共享前缀可以合并成一个条目<P，[NH1，NH2]>。

(4) 数据平面层根据物理端口信息生成虚拟路由器的 VID，并生成 VLAN 与 VID 映射表，所述虚拟路由器通过 VLAN 与 VID 映射表确定数据平面层的物理设备，并将网络信息和映射表信息发送到对应的物理设备。在完成系统配置后，不仅要保证虚拟路由器处于运行状态，而且要保证虚拟路由器处于用户配置的状态下提供路由控制管理功能，如路由表的发送和学习等。在实现与数据平面层的交互时，虚拟路由器需要根据其操作系统中保存的 VLAN 与 VID 的映射表来确定数据平面层的物理设备。虚拟路由器将路由表等网络信息和映射表信息通过确定的数据平面发送到对应物理设备的数据平面层。

(5)控制平面层通过 PCI 总线与物理路由器进行数据交互，本实施例中的数据平面层采用 NetFPGA 专用硬件开发平台实现网络数据包的接收识别分类和转发，通过 NetFPGA 板卡与物理主机的 PCI 接口连接，通过本地物理主机上安装开源的 Linux 操作系统 CentOS，并在 Linux 操作系统下安装 NetFPGA 的设备驱动程序，形成 NetFPGA 开发板与主机操作系统的接口，对 NetFPGA 的 4 个千兆以太网接口 nf 2c0，nf 2c1，nf 2c2，nf 2c3 进行配置，从而使得物理主机可以通过 NetFPGA 开发板上的以太网端口来收发数据分组。驱动程序将 NetFPGA 板卡的寄存器信息映射到主机内存中，主机通过对这些寄存器映像的读写，从而控制 NetFPGA 的运行模式，监控数据通道的工作情况。

(6)数据平面层的数据包接收机制为轮询方式，所述数据平面层的总线事务传递多个数据包地址，数据平面层对数据包接收机制进行优化，使用轮询方式代替了传统硬件的中断方式，其速度更加快捷，可靠性更好，鲁棒性更强。采用批处理方式，每次总线事务都传递多个数据包的地址，将网卡中多队列与不同 CPU 内核进行绑定，提高数据包处理的并行性。

(7)数据平面层设置有数据包包头解析模块，所述数据包包头解析模块设有用于支持数据包包头比特域的比特抽取与循环移位模块，从而支持用户自定义的查找关键字提取方式，支持新的协议类型。

安全隔离的路由器虚拟化方法通过扩大了路由器协议的支持范围，将数据进行平面抽象，支持多种不同网络协议的数据包处理需求，提高了数据平面的可扩展性，利用共享不同虚拟路由器数据平面之间的计算资源，节约了逻辑资源，所以该方法能够有效支持软硬件路由器实例的动态迁移，并使用局部动态可重构技术降低迁移开销，从而满足动态变化的应用需求。

5.2.3　综合处理加密技术

综合处理加密技术旨在提供一种小型的、可靠的、安全的新型认证接入系统来满足智能电网未来发展的需求，同时提高智能电网用户使用的方便性、安全性。在智能电网领域，提出了一种智能电网中终端可信接入的认证方法，该方法在接收到终端用户输入的信息后，经过信息处理系统，一种小而高效的嵌入式计算系统，将用户输入信息进行综合处理、加密，然后才将信息传输给最终进行可信接入认证的服务器，实现信息在网络中传输的保密、可靠性，同时保障智能电网可信接入过程中系统的简便化、可移植性等特点，让智能电网终端可信接入认证过程安全、快速、简便。

智能电网中的终端可信接入的认证方法主要包括以下步骤：按照层次结构部署

智能电网中终端认证系统，最上层是信息采集层，其次是信息处理层，最后是信息认证层。本系统采用结构分层，提高了系统部署的简便性和可扩展性，实现系统之间的松散耦合特性的灵活通信机制和交互机制，除了能够保障终端信息的安全性，还能够确保终端信息上下文隐私，防止通信过程中的信息遭到破解。此外，该方法对终端使用者无特殊的要求。在具体的实施方面，分为体域网系统的部署、终端信息采集、终端信息处理和信息反编译四个具体步骤。

1. 体域网的部署

按照层次结构部署体域网系统，最上层是信息采集层(ICL)，其次是信息处理层(IPL)，最后是信息认证层(IAL)。信息采集层采集欲接入的终端信息，将信息发送到信息处理层，经过处理层后，信息得到综合处理，并最终发送到信息认证层，在认证层将对信息进行完整的认证，如图 5.5 所示。

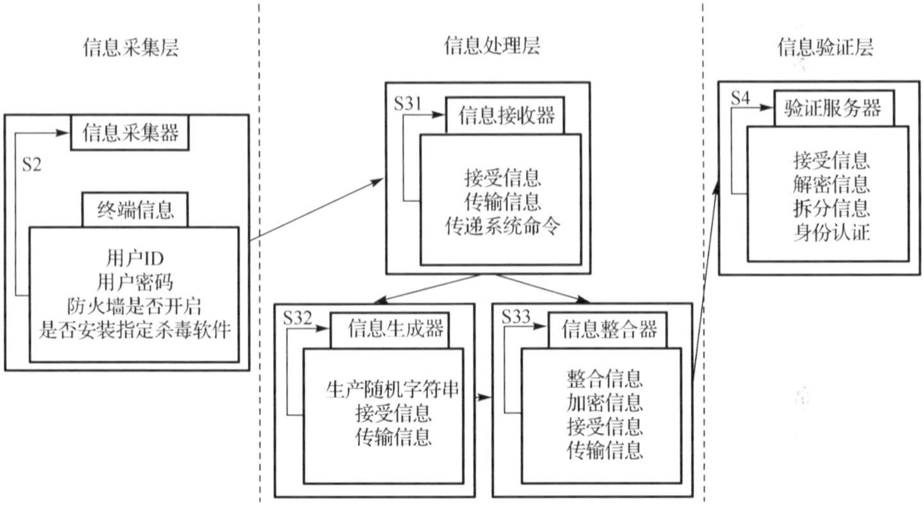

图 5.5　智能电网中终端可信进入认证系统的结构示意图

具体实施步骤如下所示。

(1) 按照层次结构部署智能电网中终端认证系统，所述认证系统分别包括信息采集层(ICL)、信息处理层(IPL)和信息认证层(IAL)，信息采集层与信息处理层相连，信息处理层与信息认证层相连。

(2) 信息采集层对终端信息 T_{msg} 进行采集并且发送给信息处理层。

(3) 信息处理层对接受的终端信息 T_{msg} 进行拆封、加工、加密处理，最终将处理过的加密信息 PD_{msg} 发送给信息认证层。

(4) 信息认证层将所接受的加密信息 PD_{msg} 进行解密、还原、验证，完成终端可信接入的认证。

信息采集器包括采集终端信息、对终端信息有效性进行验证等功能；信息处理层包括信息接收器、信息生成器和信息整合器，分别完成信息的接收、发送、加工、加密、整合的功能；信息验证层由验证服务器组成，能对处理过的信息进行反编译，还原出原始的信息，同时完成可信接入的身份认证。

2. 终端信息采集

信息采集层对终端信息进行采集，其具体流程如图 5.6 所示。

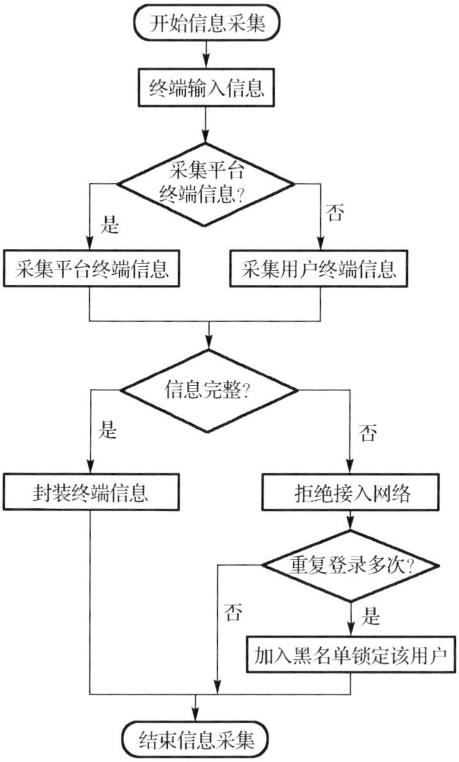

图 5.6　信息采集层采集信息流程图

信息采集层对终端信息 T_{msg} 进行采集并且发送给信息处理层。

(1) 终端接收用户输入信息，并对用户输入信息进行终端类型判断。

(2) 根据终端类型判断结果向不同的终端采集不同的信息。如果是平台终端接入，则采集平台的安全信息，包括是否开启防火墙、是否安装指定杀毒软件等；如果是用户终端接入，则采集用户身份 ID、用户口令等。

(3) 对采集的信息进行完整性验证，如果通过验证，则将采集的信息进行封装，分别封装成用户终端 U_{cmsg} 或者平台终端信息 P_{cmsg}，并且发送给信息处理层；否则拒绝该终端接入系统，并且判断该终端是否多次重复登录，如果是就将该终端加入黑名单锁定该终端用户并结束信息采集过程，如果不是则直接结束该次信息采集过程。

信息采集器对接收到用户输入信息进行终端类型判断的方法为：与用户信息有效的格式进行正则验证，如果用户输入信息格式无效，则将这次用户输入时间戳进行保存，同时将该用户的错误标记(MF)自增，并且检查连续两个时间戳内，错误标记(MF)的增量，当增量大于一定值，则将该用户锁定。否则，通过验证，将保存的时间戳清空，错误标记归零(MF)，并且根据信息中终端类别字段判断该用户是平台终端还是用户终端。

锁定用户的方法为：当用户连续在短时间内重复多次认证失败后，将该用户的认证信息添加到黑名单文件中，每次用户认证开始时，查询该黑名单文件，如果该用户的认证信息在黑名单文件当中，则直接拒绝该用户进行认证，并且定时，整理一次该黑名单文件。

整理和黑名单文件的方法为：当用户认证信息加入黑名单时加入时间戳，同时，信息采集器每隔 1 个小时或者当有新终端欲接入系统时，对黑名单文件中保存的时间戳进行对比，当时间间距在 2 个小时或以上时，将该用户信息从黑名单中删除，即解除该用户的锁定。

信息采集层的主要工作是对终端信息进行采集，然而为了增强系统安全的健壮性，加入了简单的信息完整性检验，将无效的、恶意攻击的信息直接排除系统接入过程，并且对终端接入过程进行监控，防止终端的连续性、高强度的重复攻击。

3. 终端信息处理

信息处理层在接收到信息采集层采集并封装好的信息后，对终端信息进行进一步的处理，然后在发送给信息验证层进行信息的验证，在本实施方式中，信息处理层对接收的信息 U_{cmsg} 或 P_{cmsg} 进行拆封、加工、加密处理，最终将处理过的信息 $\mathrm{PD}_{\mathrm{msg}}$ 发送给信息认证层。

(1) 信息处理层中的信息接收器负责接收终端信息，根据接收的信息产生系统通知指令，在发送信息时，判断该信息是否是系统通知指令，如果是则将该信息发送给信息生成器，使得信息生成器明白有新的终端要进行接入，否则将信息发送给信息整合器。

(2) 信息生产器接到信息接收器的通知后，并行工作产生不定长的随机数 Vlrn，然后综合发送给信息整合器与信息验证层。

(3) 信息整合器接收到终端信息后，将其拆分为两段，然后等待信息生成器生产的 Vlrn，最终将信息生成器产生的 Vlrn 与终端信息结合，通过加密处理发送给信息验证层。

信息生成器产生不定长随机数 Vlrn 的方法为：信息生成器在接收到新的终端接入通知后，三个计算元件同时并行工作，产生 1～128 位不定长的随机字符串，包括所有大小写字母、数字和符号组成的字符串 Vlrn1、Vlrn2、Vlrn3，然后将参数的字符封装成可还原的完整字符串 Vlrn，并且分别发送给信息验证层和信息整合器。

信息整合器合成最终信息的方法为：将终端信息分成两部分 F_{msg} 和 L_{msg}，把信息生成器生成的 3 个不同的不定长随机字符串 Vlrn1、Vlrn2、Vlrn3 分别按封装的顺序与拆分的终端信息合并成 PD_{msg}，组成新的最终信息后，通过公钥加密信息 $K_p\{PD_{msg}\}=K_p\{Vlrn1, F_{msg}, Vlrn2, L_{msg}, Vlrn3\}$，最后发送给信息验证层。

信息生成器生成 1～128 位不定长随机字符串的方法为：通过时间戳产生一个 1～128 位大小的随机数字，通过这个随机数字，从一堆随机字符里面随机抽选这个数字次数的字符，并且拼接成一个完整的随机字符串，这样就可以生产一组不定长的包括所有大小写字母、数字和符号的随机字符串。

4. 信息反编译

信息验证层在接收到处理过的信息后进行一系列的反编译，将处理过的信息进行还原，最后进行验证，其流程图如图 5.7 所示。

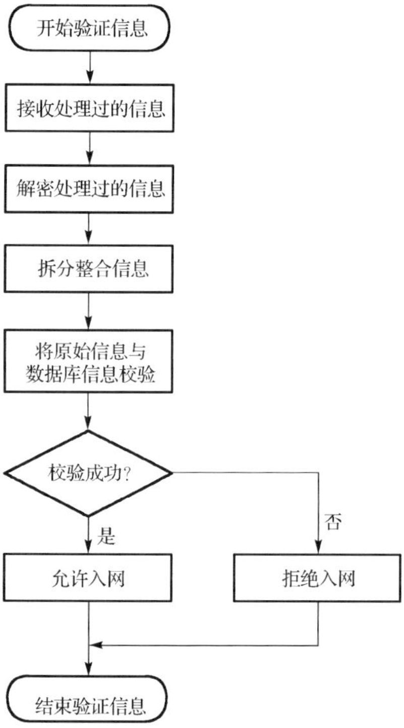

图 5.7 信息验证层验证信息流程图

信息认证层将所接收的数据进行解密、还原、验证，完成终端可信接入的认证的步骤如下。

(1) 验证服务器接收到信息处理层中的信息生成器产生的 Vlrn 与信息整合器生产的处理过的信息。

(2) 将处理过的信息进行解密，同时根据 Vlrn 将信息进行拆分，还原出终端信息。

(3) 将终端信息与验证服务器中存储的信息进行对比，如果该终端信息可信，则允许该终端接入电网，否则拒绝该用户接入电网。

通过信息处理层对处理过的信息进行反编译，还原出真实的用户信息，同时采取高级的认证方式，提高用户可信接入认证的效率和安全。

验证服务器还原终端信息的方法为：在接收到最终处理过的信息后，首先利用公钥对信息进行解密，得到合成信息 PD_{msg}，然后根据接收到封装好的 Vlrn，将合成信息分拆成 5 个部分 Vlrn1，F_{msg}，Vlrn2，L_{msg}，Vlrn3，其中包括 Vlrn 的三部分以及终端信息的两部分，并且将终端信息两部分还原为终端信息 T_{msg}，得到了还原的终端信息后，将终端信息与验证服务器中数据库里的信息进行对比验证，如果存在该终端信息，则认证成功，否则失败。

终端可信接入的认证方法是基于智能电网用户特性和数据特性，用简洁、高效的加工、加密方式对用户信息进行处理，然后才将用户信息传输到网络中，保障了用户信息在网络传输过程中的安全性，实现了智能电网终端接入认证过程的可信。层次式的结构使得系统容易组建和部署，同时使得系统分工明确，提高了系统的计算效率。

5.2.4　电力终端安全接入与认证技术

伴随着智能电网的快速发展，许多智能终端设备和无线接入设备已经能够广泛地应用在智能电网上，这些设施给智能电网业务系统带来方便的同时，也带来了许多严重的安全问题。数据通过无线终端设备产生的无线信道进行传输，在无线信道所组成的无线网络中传输的数据容易受到窃听等网络攻击，所以提出了一种基于可信网络连接(trusted network connection，TNC)和电力终端安全接入体系结构的认证协议，并且结合智能电网环境下的实际情况给出了具体的认证协议的流程。最终，我们证实可以通过对智能电网的安全分析，确保终端本身的完整性和安全性，从而构建可信计算环境的电力通信网络系统，确保整个智能电网应用环境的安全性。

1. 基于 TNC 的终端安全接入框架

TNC 在终端接入网络之前，对用户的身份进行认证；如果认证通过，对终端平台的身份进行认证；如果认证不通过，对终端的平台可信状态进行度量，如果度量结果满足网络接入的安全策略，则允许终端接入网络，否则将终端连接到指定的隔离区域，对其进行安全性修补和升级。TNC 旨在将终端的可信状态延续到网络中，使信任链从终端扩展到网络。TNC 是网络接入控制的一种实现方式，是一种主动性的防御方法，能够将大部分的潜在攻击在发生之前进行抑制。可信网络连接基础架构模型如图 5.8 所示。其中，IF-T 是维护访问请求者和策略决定点之间的信息传输之间的协议；IF-TNCCS 是 TNCC 和 TNCS 之间的接口，定义了 TNCC 与 TNCS 之间传递消息的接口；IF-IMC 是 TNCC 和各个 IMC 组件之间的接口，定义了 TNCC 与 IMC 之间传递消息的协议；IF-IMV 是 TNCS 与各个 IMV 组件之间的接口，定义了 TNCS 与 IMV 之间传递消息的协议；IF-M 是 IMC 与 IMV 之间的接口，定义了 IMC 和 IMV 之间传递消息的协议；IF-PEP 是策略执行点和网络访问授权者之间的接口。

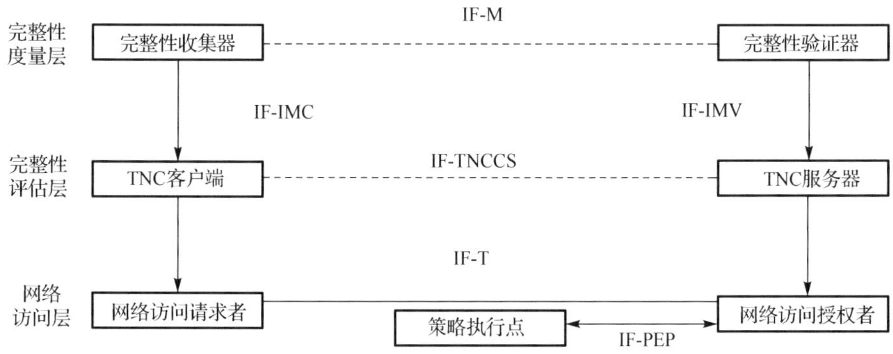

图 5.8　可信网络连接基础架构模型

由图 5.8 可知，整个体系架构中包括三个实体、三个层次和若干接口组件。该架构在传统的网络接入层次上增加了完整性评估层与完整性度量层，实现对接入平台的身份验证与完整性验证。三个实体分别为访问请求者(access requestor，AR)、策略执行点(policy enforcement point，PEP)和策略决定点(policy decision point，PDP)。其中，AR 发出访问请求，收集平台完整性可信信息，发送给 PDP，申请建立网络连接；PDP 根据本地安全策略对 AR 的访问请求进行决策判定，判定依据包括 AR 的身份和 AR 的平台完整性状态，判定结果为允许/禁止/隔离；PEP 控制对被保护网络的访问，执行 PDP 的访问控制决策，完成整个终端接入的过程。

2. 基于 TNC 的安全协议设计

基于 TNC 安全认证协议汲取了 TNC 的三步认证的思想来解决终端安全和网络安全问题。每个用户都是工作在特定平台上的，平台可信是用户可信的前提。因此，该协议的第一步就是搜集终端完整性数据，进行平台认证(平台身份认证和终端完整性度量)，完整性数据主要包括以下几个方面。

(1) 操作系统版本以及补丁级别。

(2) 是否安装有可信平台模块(trusted platform module，TPM)核心芯片。

(3) 终端是否安装有防火墙或是其他防病毒软件。

(4) 杀毒软件签名库的最近更新日期。

(5) 杀毒软件是否处于开启状态等。

若平台认证顺利通过，则进行用户身份认证。利用公钥基础设施(public key infrastructure，PKI)数字证书技术，依靠非对称加密算法中密钥对匹配的唯一性，来确保用户的合法身份，使得每个终端用户都经过认证和授权，其操作都是符合规定的。

由于使用对称密钥加解密速度快，通常比非对称密钥算法快 10～100 倍，因此，系统协议中还加入了一个协商共享密钥的步骤。平台认证通过后，采取公钥加密传输的方式为通信双方协商一对称密钥对，双方用户共享该密钥对进行通信，而其他用户对该密钥不得而知，这样能有效防止第三方密码猜测攻击。

TNC 规范思想和 PKI 技术融合在一起，形成了一套安全高效的认证协议。该认证协议包括三个步骤：平台认证(平台身份认证和终端完整性度量)，共享密钥协商和用户身份认证。

5.3　资产安全

电网公司的射频识别(radio frequency identification，RFID)中间件系统普遍采用基于 SOA 架构的模式开发，并在中间件中将 RFID 读写设备厂家提供的个人应用集成(personal application integration，PAI)接口通过各种方式集成在中间件系统中，如 IP 地址、端口设定等，便于 RFID 设备读写标识数据，同时将采集的数据结合标识业务进行有效的过滤、处理和数据传递，最后存储到中间件数据库中。中间件还可起到监视 RFID 设备的作用，检查 RFID 设备的运行情况。此外，采用 RFID 中间件可以方便地实现与 ERP 等系统进行数据接口和数据交换。

当前，电网企业普遍应用资产安全管理评估决策系统开展结果性指标评价。系统主要从工程生产管理系统(power production management system，PMS)和 SAP(systems applications and products in data processing)系统抽取数据，但缺少现场实物数据的信息。而通过 RFID 中间件系统及现场采集设备对实物标识进行数据采集，通过接口及时将实物信息反馈到资产安全管理评估决策系统，实现真正意义上的账、卡、物相符的纵向闭环，为资产安全管理提供更加精准的资产营运状态数据。

1. 采集设备选型

RFID 技术主要应用于电网资产跟踪管理，通过手持采集终端对现场实物标识进行信息采集，由于在电磁场环境下进行操作，需要考虑终端设备的抗干扰性、读写距离、稳定性、可靠性等因素。

(1) 抗干扰因素。变电设备在运行环境下，会产生工频电场和工频磁场，工频电磁场干扰属于低频感应场干扰。由于手持终端内部的信号没有以大地作为回流路径，因此，在手持终端选型设计上要考虑读写器的电磁防护设计。

(2) 读写距离。电网实物标识安装位置一般都为设备基座的接地扁铁上，且离开地面一定的高度，方便操作人员读写数据，因此，手持机读写距离远近对减少资产巡查人员行走距离、降低工作强度、提高巡查效率有着重要的意义。

(3) 手持设备续航时间。220kV 以上变电站占地面积较大，设备较多，且标识实施安装时间长，因此，手持设备电池必须具备较长的续航能力，且掉电后可自动保存数据，保证工作人员在现场工作没有后顾之忧。

2. 实物标识性能

RFID 实物标识具有条形码所不具备的防水、防磁、耐高温、使用寿命长、读取距离大、数据可以加密、存储数据量大、存储信息可以修改等优点，已被广泛应用在电网资产跟踪管理上。因此，用于资产跟踪管理基本采用 ISO18000-6B 金属标识。电网设备常年在室外和高温的环境下，在标识设计及材料选型时需要充分考虑读写距离、防紫外线、多标识读取等因素。

(1) 读写距离。在变电站超高频电磁环境中，金属表面对电磁波产生屏蔽作用，当标识内天线靠近金属表面后天线性能会发生明显的恶化。经现场应用测试，标识在附着接地扁铁表面后，信号会大幅衰竭，读写距离会降低 50%～70%，因此，在标识外壳设计、封装以及标识张贴材料上要考虑读写距离问题。

(2) 抗紫外线。目前，超高频无源电子标识封装外壳普遍采用 ABS 材料，对已安装标识回访，电子标识长期在变电站风吹日晒，容易褪色，因此，在标识外壳封装时考虑添加抗紫外线的材料。

(3) 防冲撞机制。变电站设备数量众多，为加快资产盘点和巡查速度，实物标识在设计时必须考虑防冲撞算法，实现对各工作区域的多标识批量、快速、准确读取的功能。

3. 标识贴标规范制定

实物标识贴标规范就是对每种类型的设备明确规定标识的安装位置，便于今后的安装、识别和读取。电网设备贴标规范的制定应考虑室外设备、室内设备、各单元设备特点、手持设备，以及标识的读写距离、角度等因素来制定，总的原则必须从实际应用出发。当前，变电站 RFID 技术应用基本采用无源金属电子标识，但将该类标识直接安装在室外电流互感器、电压互感器、避雷器等设备本体上开展应用尚不切合实际。经对国内外手持式读写设备在各电压等级变电站的使用测试，无法读取超过 2m 外的标识信息。因此，RFID 贴标规范的制定要考虑这种因素的存在。

4. 实物标识中间件与系统集成

RFID 技术的应用可以提高电网资产管理的效率，但是 RFID 读写设备应用技术复杂，与电网公司的 PMS 系统、SAP 系统之间的集成难度较大，系统间耦合度高，对业务变化的适应性差。这使得企业对于实施 RFID 技术持谨慎的态度，而中间件有助于 RFID 设备与电网公司 ERP 系统及 SAP 系统等的集成。

5. 实物标识数据存储及数据安全需求

目前，电网实物资产管理采用的 ISO18000-6B 标准电子标识具有标准成熟、产品稳定、应用广泛、ID 号全球唯一、多标识同时读取的特点，可存储 1024b 或 2048b 容量的数据，数据读取速度为 40kb/s。实物标识中存放信息的多少要考虑到在现场运维工作时手持设备与后台数据交换的问题，现主要供应厂商的手持设备基本配备了 GPRS 功能，但鉴于通讯传输稳定性问题，不能保证在任何时候都能顺利获得中间件系统后台数据，因此要考虑设备信息在标识内数据存储内容。

另外要考虑的是电网资产管理标识内容储存信息。按 ISO/IEC 18000-6B 协议封装后的标识，内存存放字节为 206 个，而电网设备信息存储的内容除了要考虑 PMS 系统与调相(phase modulation，PM)、调幅(amplitude modulation，AM)联动的因素，还须考虑相关内容的必要性问题。经过多年的实施，目前变电站标识内容存储的信息主要包括铭牌型号、出厂编号、铭牌厂商、电压等级、所属变电站、投运日期、设备状态、标识类型、计量单位、SAP 识别号(SAPID)、SAP 号、物资代码，采用这种存储内容方式，可以较完整地查看设备的基本情况和内容。

6. 数据传输的安全

电网公司对外界的移动存储设备或移动传输方式采用严格隔离的手段来防范数据风险，造成手持设备采集信息无法及时上传到中间件系统，同样，中间件系统的业务单据也无法方便地上传到手持终端，而必须通过安全 U 盘经过多次转换才能实现数据交换。由于操作过于繁琐，会影响资产管理人员开展 RFID 技术应用的积极性，因此需要从根本上解决设备采集信息数据传输及安全问题。

7. 贴标颗粒度

随着电网公司资产安全管理工作的深入开展，电网公司已开展 PMS 系统与 SAP 系统 PM 模块设备同步的工作，主要包括一次设备和二次设备的同步。同步工作只针对主要设备，附属设备暂不同步。由于同步工作对 PMS 系统的设备类型和某些字段维护要求很高，如 PMS 系统操作人员因业务不熟练或责任心不强，无法同步到 PM 模块，则会影响与财务 AM 模块的转资及联动工作。因此，以 PMS 系统数据为依据进行标识贴标，尽管颗粒度最细、工作量大，但可以在标识的贴标过程检查 PMS 与 PM 的同步质量，并检查与 AM 联动的质量，这种模式对于提高账(PM)、卡(AM)、物(RFID 实物标识)相符率有着积极的作用。

RFID 技术已在电网资产安全管理上开展了不同层面的应用，技术实现模式是将实物标识粘贴在资产上，进行设备信息的存储、免接触批量读取和数据传递。此举可以实现对设备的资产安全管理，通过对实物标识数据的日常运维，实现对设备的动态跟踪管理，消除资产管理的难点、盲点和障碍，实现对资产设备的精确定位管理，其在资产管理领域的应用将有着非常良好的前景，并由此带来高效率和经济效益。

5.4 本章小结

本章首先介绍了工控网络设备的安全现状，分别对接入安全、信息路径安全以及应用安全进行了分析，而后着重探讨了终端存在的安全问题以及所对应的防护技术(包括路由器虚拟化技术和综合处理加密技术)，最后说明了电网方面的资产安全问题以及利用 RFID 技术对该问题进行解决。

VLAN 服务应用安全。网络拓扑结构的 VLAN 应用服务安全监管方法主要是通过采集 MIB 库数据后计算 VLAN 网络拓扑结构。服务器接收到上位机的指令后，通过 SNMP 协议获取设备的 MIB 库数据并保存到数据库，然后计算 VLAN 网络拓扑结构并对 VLAN 网络中的应用服务进行识别，最后将 VLAN 网络的拓扑图和应用识别结果发送给上位机。本实施例中，获取的 MIB 库数据包括 IP 地址、设备类型和端口地址表等，对于不支持 SNMP 的非智能设备使用 PING 或 telnet 命令来发现网络层设备。

路由器虚拟化。为了实现传统路由器达到现今高吞吐量、低成本的要求，出现了路由器虚拟化的技术。主要包括以下几个部分：设置分层化架构，将路由器虚拟化划分为数据平面层、控制平面层和管理平面层。控制平面层将物理路由器虚拟为多个虚拟路由器，同时对数据包进行接受识别分类和转发，并通过所述数据平面层获取物理路由器的物理端口信息，建立虚拟路由器的网络端口与物理路由器的端口信息的映射关系，利用虚拟路由器对控制平面层与数据平面层进行信息交互。而管理平面层则对多个虚拟路由器的参数进行管理配置。

综合处理加密。其旨在提供一种小型的、可靠的、安全的新型认证接入系统来满足智能电网未来发展的需求，同时提高智能电网用户使用的方便性、安全性。在智能电网领域，提出了一种智能电网中终端可信接入的认证方法，该方法在接收到终端用户输入的信息后，经过信息处理系统，一种小而高效的嵌入式计算系统将用户输入信息进行综合处理、加密，然后才将信息传输给最终进行可信接入认证的服务器，实现信息在网络中传输的保密性、可靠性，同时保障智能电网可信接入过程中系统的简便化、可移植性等特点，让智能电网终端可信接入认证过程安全、快速、简便。

电力终端安全与认证。提出可信网络连接(TNC)和电力终端安全接入体系结构的认证协议，并且结合智能电网环境下的实际情况给出了具体的认证协议的流程。最终可以通过对智能电网的安全分析，确保终端本身的完整性和安全性，从而构建可信计算环境的电力通信网络系统，确保整个智能电网应用环境的安全性。

资产安全。通过 RFID 中间件系统及现场采集设备对实物标识进行数据采集，通过接口及时将实物信息反馈到资产安全管理评估决策系统，实现真正意义上的账、卡、物相符的纵向闭环，为资产安全管理提供更加精准的资产营运状态数据。

第6章　应用系统安全

本章从三个方面介绍了智能电网中的应用系统安全，包括身份认证、访问控制和安全审计。此外，本章还分析了这三种系统的具体实现方法。身份认证部分介绍一个基于用户社交行为的身份认证平台。访问控制部分介绍一种智能电网用户访问授权方法，该方法通过计算处理用户身份认证信息，并结合环境信息进行多维度的访问授权控制让整个访问授权过程安全、方便、快捷且易于实现。安全审计技术作为一种事后获得电子证据的方法，在发现系统信息安全漏洞、网络入侵行为调查取证分析等方面起着重要作用。

6.1　身份认证

近年来发展智能电网已在世界范围内形成共识，随着以信息化、自动化、互动化为特征的智能电网建设的全面展开，如何满足智能电网快速、可靠、安全的计算要求以及新型控制技术与控制策略和措施的需要是电网企业新形势下面临的挑战。面对这些海量、分布式、多源异构的信息，常规的数据存储与管理方法难以满足智能电网的要求。云计算技术以其超大规模、高弹性计算和存储能力、高数据安全性以及高性价比等特点，较好地适应了智能电网发展的需求，因此通过建立基于云计算平台的智能电网(简称电力云)，将为解决电力系统各种复杂的计算问题提供新的途径，有助于实现电力系统在线运行分析与优化控制。

云计算的巨大优势在IT行业获得了充分的认可，并有大量商业云已经开始提供云服务，但是在电力系统中的应用和研究还停留在初级阶段。其主要问题是电力属于公共基础设施，对数据安全性、系统稳定性及业务复杂性等方面有较高的要求。庞大的电力系统中由于业务的不同往往需要多种业务系统，目前主要的业务系统有：电力办公自动化信息系统(office automation，OA)、电力ERP系统、电力生产管理系统(PMS)、电力营销管理信息系统、电力MAIL系统、电力电量交易系统等，而且在不同业务系统间存在大量的跨系统操作。将这些种类繁多、任务复杂的业务系统放在私有电力云中，能够在提高运行效率和增强安全性和可靠性的情况下降低运行成本。由于各业务系统中的用户账号都是相对独立的，相同的账号在不同的系统中的权限也是相对独立的，如果简单的将业务系统全部移植到电力云中，将会导致以下问题。

(1)用户需要在各不同业务系统中登记注册，由于系统较多，用户账号或密码遗忘现象时有发生，或者一套简单用户名和密码多系统使用，造成保密强度降低。

(2)用户账号和使用权限随着业务系统的不同而不同，对系统管理员要求较高。

(3)跨业务系统的操作需要多次身份认证，操作复杂且效率低下。用户对于便捷且安全的接入各业务系统的需求十分迫切。而之前研究者提出的一种基于 PKI(公钥基础设施)的手机社交认证协议，只能应用于用户通过手机接入网络时的身份认证，而不能应用于其他终端接入网络时的身份认证。针对电力云系统的身份认证的局限性，本章系统地分析了电力云系统身份认证平台的架构和功能设计。

6.1.1　身份认证平台架构设计

电力云系统中跨业务系统的操作仅需要一次身份认证，通过统一身份认证平台获取等级不同的令牌，可以在各不同业务系统之间实现应用漫游，操作简单且效率高。本节介绍的身份认证平台基于用户行为的社交认证。基于用户行为的社交认证协议提供了一种部署在电力云各业务系统便捷且安全的统一身份认证机制，利用用户手机具有的社交特性，通过传递用户和好友之间的信任，达到认证用户身份的目的。通过建立用户名与用户手机的映射关系，达到当用户使用其他终端接入业务系统时，利用票据认证用户身份的合法性。

该身份认证系统包括用户群、电力云系统、统一认证平台，其中，用户群包括接入终端、用户手机；电力云系统包括各业务系统和其对应的认证接口；统一认证平台包括认证服务器 PKI(公钥基础设施)和业务系统的应用服务器。图 6.1 所示为身份认证系统结构图，包括用户 Alice 和他的手机好友群，用户 Alice 包括用户使用的接入

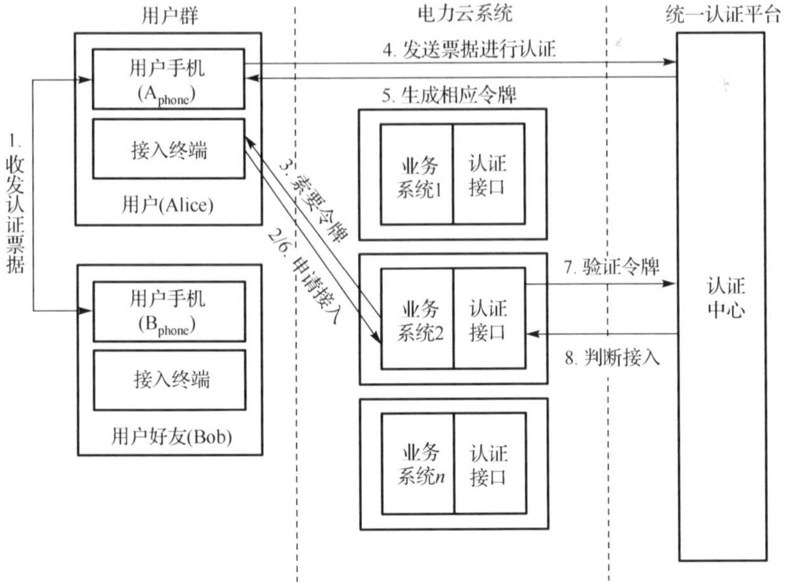

图 6.1　身份认证系统结构图

终端(如 PC)和用户手机 A_{phone}，用户好友群如 Bob 同样包含这两部分；电力云系统包括不同业务系统和其相应的认证接口；统一认证平台包括 PKI 服务器和应用服务器。

电力云系统中身份认证具体步骤如下。

用户在统一认证平台的认证中心注册，登记用户名、用户手机号码、好友的电话列表。认证中心通过 PKI 服务为用户和好友分配密钥。用户和好友手机端权重计算模块根据用户的交互事件信息(如通话、短信、蓝牙及红外接入信息等)判断是否达到认证要求并计算出认证权重，认证票据生成模块通过认证票据与密钥安全管理模块获得密钥，通过权重计算模块获得认证权重后，生成认证票据，并发送给对方。用户通过相互的通信行为不断收集好友的认证票据，当用户通过终端接入电力云中的业务系统时，只须提交用户名。业务系统检查其是否拥有认证中心发放的令牌，若有令牌则进行令牌有效性判定；若没有，则将接入请求的身份认证工作转发给统一认证平台的认证中心，认证中心根据接入请求中的用户名，向关联的用户手机发出身份认证请求，用户手机收到请求且当用户点击确认后，将收集到的所有认证票据发送给认证中心。认证中心根据认证票据审核用户的身份是否合法以及生成令牌的等级，若合法，则向其发放一个令牌；若不合法，则阻止用户访问该业务系统。用户携带该令牌重新访问该业务系统，业务系统获取用户携带的令牌，提交到认证中心进行有效性检查和身份信息获取，若令牌通过有效性检查，则认证中心允许用户以此身份信息进行业务系统的各种操作；若令牌未通过有效性检查，则阻止用户访问该业务系统。通过统一身份认证平台用户获取到相应的等级令牌，进而用户可以在其权限范围内实现各个业务系统之间的应用漫游。

6.1.2 身份认证体系的功能设计

身份认证系统功能的具体实现步骤如下。

(1)当用户手机和好友手机端检测到符合认证要求的交互事件发生时,用户和好友的手机端均生成认证票据并发送给对方。

(2)用户手机通过其他终端登陆接入电力云业务系统。

(3)电力云业务系统服务器检查其是否拥有令牌，若有令牌则进入步骤(6)；若没有，则向认证中心发送身份认证请求，由认证中心进行身份认证。

(4)认证中心收到身份认证请求后，向关联的用户手机确认，当确认用户后，用户手机将收集到的全部认证票据发送到认证中心。

(5)认证中心根据认证票据包含的信任信息审核用户的身份,若用户身份合法则向其发送生成的含有等级的令牌；若用户身份不合法，则拒绝访问业务系统。

(6)用户携带获取的等级令牌访问相关业务系统。

(7)业务系统获取用户携带的令牌,提交到认证平台进行有效性检查和身份信息获取。

(8) 若令牌通过有效性检查，认证中心允许用户进行其权限范围内不同电力云业务系统的相关操作；若令牌未通过有效性检查，则会拒绝用户访问电力云的业务系统。

下面分别对新用户加入、认证票据分发、身份认证三个阶段进行阐述。

(1) 新用户加入系统过程。当有新用户申请进入电力云系统，用户手机向认证中心提交用户名、手机号码、用户相关信息，及欲建立好友关系的联系人手机号码列表。认证中心根据好友列表通知联系人建立好友请求，当联系人手机回复确认信息后，建立好友关系列表。认证中心通过公钥基础设施 PKI 服务器为用户和用户好友分配密钥。

(2) 认证票据分发过程。用户手机和联系人发生通信行为时，认证票据生成模块检测通信对象是否为好友。若为好友，认证权重计算模块检测交互事件是否达到交互事件判断门限。当交互事件达到判断门限时，根据交互事件信息计算出认证权重。认证票据生成模块通过认证权重计算模块获得认证权重，通过票据与密钥安全管理模块获得加密密钥后生成认证票据，并通过数据通信模块发送给好友。

如图 6.2 所示为主要认证消息的构成示意图，用户和其好友各自收、发对方的认证票据信息。用户好友手机 B_{phone} 发送给用户手机 A_{phone} 的认证票据的信息即 L_1 的构成为 $\{\{A, I_{ba}, T_{valid}\}K_{sb}, T_{ab}\}K_{pa}$。认证票据生成具体包括：$B_{phone}$ 首先通过权重计算模块获得此次交互事件的认证权重 I_{ba}，然后添加 Alice 用户标识 A 和此认证票据的有效期 T_{valid}，最后 Bob 使用自己的私钥 K_{sb} 对用户标识 A、I_{ba} 和票据有效期 T_{valid} 进行签名，获得认证票据 $\{A, I_{ba}, T_{valid}\}K_{sb}$。由于 K_{sb} 只有用户 Bob 知道，这样保证了认证中心能够确信这张认证票据是由 Bob 发出的。为了保证消息只有用户手机 A_{phone} 能够解密获得认证票据，在发送认证票据的消息中添加时间戳 T_{ab}，最后使用用户 Alice 的公钥 K_{pa} 加密认证票据和 T_{ab}，形成发送认证票据信息，由于此消息只能使用用户 Alice 的私钥 K_{sa} 才能解密，

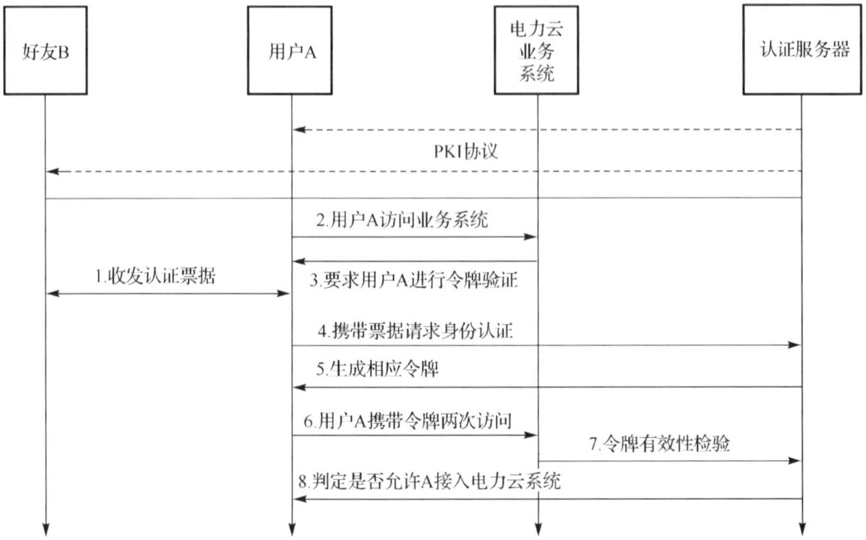

图 6.2　主要认证消息示意图

且只有用户 Alice 拥有 K_{sa}，所以只有用户手机 A_{phone} 能够获得认证票据。当用户手机 A_{phone} 收到好友手机 B_{phone} 发来的认证消息时，使用 K_{sa} 解密消息，验证消息中时间戳 T_{ab} 的及时性并检查认证票据$\{A, I_{ba}, T_{valid}\}K_{sb}$ 的有效性。当认证票据有效时，将认证票据交由用户手机 A_{phone} 的认证票据与密钥安全管理模块保存，其中，认证票据与密钥安全管理模块标记所有认证票据的接收时间，定时删除超期的认证票据。

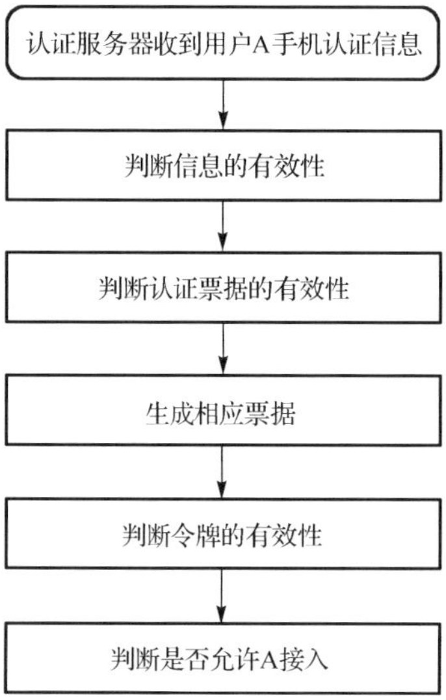

图 6.3　认证流程图

(3) 身份认证流程。用户通过终端接入电力云各业务系统时，由认证中心完成身份认证功能。认证中心利用请求中的用户联系对应的用户手机，要求身份认证，用户手机将收集到的认证票据发送到认证中心，认证中心根据用户手机发来的认证票据进行身份认证，若合法，则生成相应的等级令牌。用户携带该令牌重新访问业务系统，认证服务器对令牌进行有效检查，若令牌通过有效性检查，则认证中心允许用户以此身份信息进行权限范围内各业务系统的不同操作；若令牌未通过有效性检查，则会拒绝用户访问业务系统。图 6.3 是认证中心认证流程图。

如图 6.3 中用户 Alice 向认证中心发送的添加了好友 Bob 的认证票据的认证消息为：$\{\{A, I_{ba}, T_{valid}\}K_{sb}, \{T_{as}, M\}K_{sa}\}K_{ps}$，其中，$M$ 是用户认证标识 A_1 经过 Hash 算法后产生的原始散列值。

参照图 6.2，认证中心收到用户 Alice 的认证消息后处理流程如下。

(1) 使用认证中心的私钥 K_{ss} 和用户 Alice 的公钥 K_{pa} 解密认证消息后获得时间戳 T_{as}、用户认证标识 A_1 的散列值 M 和好友 Bob 对 Alice 的认证票据，通过 T_{as} 验证消息的及时性，从而抵御重放攻击，由此认证中心获得好友 Bob 对 Alice 的认证票据。

(2) 使用好友 Bob 的公钥 K_{pb} 解密认证票据，得到各张票据中的用户标识 A，并对用户标识 A 进行 Hash 运算产生散列值 D，检验各张票据中的 D 与 M 是否一致，随后检验各票据中的认证票据有效期 T_{valid} 是否有效。

(3) 累计合法的认证票据的总张数。当合法票据超过一定数量时，认证中心则认为用户的身份合法，并根据认证票据中的认证权重 I_{xb} 生成不同等级的令牌。认证中心进行身份认证时生成令牌的等级根据业务系统对安全性的需求确定。当业务系统的安全性要求高时，则设定的需要的令牌的等级就高。对安全性要求低时，则要求的令牌的等级就低。

由于 K_{ss} 是认证中心的私钥，所以只有认证中心能够成功进行第一次解密。然后，当用 Alice 的公钥 K_{pa} 解密后，认证中心可以确信此消息是由用户 Alice 发送的。最后，使用 Bob 的公钥 K_{pb} 成功解密认证票据后，认证中心相信这张认证票据是用户好友手机 B_{phone} 生成的，且确信好友 Bob 相信用户 Alice 的身份是合法的。当认证中心收集到多张合法的认证票据时，相当于获得了多人对用户 Alice 的身份确认，由此认证中心则可以审核用户的身份是否可信，若可信则生成含有用户 Alice 身份信息的等级令牌$\{\{A, W_{ba}, T_{sa}\} K_{ss}\} K_{pa}$，并发送到用户手机，其中，$W_{ba}$ 代表用户 Alice 访问电力云业务系统的权限等级。用户手机令牌管理模块用自己的私钥 K_{sa} 解密得到$\{A, W_{ba}, T_{sa}\}K_{ss}$，在对其进行加密得到$\{\{A, W_{ba}, T_{sa}\} K_{ss}, \{M, T_{sa}\}K_{sa}\}K_{ps}$，用户携带$\{\{A, W_{ba}, T_{sa}\}K_{ss}, \{M, T_{sa}\}K_{ps}$ 再次访问业务系统，认证中心用其自身私钥 K_{ss} 和 Alice 的公钥 K_{pa} 对其解密得到用户认证标识 A_1 的散列值 M，再用认证中心的公钥 K_{ps} 解密得到用户标识 A，并对其进行 Hash 运算得到其散列值 D，检查认证二者是否一致，若一致则说明用户 Alice 合法，认证中心允许用户 Alice 在不同的业务系统之间访问，即实现单点登录跨业务系统访问的功能。通过以上消息传递实现了社交网络中用户间的信任，并将信任信息传递给认证服务器，并以此作为依据对用户的身份进行认证。

该身份认证体系利用了手机通讯网络中对通信对方身份确认的特征，提供了一种便捷且安全的统一身份认证机制，该机制可以有效的降低用户接入电力云中不同业务系统时操作的复杂度，提高资源的使用率，增强系统的稳定性。该机制取代了传统的账号/密码的认证方式，能够有效的抵御现有的各种木马、病毒及黑客攻击。攻击者通过监视、盗取等方式无法成功进行身份认证，由此提高了认证的安全性。同时，用户手机与认证服务器之间的认证过程在手机后台完成，只需要用户的确认操作，无记忆负担。认证过程用户参与度低，方便了用户的使用。

6.2　访 问 控 制

6.2.1　传统的访问控制缺陷

随着电网运行和服务模式将进行重大转变，信息数据交互性大量增加，智能终端接入方式不断增多，这些变化必将引入大量安全风险和新的挑战，如何解决智能电网终端接入访问授权问题成了智能电网发展急需解决的重要问题。如果不能保障智能电网相关信息被合法访问和保护用户隐私，智能电网相关服务和应用发展将受到很大影响。由于智能电网信息交互安全接入与访问控制还处于初级阶段，现有的接入控制技术直接应用于智能电网中可能会引起以下几点问题。

(1) 远程访问层无线信道的开放特性使得智能电网易被监听，致使网络中用户隐私敏感信息容易被窃取，恶意攻击者可以根据现有的背景信息，假冒用户访问和修改电网中用户重要数据。

(2) 电网和用户的双向互动增强，智能采集和智能终端设备大量使用，大批配网、用户双向智能终端设备需要甚至必须通过无线公共网络接入，大量用户侧的接入访问给安全管理带来了更多的风险。

(3)传统的身份认证方法需要记录所有用户的访问权限，这会造成数据库服务器的负担，降低用户的访问速度和访问成功率。

目前，传统访问授权技术可以实现对智能电网终端接入的可信认证，但由于认证机制复杂臃肿不灵活，不能满足智能电网日益增加的用户量对系统的访问需求，不便于系统和业务的扩展，不能很好的保护远程访问终端用户的隐私信息，容易导致用户敏感信息的泄露，缺乏严格认证和加密，使非法用户入侵网络窃取用户相关数据信息。因此有必要提出一种轻巧的、可靠的、安全的新型访问授权系统来满足智能电网未来发展的需求，同时提高智能电网用户使用的方便性和安全性。

6.2.2 用户访问授权方法

为了克服上述现有技术中存在的缺陷，本节将介绍一种智能电网用户访问授权方法，该方法通过计算处理用户身份认证信息，并结合环境信息进行多维度的访问授权控制，在一定程度上保护了用户隐私和控制了用户的访问权限，让整个访问授权过程安全、方便、快捷且易于实现。其具体步骤如下。

(1)按照层次结构部署智能电网安全接入系统，远程接入层为智能电力终端；接入安全层为接入控制组件、访问控制组件和认证服务器。智能电力终端完成安全接入认证后向接入控制组件发送权限凭证信息，接入控制组件对凭证信息计算处理后将结果发送给认证服务器进行角色认证和授权，并将相关资源信息返回给用户。如图 6.4 所示，智能电力终端的信息采集模块，对相关用户身份信息与环境信息进行采集，加/解密模块对信息加解密并发送，接入控制组件包括角色隶属计算模块和加解密模块，分别完成身份信息计算处理和消息加解密与发送接收，认证服务器包括

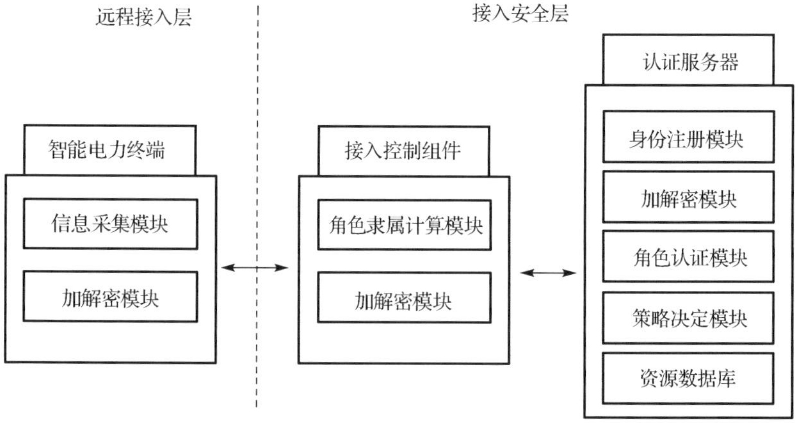

图 6.4 智能电网用户访问授权系统结构图

身份注册模块、角色认证模块、策略决定模块和加解密模块，对角色进行鉴定预授权，返回用户资源信息并完成授权过程。

(2) 对智能电网安全接入系统进行初始化，并设立角色集、身份可信集、时间权限集、位置权限集和身份权限集。智能电力终端申请完成安全接入认证，如果用户未注册，认证服务器要求用户提交注册信息并根据注册信息向用户返回用户权限识别码。

设立角色集、身份可信集和各种权限集的方法为：根据用户的实际身份设置相应的角色 r，并将各个角色 r 划分到不同的角色集 R，各个角色集按角色等级从高到低排列并属于角色总集合 R_a，角色总集合的具体格式为 $R_a=\{R_1, R_2, R_3, \cdots, R_n\}$，其中，$R_i$ 为各个角色集，对应相应等级的权限集和身份可信区间，其具体格式为 $R_i=\{r_1, r_2, r_3, \cdots, r_n\}$，其中，$r_i$ 为各个角色，不同角色集中的角色与角色数可不相同。

在区间[0, 1]里依次划分各个身份可信区间 I_{ti}，身份可信集 $I_s=\{(a, b], (b, c], \cdots, (n, 1]\}$，区间个数等于角色集个数，0 不划分在区间里，此时都应为合法用户，没有非法用户。

根据角色集等级高低划分身份权限集 P_i，各个权限集按等级从高到低排列并属于身份权限总集合 $P_a=(P_1, P_2, P_3, \cdots, P_n)$，其中，$P_i$ 为各个权限集，身份权限集具体格式为 $P_i=\{p_1, p_2, p_3, \cdots, p_n\}$，其中，$p_i$ 为各个权限，不同身份权限集中的权限与权限数可不相同。

根据背景环境，将不同时间段划分为不同时间权限集 $P_{T_i}=\{t_1, t_2, t_3, \cdots, t_n\}$，其中，$t_i$ 为各个权限，不同时间权限集中的权限与权限数可不相同，将不同地理位置域 L_i 划分不同位置权限集 $P_{L_i}=(l_1, l_2, l_3, \cdots, l_n)$，其中，$l_i$ 为各个权限，不同位置权限集中的权限与权限数可不相同。

(3) 智能电力终端完成安全接入认证后，收集权限凭证信息 C_{msg} 并加密发送给接入控制组件。首先采集用户输入的身份识别码和相关环境信息，包括地理位置和时间，将采集的权限凭证信息 C_{msg} 封装加密后发送给接入控制组件。

(4) 接入控制组件对接收到的加密消息 M 进行分析处理，把处理结果和身份识别码进行封装并发给认证服务器。接入控制组件对接收到的信息进行分析处理并把处理结果发给认证服务器的步骤为：①接入控制组件接收到加密的权限凭证信息 C_{msg}、备份信息并同时将接收到的信息发给加解密模块；②加解密模块对权限凭证信息 C_{msg} 进行解密，将身份识别码与资源数据库中身份识别码匹配，如果身份识别码不存在则拒绝进行授权，如果身份识别码存在则将身份识别码发给角色隶属计算模块，并将备份的加密权限凭证信息 C_{msg} 发送给认证服务器；③角色隶属计算模块对身份识别码计算出身份度量值 I_{mv}，并将身份度量值 I_{mv} 和身份识别码封装并发送给认证服务器。

(5) 认证服务器完成相关安全接入认证，并根据访问权限将相关资源反馈给用户。认证服务器完成相关安全接入认证过程的方法为：认证服务器收到接入控制组件发来的加密的权限凭证信息 C_{msg} 后，对信息进行解密，提取出身份识别码 I_{dc}、时间信息 T_m 和地理位置信息 P_m，等待角色隶属模块发来的计算结果，在收到角色隶属模块发来的封装消息后，取出身份识别码 I_{dc} 并与之前解密得到的身份识别码 I_{dc} 进行匹配，将相同身份识别码 I_{dc} 的时间信息 T_m、地理位置信息 P_m 和身份度量值 I_{mv} 综合为消息 M_{itp} 发送到角色认证模块进行角色认证，根据认证的结果授权。

该系统根据移动终端存在的功耗低、移动性强、功能弱等特点简化其接入要求，提供了一种安全易部署的用户访问授权方案。首先，该方法将智能电网中终端访问授权系统进行分层，提高了网络部署的简便性和可扩展性，同时有助于网络生存周期和能量控制。其次，该方法在用户接入阶段进行加密，将身份信息处理阶段放在中间阶段，能够保障用户的数据隐私，防止用户相关隐私信息的泄露。这对于具有敏感信息传输的智能电网使用者也十分重要。最后，相对于其他方法，对终端使用者无特殊要求，任何智能电网的有效用户都能够通过该系统保证通信交互过程中信息的安全，符合智能电网使用的实际需求。

基于智能电网用户特性和数据特性，用简洁、高效的加工、加密方式对用户信息进行处理，然后再将用户信息进行传输，保障了用户信息在网络传输过程中的安全性，实现了智能电网用户访问授权过程的可信。层次式的结构使得系统容易组建和部署，同时使得系统分工明确，提高了系统的计算效率。实现对用户权限的访问授权，将用户权限控制在最小范围，保护了用户的隐私信息和特殊资源不被非法访问。

6.2.3 接入信任度和快速权限分配访问控制

智能电网具有的“信息化、自动化、互动化”特点，及其运行、服务过程中信息数据交互性的大量增加，使智能电网面临着大量的安全风险和安全挑战。在智能电网中，如何保障各应用系统间的信息安全访问等安全问题成为智能电网发展应用中迫切需要解决的问题。由于智能电网信息集成的复杂性，将已有的接入控制技术直接用于智能电网在安全性上会存在如下缺陷。

(1) 目前，应用系统中大多都是采用基于角色的访问控制(role-based access control，RBAC)模型的接入控制技术，但 RBAC 在跨域访问的安全性上存在不足。因为 RBAC 在角色映射时可能存在角色“渗透”、“隐蔽提升”、“冲突关联”等安全问题。

(2) 基于属性的访问控制(attribute-based access control，ABAC)是将实体的属性贯穿于访问控制策略、模型和实现机制三个层次以实现访问授权，该方法能够灵活的控制主客体的访问粒度，能弥补 RBAC 模型的不足。但是属性的划分较为复杂，且没有考虑角色所处的环境(如物理位置、网络位置等)对访问控制的影响进行分析。

(3) 基于行为的访问控制综合了角色、时态状态和环境状态等相关信息，可以灵活的处理各种访问控制问题，但是角色、时态、环境之间的约束关系和管理策略还有待进一步的研究。

(4) 与上下文相关的访问控制有基于位置的访问控制和基于时态的访问控制两种，该类访问控制技术能根据用户的当前位置或时态约束条件来判断哪些用户是有效的，并能实现空间职责隔离限制、基于位置的时序限制等，但各种因素的相互影响有待进一步研究。

为了弥补上述现有技术中存在的缺陷，本节提出一种适用于智能电网的接入控制和快速权限分配方法，该方法通过计算接入终端接入信任度信息，并结合接入时间、接入地点等上下文信息进行多维度的访问控制和权限分配，一定程度上提高了智能电网接入访问控制的效率和保障了智能电网的接入安全，让整个接入授权过程更加安全、高效。

为了实现上述目的，下面将介绍一种基于接入信任度和常用权限分配的智能电网访问控制方法，包括如下步骤。

(1) 按照系统结构部署智能电网系统，智能电网系统包括智能电网接入终端、智能电网数据控制中心和智能电网调度中心，智能电网接入终端与智能电网数据控制中心通信，智能电网数据控制中心与智能电网数据库和智能电网调度中心通信；其中，智能电网数据控制中心包括检测与认证模块、信任度计算模块、访问粒度分配模块、常用权限集计算模块和高级权限分配模块。

(2) 对智能电网系统进行初始化。

(3) 智能电网接入终端向智能电网数据控制中心发送接入请求和智能电网接入终端的身份信息，检测与认证模块对智能电网接入终端进行检测与认证。

(4) 检测与认证模块将通过认证的智能电网接入终端的认证信息发送给智能电网数据控制中心的信任度计算模块，信任度计算模块结合智能电网接入终端的认证信息对智能电网接入终端进行信任度计算，并将计算结果发送给访问粒度分配模块。

(5) 访问粒度分配模块根据信任度计算模块的计算结果分配相应的访问粒度给该智能电网接入终端，并将该访问粒度传递给常用权限集计算模块。

(6) 常用权限集计算模块根据传递来的访问粒度计算出常用权限直接授权给获得该访问粒度的智能电网接入终端，从而实现对智能电网数据库常规数据的快速访问。

(7) 已获得访问粒度的智能电网接入终端向高级权限分配模块发送分配审计请求，如果请求没有通过，则不允许该智能电网接入终端访问除常用权限以外的非常用权限。

(8) 高级权限分配模块在完成审计后根据通过审计的智能电网接入终端的粒度信息将相应的高级权限分配给该智能电网接入终端，使之获得相应的智能电网数据库访问权限或与智能电网调度中心通信的权限。

本节根据智能电网接入终端的灵活性、移动性等上下文因素及其接入记录等信息，提供了一种安全可靠的接入终端访问控制方法。首先，该方法将智能电网进行分层，在提高智能电网部署的简便性的同时，也方便了智能电网的安全加固。其次，在终端接入时，数据控制中心将采集接入终端的信息来进行信任度计算，从而判断该接入终端是否被允许访问智能电网，保证了智能电网的安全。而在检测接入终端信息时，数据控制中心会将检测到的信息进行加密，从而防止接入终端隐私信息的泄露。再次，接入终端在获得访问粒度后，快速权限分配方法会直接将该粒度常用权限集里面的权限授权给该终端而不需经过再次认证，这样提高了访问授权的效率。最后，任何智能电网的合法终端都能够通过该系统保证访问控制过程中的信息安全，符合智能电网接入访问控制中的实际安全需求。

6.2.4 智能电网细粒度访问控制

访问控制就是通过某种途径，显式地准许或限制访问能力及范围的一种方法。通过访问控制服务，可以限制对关键资源的访问，防止非法用户的侵入或者因合法用户的不慎操作所造成的破坏。传统的访问控制技术主要有自主型访问控制和强制型访问控制两种。90 年代初出现了一种基于角色的访问控制技术，并逐渐得到广泛的应用。

根据控制对象的粗细程度，访问控制可分为粗粒度和细粒度两种。通常把只控制到主机一级的称为粗粒度的访问控制，而把控制细到目录、文件、Web 页面一级的称为细粒度访问控制。本节将介绍一种适用于智能电网的细粒度访问控制模型，通过访问信任度算法来评估访问电网用户的可靠性，能够提高智能电网的安全性。

访问信任度(access-trust-degree，ATD)根据用户之前的访问行为、用户当前访问的时间和地点进行定义，访问信任度可以由如下公式描述：

$$\mathrm{ATD}_n = \lambda \times \frac{\sum_{i=1}^{n-1} \mathrm{ATD}_i}{n-1}$$

其中，i 和 n 都是整数，$n>1$，$0<\lambda\leqslant 1$。当访问信任度为 1 时，表示第一个访问平台的用户；λ 代表权重，当用户在工作时段访问时，设置较高的权重。

图 6.5 为基于访问信任度的访问控制模型整体框架。在该模型下，当用户想要

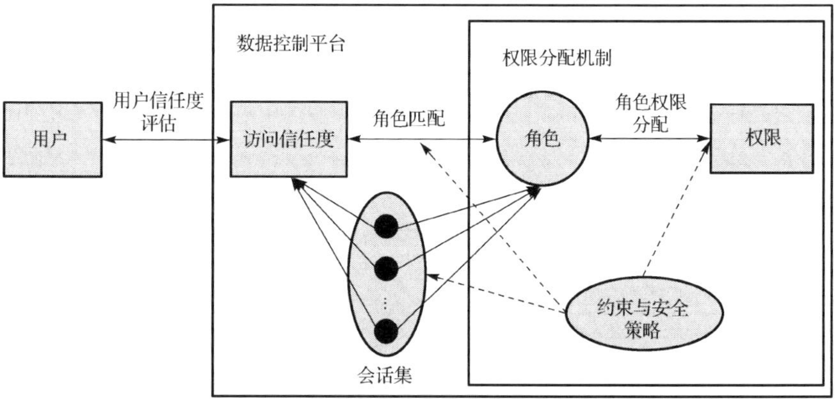

图 6.5　基于访问信任度的细粒度访问控制模型

访问智能电网时，用户的请求将被发送到数据控制平台，然后用户的访问信任度将由数据控制平台计算。如果用户的访问信任度低于最低安全标准，则会被拒绝访问。如果用户的访问信任度高于最低安全标准，则将根据访问信任度通过会话集合为该用户分配适当的智能电网角色，以及相应的权限。然后用户可以使用这些权限访问感兴趣的相关数据。这种使用访问信任度的方法使得智能电网的数据变得更加安全，同时也使得数据控制平台的访问控制模型变得更加可靠。

6.2.5　应用层协议识别技术

应用层协议识别，也称为网络流量分类或网络流量识别，指在基于 TCP/IP 的网络体系中，按照应用层协议类型将网络通信过程中产生的 TCP 流或 UDP 流进行分类，从而达到清楚认识网络传输的基本信息、提高网络用户的服务质量、加强网络安全设备对非法入侵和攻击的检测能力等目的。能够准确地识别 Internet 上每个流所使用的应用层协议对于网络管理员、技术研究人员、网络服务提供商、政府管理部门以及普通用户都具有重要的意义，其是研究区分服务、QoS、流量监控、安全审计、资源调度、计费管理以及用户行为分析的重要前提和基础。

(1) 基于端口映射的识别方法。

互联网发展初期，对数据流的应用层协议识别主要是依据应用层协议绑定知名端口号的惯例来实现，它通过检查网络数据包包头的源端口号和目的端口号来识别应用层协议类型。例如，DNS 协议对应的端口号为 53，Telnet 协议对应的端口号为 23 等。

基于端口号的识别方法简单快捷、计算量小，但随着网络应用不断增加，很多网络应用都不再强制应用程序与端口号绑定，而采用随机生成的端口号，或者在数据传输过程中协商端口号的方式来进行。例如 FTP 协议(被动模式)允许通信双方主动写上数据流参数，随机更改端口号以达到隐藏协议特征的目的。这些问题导致基于端口号的方法能够正确识别的协议数量逐步减少。有研究表明，基于端口号的识别方法只能获得小于 70%的识别准确率，该方法已不再适应当前网络的实际状况。

(2) 基于有效载荷特征的识别方法。

为了解决基于端口号的识别方法存在的问题，研究者提出了基于数据包有效载荷特征的识别方法。这种方法通过深包检测技术(deep packet inspection，DPI)，对网络数据包的有效载荷匹配已知的应用层协议特征库，从而判定该数据包所属网络流对应的应用层协议。例如，如果一个网络数据包的有效载荷以字符串“+OK”或“–ERR”开始，那么就可以判断它是由 POP3 协议产生的数据包。在不考虑计算效率的情况下，其识别率接近 100%。

基于有效载荷特征的识别方法凭借其高准确率和可识别协议多的优点，经常被当作判别其他识别方法准确性和完备性的度量真值。此外，该方法的更新升级(向系统中添加新的协议特征或修改已有协议的识别方法或其正则表达式)很方便,且易于软硬件实现，是目前网络工程界应用最广泛的方法。然而，该方法仍然存在以下不足：一是在有效载荷特征匹配和分析的过程中可能扫描部分或全部有效载荷，需要很大的计算量，系统开销大；二是若数据包在传输过程中经过了二次封装或加密，则该方法失效；三是分析数据包有效载荷的过程，窥探了用户隐私，可能涉及法律和道德问题。

(3)基于流动态行为特征的协议识别方法。

流动态行为特征识别技术又称深度/动态流检测(deep/dynamic flow inspection，DFI)识别技术或基于机器学习的识别技术。该技术利用统计学原理，通过分析协议流特征如 IP 地址、端口数量、报文长度、流生成周期等统计状态来达到协议识别的目的。例如，FTP 协议进行数据传输时，平均数据包长度都比较大，而使用 MSN 聊天所产生的网络流的平均数据包长度都比较小即不同网络应用所产生的网络流在统计特征上会呈现出不同的规律。类似的，每个流中数据包的平均到达间隔、数量和大小不同所产生的数据流的持续时间等也不尽相同，这些都可以作为区分不同应用层协议的统计特征。该方法通常使用机器学习、特征统计或基于隐式马尔可夫模型等方法对流进行分类，首先从训练的流量数据集(即样本)中提取协议特征，然后将这些特征用于训练来产生分类器，最后用生成的分类器对随后的未知流量进行识别。

基于流量动态行为特征的网络协议识别技术的优点在于：一是降低了人工分析的难度，自动化程度较高；二是不依赖于数据包有效载荷的内容，其识别准确率主要取决于统计特征、分类模型和训练样本的选取，在一定程度上可识别加密、异常或未知的流量；三是协议的升级更新对此识别技术的影响不大；四是计算和存储开销小，维护工作量低，效率和安全性更高。同时，该识别技术也具有以下的一些缺陷：一是样本数据采集繁琐，多数情况下很难找到与真实情况接近的样本；二是对算法要求较高，相同的样本数据，相同的流量行为特征，基于不同的算法，协议识别的效果也不同；三是识别的准确率不如基于有效载荷特征的识别方法高，且只能识别大概的应用类别，很难精确到具体应用层协议，例如，这类方法能够区分基于 P2P 协议的流量与其他流量，但无法分辨具体是哪种 P2P 协议；四是网络流特征的采集需要传输的网络流量达到一定程度，因此识别延迟较大，很难达到在线实时分类和处理的要求。

(4)基于主机行为的识别方法。

随着行为学在网络行为方面的应用，研究者开始关注网络行为模式，试图利用网络数据包的五元组(源 IP、目的 IP、源端口号、目的端口号、传输层协议)信息来分析主机之间的交互行为，不同的网络应用表现出来的交互行为不尽相同。此识别方法通过采取观测网络中单个主机在传输层的行为模式、捕捉主机在全网范围内交互行为的流量传播图、利用连接同质性即公共主机之间所产生的流属于同一个应用的趋向性等为重点来进行应用层协议识别。

基于主机行为的识别方法的优点在于不依赖于网络数据包有效载荷里的内容，具有良好的可扩展性，且能很好地保护用户私隐。然而，这类方法往往需要手动设定一些阈值，如 BLINC 方法需要设置 28 个阈值参数才能达到最好的识别效果；其次，描述主机之间的交互需要收集许多网络流的信息，这使得此类方法的实时性较差；第三，这类方法会因为网络环境的不同而导致识别性能发生显著的变化，通用性较差；第四，网络地址转换等网络安全技术的干扰很容易令此类方法失效。

6.3 安 全 审 计

在电力信息系统当中，安全审计技术作为一种事后获得电子证据的方法，在发现系统信息安全漏洞、网络入侵行为调查取证分析等方面起着重要作用。安全审计根据一定的策略，对主机、应用系统及网络活动等相关信息进行标识、存储和分析，并检查相关信息的活动主体。安全审计通过记录可疑数据、入侵信息、敏感信息等，不但能够监视和控制来自于信息系统外部的入侵行为，还能够监视来自于内部人员的违规和破坏操作，能够对时间跨度较大的累计型安全事件进行发掘，并事后获得直接的电子证据，防止行为抵赖，达到调查证据的目的。

本节介绍了电力信息系统中设备级的安全审计技术，并详细讨论了电力信息系统安全审计系统的设计与实现，从系统的架构、数据采集以及数据处理等方面对系统设计的关键技术进行了分析。

6.3.1 电力设备信息安全审计技术

在电力信息系统中，信息安全审计涵盖操作系统审计和数据库审计等方面内容。在具体操作层面，为了让安全审计起到实效，系统设备应按照三权分立的原则设置管理员、安全员、审计员等用户角色，并严格控制设备用户权限，设备安全审计主要包括如下内容。

(1) 开启设备安全审计服务，将设备的安全审计服务覆盖到重要用户的行为、资源的异常使用、重要系统命令的使用等。

(2) 保护审计记录，避免审计记录受到未预期的删除、修改或覆盖；保护审计进程，避免受到未预期的关闭或者中断。

1. 操作系统安全审计技术

针对操作系统的安全审计，本节以 Linux 和 Windows 操作系统为例介绍其安全审计方法。

(1) 查看操作系统是否开启日志以及审计功能 Linux 操作系统：运行指令 ps -axu | grep syslogd、 ps -aux | grep audit 或 audit query，查看系统是否开启审计功能。Windows 操作系统：运行 gpedit.msc 指令，在“计算机配置->Windows 设置->安全设置->本地策略->审核策略”中查看系统的审计内容，建议对账号登录事件、策略更改、目录服务访问、系统事件的成功及失败事件进行审计。

(2) 保护审计记录 Linux 操作系统：建议配置/etc/syslog.conf 文件权限不超过 644，该配置代表除审计用户之外，任何用户都不能对日志配置文件进行修改；建议配置/vat/log 目录权限为 400，该配置代表只有审计员对日志有读权限，其余用户一概禁止对日志文件进行操作。Windows 操作系统：操作系统默认对审计日志进行了保护，但系统默认存储日志的空间较小，为避免日志空间不足而导致的审计失败，一般需要对系统日志空间进行扩容，建议在“计算机->管理->事件查看器-windows 日志”路径下，将应用日志、安全日志和系统日志的容量至少扩展至 50M。

2. 数据库安全审计技术

数据库安全审计是主机安全审计的另外一项重要内容，其在安全审计要求方面和操作系统类似，但在指令方面存在差异。我们以 Oracle、MySQL 和 Sybase 数据库为例介绍其安全审计方法。

(1) 查看数据库是否开启审计功能，对于 Oracle 数据库，运行指令 SQL*Plus: show parameter audit，查看 audit_tail 的值是否为 db/os/xml。对于 MySQL 数据库，运行指令 how variables like 'log_%，结果出现 off 代表数据库没有开启审计。对于 Sybase 数据库，运行指令 exec sp_configure "auditing"，结果为 1 代表数据库开启审计。

(2) 查看数据库是否对业务行为进行审计。为避免系统审计对数据库的正常运行带来影响，安全审计将主要对数据库的业务行为进行，并不针对数据库的业务数据进行审计。对于 Oracle 数据库，可通过指令 select * from dba_ audit_ trail 查看数据库具体的审计内容。对于 Sybase 数据库，通过指令 use sybsecurity 及 exec sp_displayaudit 查看数据库具体的审计内容。

(3) 保护审计记录，在 Oracle 数据库上，检查$oracle home 目录\admin\ SID\dump 相关目录是否禁止其他用户可写。在 Sybase 数据库上查日志文件的目录权限是否小于 640。

6.3.2 智能电网安全审计系统设计

在电力信息系统当中，单独对每台设备开始审计功能可以解决设备本身的信息安全问题，但很难反映出信息系统整体的安全状态，并且难以实现对信息安全事件的取证分析，为此有必要针对电力信息系统设计一套专有的安全审计系统。

1. 系统架构

电力信息系统点多面广，由多个子系统组成，跨安全域部署，系统庞大且在地域上分布广泛。因此，电力信息系统的安全审计平台建议采用分布式审计架构，设计原则如下。

(1)系统采用流量采集终端、审计子站、审计中心三层部署架构。

(2)审计中心主要用于对审计结果的展示和报表生成，提供用户接口，便于用户使用；审计子站负责审计记录的汇总和初步分析；数据终端主要用于网络及主机数据的采集。

(3)高安全域的审计数据通过审计子站单向向审计中心转发，审计中心部署在低安全等级的区域，实现对整个电力信息系统的监控。

2. 数据采集

安全审计平台主要有两种数据来源：基于主机的审计数据和基于网络的审计数据。

1)基于主机的审计数据

基于主机的审计数据主要是指计算机主机产生的日志，包括操作系统日志和数据库日志。操作系统本身都会对系统的重要行为进行记录，形成操作系统日志。操作系统日志的内容一般使用主体、客体、行为三要素进行描述。主体是指用户或者代表用户的操作行为，客体主要是受保护的系统资源，行为主要是系统服务或者程序应用行为。

Windows 系统的日志可通过操作系统自带的事件查看器进行查看，其日志主要分为应用程序日志、安全日志及系统日志。针对 Windows XP 系统，其保存路径为%systemroot%\system32\config\目录，针对 Windows Vista 及以上操作系统，其保存路径为%systemroot%\system32\Winevt\Logs\目录。Linux 系统的系统日志文件一般以文本文件的形式保存，其路径为/var/log 目录。

针对于网络设备而言，其日志文件大部分以文本的形式保存在特定目录当中，其日志保存的方式通常满足 RFC3164 标准。数据库日志主要是指数据库操作日志。MySQL 数据库日志包括错误日志、查询日志、更新日志、二进制日志和慢日志等。默认情况下，所有日志均保存在/var/log/mysqld.log 中。Oracle 数据库有多种日志形式，如警告日志、trace 日志、audit 日志、redo 日志、归档日志等，其一般保存在$ORACLE/rdbms/log 中。Sqlserver 日志一般保存在其安装路径下的 log 文件夹中，如 C:\Program Files\Microsoft SQL Server\ MSSQL.1\MSSQL\LOG。

2)基于网络的审计数据

基于网络的审计是指对信息系统的网络流量进行审计，并对网络流量进行还原分析以挖掘网络中的异常访问行为。在电力信息系统当中，基于网络的审计数据一般通过网络监听的方式获得，实现方式如下。

(1)数据采集：通过交换机端口镜像等方式获取信息系统各网段的业务数据，将流量采集终端的网络适配器设为混杂模式以实现数据采集。当网络适配器工作在混杂模式下，网络适配器将不检查数据帧的目的地址，接受所有的网络数据帧。

(2)数据解析：使用原始套接字、Libpcap、Jpcap、WinPcap 等软件、库文件等实现数据的解析。分离出源 IP 地址、目的 IP 地址、相应 MAC 地址、源端口号、目的端口号、协议号、封装内容等数据发送给审计子站进行进一步分析。

3. 数据处理

当数据被采集或者解析以后，需要对数据进行细化分析及处理。在电力信息系统当中，审计数据的处理方法主要包括如下两方面：①审计数据的检索与统计；②审计数据的分类。

审计数据的检索与统计是指从审计数据集合中查找出满足用户需求的文本并进行相关统计的过程，主要包括字符串匹配和文本检索两种方法。字符串匹配通过在审计数据中查找相应数据实现相关审计，如 KMP(Knuth-Morris Pratt)算法、BM(Boyer-Moore)单模式匹配算法等。文本检索是指从一个文本信息集合中找出满足用户需求的文本的过程，主要使用自然语言处理的方法实现。审计数据的分类是指通过设计分类器实现审计数据分类的过程。文本分类是一个模式识别问题，经典的模式识别算法均可以用于文本分类，如神经网络算法、支持向量机算法、朴素贝叶斯算法、K-近邻算法和决策树算法等。

6.4 本 章 小 结

本章主要从身份认证、访问控制和安全审计三个方面讨论了智能电网中的应用系统安全问题。本章首先介绍一个基于用户社交行为身份认证平台，提供了一种部署在电力云各业务系统便捷且安全的统一身份认证机制，利用用户手机具有的社交特性，通过传递用户和好友之间的信任，达到认证用户身份的目的。使用该机制在电力云系统中跨业务系统的操作仅需要一次身份认证，通过统一身份认证平台获取等级不同的令牌，可以在各不同业务系统之间实现应用漫游，操作简单且效率高。接下来本章分析了应用于智能电网系统的访问控制方法。访问控制就是通过某种途径，显式地准许或限制访问能力及范围的一种方法。通过访问控制服务，可以限制对关键资源的访问，防止非法用户的侵入或者因合法用户的不慎操作所造成的破坏。该部分介绍一种智能电网用户访问授权方法，该方法通过计算处理用户身份认证信息，并结合环境信息进行多维度的访问授权控制让整个访问授权过程安全、方便、快捷且易于实现。并提供一种适用于智能电网的接入控制和快速权限分配方法，该方法通过计算接入终端接入信任度信息，并结合接入时间、接入地点等上下文信息进行多维度的访问控制和权限分配，一定程度上提高了智能电网接入访问控制的效率和保障了智能电网的接入安全，让整个接入授权过程更加安全、高效。本章最后一部分介绍智能电网中的安全审计功能。安全审计技术作为一种事后获得电子证据的方法，在发现系统信息安全漏洞、网络入侵行为调查取证分析等方面起着重要作用。安全审计通过记录可疑数据、入侵信息、敏感信息等，能够监视和控制来自于信息系统外部的入侵行为。在电力信息系统当中，单独对每台设备开始审计功能可以解决设备本身的信息安全问题，但很难反映出信息系统整体的安全状态，并且难以实现对信息安全事件的取证分析，为此本章介绍了一种针对电力信息系统的安全审计系统设计方案，通过采集主机的审计数据和基于网络的审计数据来进行审计数据的检索与分类。

第 7 章　数据安全及其防护技术

本章中，我们将了解智能电网中的数据安全及防护技术，深入学习数据安全及其防护技术、数据防泄露关键技术、云数据安全管理。最后介绍一种数据完整性检验方法，从而有效地压缩哈希数据以减少存储，并指出关于数据对象的多错误。

在学习本章之前必须先了解以下名词，以便更好的理解本章内容。

单向Hash 函数：又称单向散列函数、杂凑函数，就是把任意长的输入消息串变化成固定长的输出串且由输出串难以得到输入串的一种函数。这个输出串称为该消息的散列值，一般用于产生消息摘要、密钥加密等。常见单向散列函数(Hash 函数)有消息摘要算法(message digest algorithm 5，MD5)、安全散列算法(secure hash algorithm，SHA)、消息认证码(message authentication code，MAC)、循环冗余校验(cyclic redundancy check，CRC)等。单向散列函数是数字签名中的一个关键环节，可以大大缩短签名时间并提高安全性，另外在消息完整性检测、内存的散步分配、软件系统中账号口令的安全存储中也有重要的应用。

7.1　数据私密性保护面临挑战

当前智能电网信息系统中对数据私密性的保护主要是通过访问控制、加密数据等方法来实现。访问控制是通过制定访问规则或权限，限制不符合规则或没有权限的访问达到保护数据私密性的目的。但是在智能电网云存储系统中用户对数据的相对权限有限，很难保证访问控制措施得到了有效的执行，并且访问控制只能实现对普通用户的访问限制但对管理员等具有高权限的用户则无能为力。目前对智能电网云存储系统的私密性的研究还处于起步阶段，这方面的参考资料很少，而在普通云存储系统的数据私密性保护领域，受到关注最多的是基于密码学的方法。此外，云安全联盟的云安全模型的核心是密码技术和加固技术，通过采取大量的密码技术的加固技术来向用户提供可信任的安全云。基于密码学方法的实现就是对云存储的数据进行加密，确保用户的数据在存储过程中均是以加密数据的形式存在，从而保证用户数据的私密性。因此，智能电网云存储系统的数据私密性保护应该首先考虑基于密码学的方式来实现。

智能电网云存储系统可以存储智能电网中大量的数据，这些数据在业务系统与外界的用户之间进行交互时，存在数据泄露风险。而对于一些新技术来说，其本身就存在着一些漏洞，会有数据安全的风险。当这些新技术推广到智能电网中时，这些风险也会带到智能电网中来。一般来说，在接入智能电网终端时，需从智能电网云存储系统中获取数据，但如果针对智能终端进行非法控制或无授权接入时，会对智能电网造成巨大安全问题，因此需要保护智能电网云存储中的数据。智能电网信息系统的基本安全性有保密性和完整性，且其对数据安全的保护主要体现在保护数据的保密性和完整性。

7.1.1　数据源多

智能电网的数据源可以分为直接和间接的数据源。直接的数据源包括智能电表提交的用户用电信息、智能家电的数据、变压器上的传感器、配电站及用于计费的客户信息系统等。间接的来源有历史、当前和预测的天气信息以及用户的社交网络和日程安排信息等。不同的数据源在安全性、格式及大小上对私密性的要求也不一样。

现阶段电力系统数据源主要由能量管理系统(energy management system，EMS)、SCADA、地理信息系统(geographic information system，GIS)、配电管理系统(distribution management system，DMS)和管理信息系统(management information system，MIS)等组成。

(1) 安全性。

智能电网下不同的数据源对数据安全要求不一样。一些重要敏感的数据安全性很高，如电力市场中的报价信息等。由于完整性、保密性都是智能电网信息系统的基本安全属性，对于一些十分重要的运行数据，不仅要求保护数据的私密性，还希望能够对数据的完整性进行保护，以保证这些数据是完整、正确的。因此，智能电网云存储系统在进行数据私密性保护时，也应该考虑对完整性提供一定的参考。

(2) 格式要求。

智能电网云存储系统面对数据源包括了发电、输电、变电、配电、用电、调度六个环节。这些环节的数据格式各不相同。此外，为了解决智能电网中“信息孤岛”、信息分享和互操作性等问题，国际电工委员会(International Electrotechnical Commission，IEC)制定了一系列智能电网标准，如 IEC 61970，IEC 61850 等，用于统一不同设备与系统之间的数据接口。智能电网云存储也需要兼容不同格式、不同标准的数据。

(3) 数据大小悬殊。

智能电网的数据大小可以从 B/KB 级到 PB 级别，这对智能电网云存储系统的私密性保护来说又是一个挑战，因为对 PB 数量级数据的加密所需要的时间是智能电网所不能容忍的。因此，智能电网数据源多的特点要求智能电网云存储系统的数据私密性保护方法能够兼容不同的数据格式，适应不同数据的大小，具有不同的安全等级及一定程度的完整性保护。

7.1.2 海量数据

智能电网已成为未来电网的发展方向，2009 年，国家电网制定了实现电力用户采集系统建设“全覆盖、全采集、全费控”的总体目标，而这一切都将产生海量的数据。例如，传统电表每年产生 12 条数据，而智能电网下每个量测设备 15 分钟产生一组数据，一组数据包括 10 条数据，每年产生 35 万条数据，10 个量测设备一年则产生 400TB 存储。表 7.1 所示为电网实时数据调研现状——某省实时数据分布。

表 7.1　电网实时数据调研现状——某省实时数据分布

部门	业务系统	实时数据	数据量	频率
调控中心	SCADA/EMS	电流、电压、功率、档位、频率、开关动作、事件顺序记录系统、保护事件、计算值、积分电量	132980 点	1~3 秒
	电能计量	关口电量数据	2860 个表计	15 分钟
生技（电科院）	设备在线监测系统	变压器检测 SPTR、绝缘监测 SINS、局放监测与诊断 SPDC、断路器 SCBR、避雷器 SLAR、环境监测 SENV、绝缘气体检测 SIMG、绝缘液体监测 SIML 等	待调研	3 秒
	覆冰检测系统	平均温度（℃）、温度（℃）、温度（%RH）、风速（m/s）、雨量（mm/h）、导线拉力（kg）、地线拉力（kg）、导线倾角（°）、地线倾角（°）、导线覆冰厚度（mm）、地线覆冰厚度（mm）	12 个检测点	5~15 分钟
	变压器绝缘油在线监测	氢气、一氧化碳、二氧化碳、甲烷、乙烯、乙炔、乙烷、总烃、总可燃气体	350 个检测点	日
	变压器中性点直流分量监测系统	变压器中性点直流电流	347 个检测点	3 秒
	雷电定位系统	电流、地点（经纬度）	18 个检测点	30 秒

智能电网数据具有广域、全景、海量、实时、准确可靠的特征。特别是 SCADA 数据中，智能电网云存储系统需要存储的数据量是非常大的。例如，一些状态监测每天能产生 G 数量级的数据，这些海量的数据要求智能电网云存储系统私密性保护能够满足海量数据的要求。

7.1.3 实时性要求

与传统电网一个月收集一次数据不同，智能电网平均几分钟就收集一次数据，这就需要云存储系统具有高效的数据私密性保护效率、保护策略和高效的数据存储效率。

智能电网作为一个复杂、庞大的能量交换体系，需要电力通信网中各节点之间进行充分的信息交互、共享。智能电网通信主要分为两种：一种是电力通信网中的“大节点”之间的广域通信，如调度中心、发电厂、变电站之间的通信；一种是“大节点”内部，如变电站内、各智能电子设备、电流互感器、电压互感器这些一次设备与录波器、故障分析仪这些二次设备构成了电力通信网中的“小节点”，它们之间的通信，保证了变电站内部各单元的正常工作。由于通信对象的不同，大小节点间的通信特点也不尽相同。“大节点”间的广域通信包括继电保护、SCADA、广域测量等众多业务，具有数据流量大、通信情况复杂、可靠性要求较高等特点，是实现智能电网通信的关键。“小节点”间的局域接入设备通信，具有接入方式多样、组网方式灵活、时延性要求严格、安全性要求较高等特点。特别是在时延性方面，国际电工委员会于2004年颁布的IEC 61850协议中明确规定了变电站的通信结构及数据报文的最大延时要求。

总的来看，智能电网对通信的需求主要有以下四个方面。

(1)足够的带宽。

根据通信业务的不同，智能电网对带宽要求也不尽相同。智能电网的“大节点”之间的广域通信数据传输量大，需要足够的带宽满足高速、大容量的通信要求。继电保护业务对带宽有着严格的要求，主要采用带宽为 2M 的光通信电路、电力线、光纤等传输介质，保证电力系统的安全稳定运行；变电站内部的视频监控业务数据量较大，对带宽最大要求达到 100Mbit/s；在电力企业管理业务中，数据中心与各分公司本部、同城异地灾备中心之间的链路最大带宽可达到 1600~4000Mbit/s，需严格保证数据不被恶意攻击和篡改。

(2)可靠性高。

通信网络的可靠性对智能电网的安全稳定运行有着重要影响。若智能电网中的某一重要节点或链路出现故障，电网的正常运行将受到严重干扰甚至有瘫痪的可能。智能电网对通信网络的可靠性要求主要包括以下两个方面：通信设备、链路的高可靠性、低失效率，使网络能够抵御外界因素的破坏，能够在恶劣或非正常工况下正常工作；在网络中节点或链路失效后，网络能够拥有较强的自愈能力，如在规定时间内实现故障恢复、切换等，主要实现方法有设备或链路的热冗余、重路由、抗毁性优化等。

(3)时延要求严格。

智能电网对通信业务的延时有着严格的要求，信息传输信道对业务的实时性要求很高，不同业务的延时要求也各不相同。例如，调度中心与变电站、发电厂间的数据交换延时一般要小于几秒，误码率要求较高；优先级较高的继电保护业务最大延时要求为 4ms，其保护信号的最大延时为 12ms，误码率要求小于 10^{-8}；电力运行的稳控业务最大延时在 30ms 以内，误码率要求小于 10^{-8}。在变电站内部，根据 IEC 61850 的规定，各类报文都有相应的最大传输延时。例如，采样值报文的传输延时限定在 3~10ms 之间，而面向通用对象变电站事件报文的传输最大延时限定在 4ms 以内。

(4) 安全性好。

智能电网要实现调度中心与变电站之间的数据通信，要保证通信网络的信息安全。智能电网对通信安全性的要求主要体现在通信的机密性和完整性。在机密性方面，要求信息不能泄露给非授权实体。例如，运营企业的用电资料被盗取，就能分析出该企业的生产规律及商业秘密，若涉及国防、航天等领域，将危及国家安全。在完整性方面，需要信息在存储和传输过程中不能随意更改。例如，电力公司的售电信息被更改，将严重损害用电企业及用户的利益，甚至威胁社会安全。

7.1.4　内容的共享

智能电网云存储系统存储和管理了智能电网海量的数据。智能电网要求其中一些数据能够进行信息共享，充分挖掘这些海量数据的价值，如数据挖掘、负荷预测等。因此智能电网云存储系统在数据进行数据私密性保护时还要考虑内容的分享。

随着电网的不断发展，有关数据、信息资料越来越多，同时电网日趋复杂、馈线间相互关系错综复杂，要保证其安全经济运行，不采用现代化的自动监控手段，而仅靠传统的管理方法是难以实现的。电网 SCADA 系统的建立为调度人员提供了方便实用的电网调度工具，在电网的安全经济运行方面发挥了巨大的作用，但 SCADA 系统仅局限于为调度人员服务，其他相关部门只能通过调度人员才能获得较全面的电网实时运行信息和各种历史数据。为了改变这种落后的电网管理模式，加强生产运行部门、管理职能部门和领导决策部门之间的联系，让各相关部门直接快速的获取第一手电网运行信息资料，充分发挥已有 SCADA 系统的资源优势，这就需要将 SCADA 系统和 MIS 系统有机的结合起来，把大量丰富实用的电网实时信息传送给 MIS 系统，使生产运行部门、管理职能部门和领导决策部门通过 MIS 的各个子系统共享这些内容信息，从而形成生产管理一体化的科学管理体系。

7.2　数据防泄露关键技术

智能电网中海量的数据都需要云存储系统进行存储与管理，而在系统与用户、业务系统之间交互时，会有数据泄露的风险；智能电网系统引入的新兴技术，由于技术本身安全策略的不完善，会给智能电网带入新的数据安全风险；智能电网中存在大量智能终端，终端会与云存储系统进行数据交互，当这些终端被非法入侵时，可能会造成系统数据的泄露。

数据防泄露技术是一种很好地解决终端、网络及存储的数据保护措施，本节基于数据防泄露技术的特点和实现原理，结合电网信息化建设中敏感数据保护的需求，提出了数据防泄露技术在电网信息化建设中的实现思路和应用规划。

7.2.1 敏感数据防泄露安全模型和保护策略

对于电力行业而言，来自外部的威胁，如病毒、木马、网络攻击等往往还不是特别重要的，来自内部的数据泄露才是我们更应该关注的问题。即使再小的公司，也会存在数据泄露的风险和隐患。然而一旦发生，将会让公司面临安全、财产、知识产权、隐私、法律等诸多方面威胁。据统计大部分的数据泄露都是员工无意识的行为，但也存在员工有意泄露的情况。当发生数据泄密时，在安全专家忙于恢复敏感数据和修补泄密漏洞期间，企业的时间、资金和声誉都会遭受到严重的威胁。安全专家总处于一场没有终点的战争中：当原来的泄密漏洞刚刚得到控制，新的数据泄密情况却又伴随着其他众多设备的使用而频繁出现。

(1)泄密其实很容易。每400封邮件中就有1封包含敏感信息，每50份通过网络传输的文件中就有1份包含敏感数据，每2个USB盘中就有一个包含敏感信息。

(2)泄密的损失超乎想象。全球有80%的企业存在着信息泄露的风险。在发达国家，泄露一条客户信息带来的损失高达200美金。

(3)泄密防护迫在眉睫。在所有被调查的公司中，进行常规性安全检查的公司不到50%，而采取技术措施进行控制的公司只有30%，国内的比例更低。在泄密事件的调查统计中，有96%是因为流程缺陷和内部员工的无意识泄密所致。

1. 敏感信息的主要泄密途径

针对计算机敏感信息保护工作对于电力行业依然是严峻挑战，特别是电子文档、资料、合同、方案、核心配置等信息容易泄露和被窃取，这些在业务经营过程中掌握或知悉的内幕信息以及尚未公开的信息，大都是以电子形式存储，一旦泄露可能对投资决策产生重大影响。为了更好的防护电网的敏感信息不被泄露，下面简单介绍一下当前主要的泄密行为和途径。

(1)无意泄密。例如，不知道磁盘或移动硬盘上剩磁是可以还原并提取的，将以往存储过机密信息的磁盘流出或报废前不作任何技术处理，因而造成泄密；不知道连接互联网的计算机，极易造成本地磁盘数据和文件被黑客窃取，网络管理者并没有高的安全意识；违反规定把用于处理秘密信息的计算机，同时作为上网的机器；使用Internet传递国家秘密信息等。

(2)故意泄密。情报机构通常会采用金钱等手段引诱和收买内部人员，窃取内部秘密信息并传递出去，特别是对于容易接触机密数据的程序员、系统管理员，一旦被策反，就可以很容易得到计算机系统软件保密措施，获得使用计算机的口令或密钥，从而打入计算机网络，窃取信息系统、数据库内的重要秘密；操作员被收买，就可以把计算机保密系统的文件、资料向外提供；维修人员被威胁引诱，就可利用维修计算机或接近计算机终端的机会，更改程序，安装窃听器、后门、木马等。

2. 常见数据防泄密技术

目前对于主流的防泄密技术，有两种典型思路：一种是采取强控制，另一种是采取强检查。而在区分信息机密性时，也有两种主流方法：一种是基于信息载体上的权限，另一种是基于信息的内容。常见的产品有安全审计技术、终端监控技术、文件加密权限技术、透明加密技术。下面将分别讨论各项防泄密技术的特点。

(1) 安全审计和终端监控技术。

网络终端监控通过计算机网络对分布在网络上的计算机实现远程监控管理工作。这种监控管理是通过对基于网络通讯的标准通讯协议和对目标主机的准确控制来实现的。网络监控管理就是建立在现代的计算机技术、通信技术、控制技术以及图形技术上的一个新的应用。它采用多元的信息传输监控管理和一体化的集成，实现了消息、资源和任务的共享，达到了监控的实时、快速和有效，并能够跟其他的计算机网络系统互联，向用户提供了一个更高效、更全面、更安全、更快捷的服务方式，它改变了传统的监控模式。网络终端监控软件可以监控到目标计算机的网络通讯、文件操作、屏幕显示、进程活动等各种内容。

(2) 文档加密权限管理技术。

文档权限管理系统一般通过一个集中的权限管理中心，对每一个文档的访问权限进行控制。文档作者设置可以访问该文档的用户和操作权限，然后发布到服务器。用户访问文件时，通过服务器获得相关的权限后解密文档使用。

(3) 透明加密技术。

透明加密系统的核心运行于操作系统的核心态，即文件过滤驱动层，它实时加密写入文件系统的文件，实时解密从文件系统读出的文件。透明加密系统的工作原理就是修改系统对文件操作的接口。对于运行在操作系统上的应用程序而言，它们的操作都是需要依赖操作系统底层内核驱动实现的，只有内核驱动才是真正和底层设备打交道的。内核会提供给应用程序一个开发的读写操作接口，应用程序只需要调用这个接口来完成读写操作就可以了。如果修改了这个读写操作的内核驱动的实现，就会改变所有应用程序的读写行为。

3. 电网数据防泄露体系框架

为了更好地解决电网信息化建设过程中存在的敏感数据泄露风险，本节基于数据防泄露技术的特点和实现原理，提出了电网敏感数据防泄露体系架构。整个数据防泄露的体系结构主要分为访问层、防护层和对象层，对象层包含了可以存放各类智能电网和 SG_ERP 业务系统相关敏感数据的终端设备、文件服务器和数据库等。

防护层根据所采用的不同技术包括了文件过滤驱动防护、标记和策略防护以及虚拟化防护技术，其体系框架如图 7.1 所示。

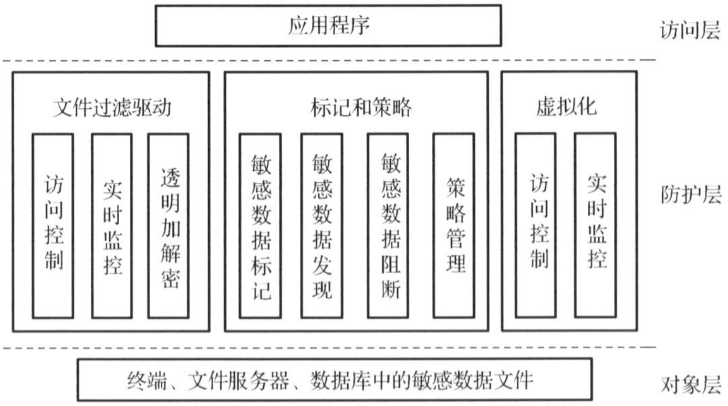

图 7.1　数据防泄露体系框架

(1) 文件过滤驱动防护通过在文件系统中增加文件过滤驱动，配合访问控制和安全策略对敏感数据进行保护。文件过滤驱动主要实现对文件操作的实时监控，拦截对文件操作的请求消息，使消息在到达文件系统驱动层之前能够被提前处理，从而阻断对敏感数据文件的操作行为。

(2) 使用标记和策略技术的数据防泄露防护技术采用对敏感数据标记的方式，不同的标记配合不同的数据防泄露策略，通过制定全面灵活的标记和策略来对敏感数据进行防护。

(3) 采用虚拟化技术在终端上虚拟多个逻辑隔离的软件运行环境，从而在操作系统原有的内核态与应用态软件进程之间形成一个虚拟层，可有效地实现数据的隔离，以达到防止敏感数据泄露的目的。

敏感数据防泄露方案在设计时需要综合使用文件过滤驱动、标记和策略、虚拟化三种技术。其中，文件过滤驱动通过文件操作过程的控制和文件本身的透明加解密实现文件传输的泄露保护；标记和策略通过使用标记来对敏感数据文件进行标识，并配合相应的防泄露策略来实行敏感数据防泄露；虚拟化则是通过操作系统虚拟化技术，在单台主机上使用安全工作环境来有效防范用户的主动泄密行为。

4. 电网数据防泄露方案选择和保护策略

为了确保电网信息化建设过程中各类业务敏感数据信息不被泄露，选择一个合适的数据防泄露方案至关重要。目前，信息安全业内先后提出过多种技术方案，从不同的角度来解决数据防泄露问题，使用较为广泛的数据防泄露方案主要包括基于透明加解密的数据防泄露、基于控制的数据防泄露、基于关键字过滤的数据防泄露、基于标记的数据防泄露以及基于虚拟化的数据防泄露等。其中，基于控制的数据防泄露主要包括端口控制、协议控制和应用程序控制技术等；基于关键字过滤的数据防泄露主要是通过识别出传输过程中文件的敏感字段，并对这些包含了敏感字段的文件进行实时地阻断，防止其通过网络或移动存储泄露；基于标记的数据防泄露主要是利用与敏感数据自身相关的标记嵌入到敏感数据中，并配合策略管理在传输过程中实时识别敏感数据来达到防泄露的目的；基于虚拟化的防泄露主要是通过构建从硬件、操作系统到应用层面的虚拟化安全工作环境来实现数据安全保护。在选择具体的数据防泄露技术方案之前，首先要深入调研并分析电网信息化建设过程中所涉及的数据防泄露需求，然后在此基础上对电网信息化建设过程中所有涉及到数据泄露的途径进行彻底检查。整个检查包括以下步骤。

(1) 了解电网信息化建设过程中所涉及的各敏感业务数据安全保护的目标，决定哪些数据内容需要提供防护措施，具体怎样进行安全防护。

(2) 确定各类电网信息系统业务数据的分类。

(3) 根据业务数据分类的结果对访问权限进行分类，得到访问权限矩阵列表。

(4) 对各类电网业务数据的分类结果进行深入分析。

(5) 分析电网业务数据具体的输出形式，并对其提供有效的管控措施。

在完成以上工作后，开始着手选择数据防泄露解决方案。目前市场上提供的完整数据防泄露解决方案包括敏感数据内容深度分析、各种泄露途径全覆盖等。电网企业可根据具体的检查结果中确定的保护目标来决定采取哪种数据防泄露方案。

7.2.2 智能终端代理感知

为了能够在终端、网络和存储中采集、识别智能电网业务应用中的敏感数据，并实时阻止敏感数据泄露，应重点研究安全代理的上下文感知机制，同时将敏感数据的感知控制理论应用到安全代理中，保证智能终端的安全代理能够自主地实施敏感数据感知控制。

首先，通过安全代理采集来自所有威胁载体的数据，并与业务系统相关联，达到对业务系统全方位保护免受网络威胁；其次，通过感知控制技术不断地"监视"控制对象智能电网业务应用敏感数据的信息，并对获取的信息进行处理，从而实现智能终端上各种业务应用敏感数据的异常操作行为的感知，并将该感知信息与参考信息进行比较，根据比较值对智能电网业务应用敏感数据进行一系列控制操作，从而达到保护智能终端上敏感数据的目的。

7.2.3 敏感数据内容识别及深度过滤

内容识别及过滤是实现敏感数据防泄露的关键技术支撑，通过使用标记来对智能电网业务应用敏感数据文件进行标识，终端上对敏感数据文件监控时通过和标记相关联的防泄露策略来实行该敏感数据的防泄露，其工作流程如图 7.2 所示。

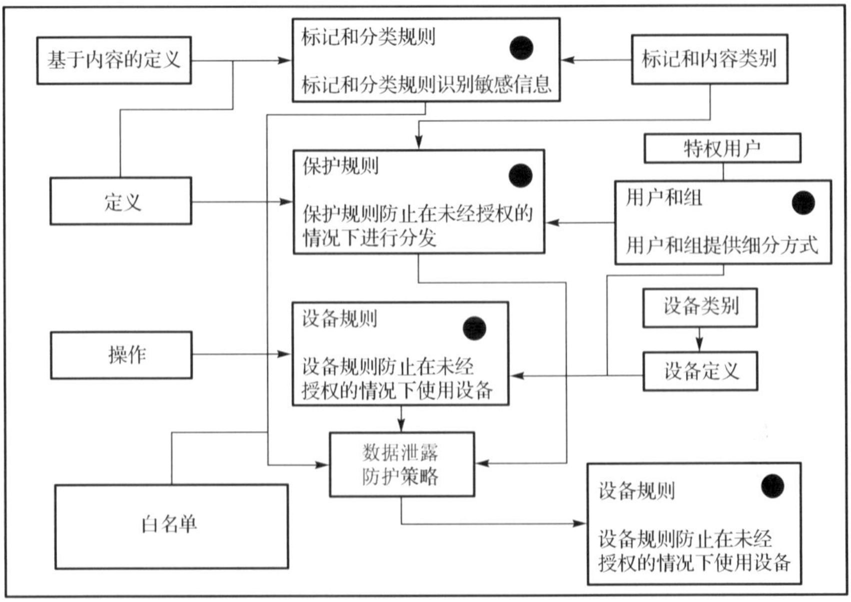

图 7.2　基于标记的智能电网业务应用敏感数据防泄露工作流程

首先，创建标记和分类规则，对公司的敏感数据进行分类，并对分类后的具有不同敏感级别的数据分配相应的标记；其次，创建保护规则，定义标记对应的敏感数据防护规则，如限制被打上该标记的敏感数据文件的打开次数、复制权限、是否允许通过电子邮件传送、是否允许被发送到移动存储介质中等；最后，创建设备规则，主要用来防止敏感数据写入到某些定义的即插即用设备中。经过上述步骤后形成由标记、保护规则和设备规则组成的数据防泄露策略，同时由统一管理平台将这些策略下发至各类终端上的数据防泄露专控软件中。

7.2.4　数据加密技术

随着云存储在各个方面的广泛应用，云存储的安全问题也受到大家的重视。虽然很多大型服务商已经基于各种需求设计了相应的安全存储平台方案，但事实上，Google Docs、The Linkup 等多家著名云服务商都曾出现过各种安全问题，并导致了严重的后果。因此，根据云存储的技术特征和结构特征，提出一套安全的数据安全与保密方案，有着重要的理论和现实意义。传统的数据加密方案限制了用户有选择地细粒度地共享他们的加密数据的能力，只要可以获得这个用户的解密密钥，其他人就可以解密该用户的加密信息。2005 年，Sahai 和 Waters 等提出一种基于属性的加密算法，通过将用户的私钥和密文与一个属性集或属性上的策略相关联，来实现与特定用户共享加密数据的策略。但是在实际应用中，用户的属性(如实时位置)是动态变化的，这就要求及时的更新属性集。目前，国内外大多数学者给出的基于属性的加密方案都是针对于静态属性的，当遇到属性的更新、撤消、删除时就会有很多麻烦。

基于属性的加密方案受到很多研究人员的关注，他们从不同角度、运用不同的方法展开了研究工作。Sahai 等最先提出基于属性的加密方案。Chase 等于 2006 年提出了有密钥规则的基于属性加密方案(key-policy attribute based encryption，KP-ABE)，用与访问结构有关的用户的属性集合和密钥集合标记密文的方法，来限制用户解密密文，实现了对密文的细粒度共享。Be-thencourt 等于 2007 年提出有密文规则的基于属性加密方案(ciphertext-policy attribute based encryption，CP-ABE)，把用户的密钥与表示成字符串的属性相关，通过密文中的部分信息表示访问结构，用户只有通过了访问结构的验证才能解密。Waters 在 PKC 2011 上提出了具有完全表达能力的基于属性的密文策略加密方案，这个方案的密文长度、加密和解密时间的增长都是线性的，但不足之处就是方案的安全性证明是在群通用模型下完成的。Lai 等首次提出了一个具有部分隐藏访问结构的 CP-ABE 模型，该方案的安全依赖于一些非标准的复杂性假设。

本书方案的安全模型参考的是 CP-ABE 模型。由于 CP-ABE 模型中，用户的属性不具有动态的特点，一旦用户增加了新的属性，方案虽然能发送新的属性密钥，使用户拥有新的权限，但在访问控制层面来看，无法做到可信控制。因此本书在将该模型用于云存储数据加密的同时，致力于在原有属性加密方案的基础上，提出一种新的具有动态属性的加密方案。

1. *动态属性加密实现方案*

云访问控制方案系统由数据属主(data owner，DO)、数量庞大的数据共享用户、云服务提供商(cloud service provider，CSP)组成。DO 将数据加密后上传至 CSP 云服务器，并且密文与私钥分别与一组属性相关联，加密后的数据可以让其他共享用户进行存取访问，前提是密文属性和私钥属性相互匹配到一定的门限值时，想要访问数据的用户才能够解密密文，而共享数据的访问策略由 DO 来制定。这使得 DO 能够控制别人访问自己的共享数据，也可以对共享用户执行直接撤销操作。共享用户为了获取数据内容，必须从云服务器上下载并解密数据。本文设定 DO 和共享用户并不会一直在线，CSP 一直在线并提供数据存取服务。

基于属性的加密的基本理论是，发送方利用属性，并按照一定的逻辑关系组成的访问控制策略来加密数据，如果接收方可以满足其规定的访问控制策略，那么就可以解密数据。我们可以使用访问结构树来描述访问控制结构，当用户满足了访问结构树描述的访问结构，也就是说用户的属性集合满足了数据属主所定义的访问控制结构后，该用户才能解密和共享数据。如图 7.3 所示，A、B、C、D 代表四个属性，只有当用户满足属性条件(A or B) and (C or D)时，用户才能解密数据。

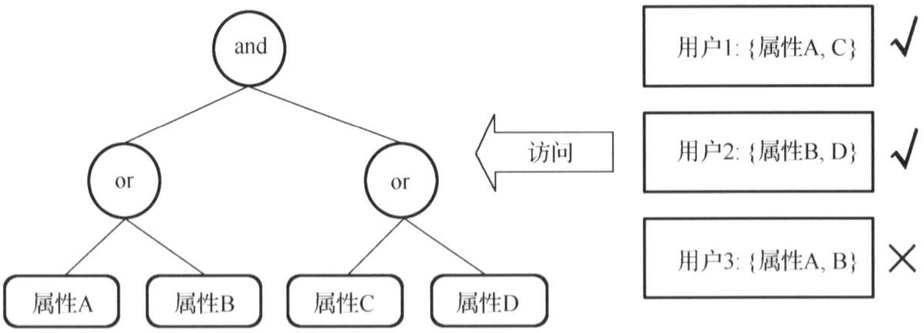

图 7.3　访问控制结构示意图

但是在实际的应用当中，用户除了拥有一些不变的属性，如性别、出生日期、国籍等，还有一些经常发生变化的属性，如年龄、工作、位置等。因此就需要及时的更新用户的属性集，这就涉及一个基于动态属性加密的问题。目前，国内外大多数学者给出的基于属性的加密方案都是针对于静态属性的，当遇到属性的更新，就会有很多麻烦之处。所以，本书提出了一个基于动态属性加密的方案，其中包括了属性的动态更新，其具体方案实现步骤如下。

(1) 首先由 DO 运行算法 Setup()，之后产生出主密钥 MK 和公共密钥 PK，然后 DO 对公钥 PK 进行数字签名，并将公钥 PK 与其签名一起发送给云服务提供商，而主密钥 MK 则由 DO 自己保存。

(2) 当一个用户希望加入系统时，首先由 DO 定义一个用户属性空间，接下来对于数据属主 DO 本身，定义一个单独的属性，我们令其为 a0，然后由 DO 为各个用户设置属性集，并为它们分发私钥。

(3) 文件的加密采用混合加密的方式，即得到数据密文的方式是采用对称加密算法(如 AES 等)加密数据文件，采用基于属性的加密算法(CP-ABE)加密该对称密钥(会话密钥)得到密钥密文。用户通过依次解密密钥密文和数据密文访问数据文件。DO 的处理步骤如下：为文件选择一个唯一的编号 FID，随机生成一个对称密钥 KF，使用 KF 加密文件 DataFile，得到数据密文 CF = ENC(DataFile,KF) (ENC 是一种对称加密算法)，再利用数据属主自己的属性 a_0 加密对称密钥 KF，得到密钥的密文 $\mathrm{CK}=\mathrm{Encrypt}(\mathrm{KF},a_0,\mathrm{PK})$，然后将数据密文 CF 与密钥密文 CK 一起发送至 CSP。

(4) 由于更新访问控制策略只需更改属性集或属性结构，当 DO 定义访问结构时，如果想更改事先定义的属性集或者属性结构，对密钥密文 $\mathrm{CK}=\mathrm{Encrypt}(\mathrm{KF},T,\mathrm{PK})$ 进行更新。由于更新访问控制策略只需更改属性集或属性结构，因此，设更新后的属性结构为 T'，所以，新的密钥秘文 $\mathrm{CK}'=\mathrm{Encrypt}(\mathrm{KF},T',\mathrm{PK})$，具体授权如图 7.4 所示。对于密钥密文以及属性集的更新，只需要动态的调整访问结构就可以完成。

如果一个用户(设该用户为 u)想要访问数据文件(设该文件为 f)，首先由用户 u 向云服务提供商 CSP 发起一个访问文件 f 的请求，当 CSP 接到来自用户 u 的请求后就向该用户发送文件 f 对应的数据密文 CF 和密钥密文 CK。只有当用户的属性集满足了数据文件 f 所被规定的访问控制结构时，该用户 u 才能利用算法 Decrypt(CK,SK) 解密密钥密文 CK，从而得到加密数据文件的对称密钥 KF，最终利用 KF 解密之前由 CSP 发送给用户 u 的数据密文 CF，从而得到数据的明文。

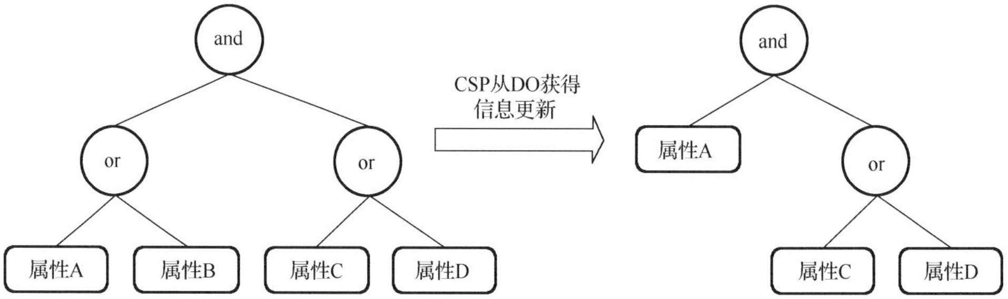

图 7.4　属性更新示意图

2. 实例分析

在基于动态属性的加密机制当中，密文的访问控制策略是由数据的发送方通过属性结构树的描述来制定的，只有用户的属性集满足了发送方所制定的访问控制策略的要求后，才能解密密文，得到明文数据。例如，一位公司市场部主管想要利用基于动态属性加密方案对存放在云端的一份营销企划书(设为 F)进行加密。该主管制定了这份企划书的访问控制方案。由于该企划书制定的营销方案没有确定实施，只有本公司(设为公司 A)的各部门主管(设为 leader)，或者是本部门(设为部门 B)的管理层(设为 manager)才能访问这份企划书。那么，该访问控制方案所定义的属性集为{公司 A and (leader or (部门 B and manager))}。访问结构的结构树见图 7.5。

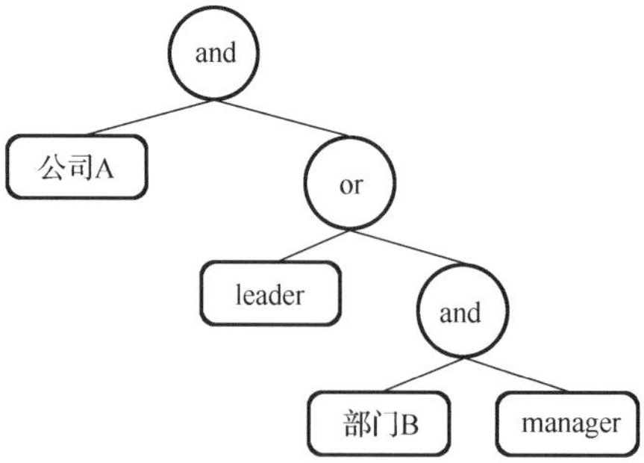

图 7.5　访问控制结构示意图

所以，只有用户的属性满足该访问控制时，才能解密密文，得到该企划书的明文。具体操作是：首先由授权机构进行数据的初始化，得到主密钥 MK 和公共密钥 PK，并提供用户的私钥 SK；然后由信息的发送方，在本例就是指上传企划书的营销部门主管制定访问控制策略 T，并利用该策略对数据论文进行加密，得到密文 CF；当用户的属性集满足了访问控制策略，就可利用解密算法对密文进行解密，从而达到访问该主管上传的企划书的目的。具体流程如图 7.6 所示。

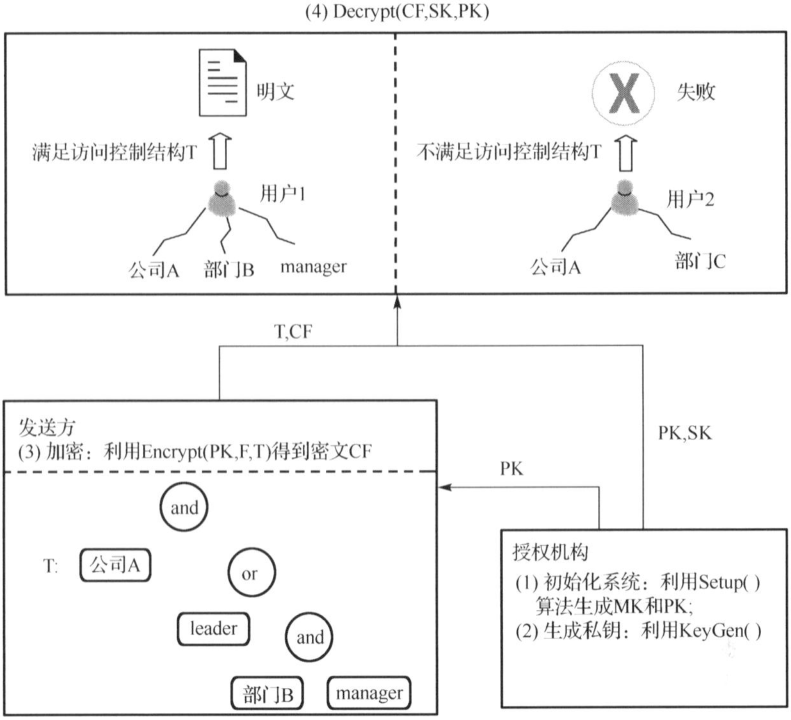

图 7.6　基于属性加密的流程示意图

当该企划书制定的营销方案通过以后，本公司的各部门主管，或者营销部门所有成员能够访问这份企划书，因此需要动态调整访问控制方案。那么，该访问控制方案所定义的属性集为{公司 A and (leader or B)}。调整后的访问结构的结构树如图 7.7 所示。

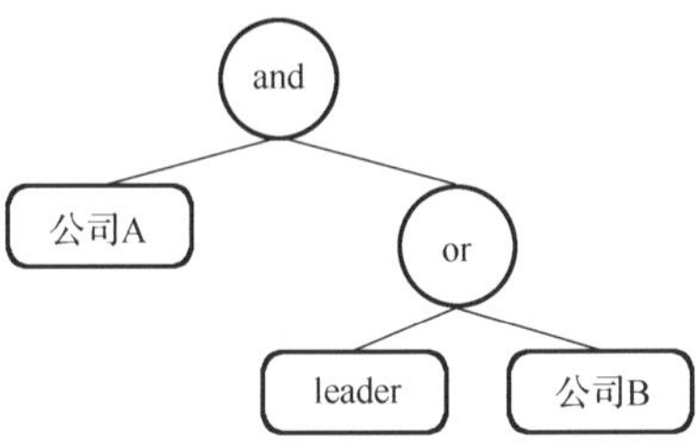

图 7.7　更新后的访问控制结构示意图

7.3 云数据安全管理

电力供应的安全稳定是电力部门的首要目标。在计算机设备不断进入电力行业的今天，随着物联网、云计算、移动互联网的快速发展，数据爆炸式急剧膨胀，电力系统数据存储的稳定和安全成为保障电力系统稳定运行的重要条件。

7.3.1 数据分类

随着电力信息化的快速发展，根据不同的业务需求，实时监测系统、测控一体化系统等大量的信息管理系统得到了广泛的应用和建设，信息系统逐步成为电力大数据的主要来源。IEEE P2030 将电网基础设施系统划分为三个相对独立的子系统，分别为信息子系统、通信子系统以及能量子系统，业务范围包含了发电、配电、输电、调电、市场、用户等六个主要范围，其中涵盖了输配电资产管理、用户用电信息、生产停运管理、分布式能源、需求管理等 28 项数据实体以及 35 种数据流动及相互之间的交互关系。电力数据在各个系统生产运营过程中产生，表 7.2 列举了部分电网数据源系统，根据不同需求，各系统分布在电力生产管理的不同环节，由此可见电网数据来源丰富，采集对象多样，各子系统间分散管理。

表 7.2　电网中数据源系统

数据来源	英文简称
数据采集与监视控制系统	SCADA
客户服务系统	CSS
调度培训系统	DTS
能量管理系统	EMS
配电管理系统	DMS
企业资源规划系统	ERP
管理信息系统	MIS
生产管理系统	PMS
地理信息系统	GIS
市场运行系统	MES

近年来，随着智能变电站等基础设施的大规模建设，电网企业的数据量正在以几何级速率疯狂增长，其数据来源具有复杂性和多样性(结构化、半结构化和非结构化)的特点。各种异构信息的存储，如通信电源、图像监视、安全警卫、主变压器消防、给排水、火灾报警、采暖通风、门禁、动力环境监视等辅助生产系统以及开关状态、设备状态等在线监测设备的处理成为亟待解决的问题。

在现有的电力系统领域中，存储数据主要分为两大类型：海量数据和信息数据。其中，海量数据主要由多媒体数据(原始音频、视频，图片)、传感器数据和系统设备数据等组成，具有存储量大，访问频率低的特点，主要用于检索回放和备份存储；信息数据主要以业务操作数据为主，具有存储量小、访问频率高的特点，主要用于报表查看等业务操作。

7.3.2　建立索引

索引的定义是对存储在介质上的数据位置信息的描述，用来提高系统对数据获取的效率。索引由一系列索引项组成，一个索引项对应内存中一条实时数据记录，当实时数据存储结构发生更新时，索引也应同时做出更新。这意味着如果出现测点变化(如新增、删除)，索引也将做相应的变化。索引项类似一个两列组成的表：第一列是索引键，由实时数据测点的标识来生成；第二列是数据指针，指向测点数据所在的内存位置。通过索引可以提高测点数据的查询速度。

1. 大数据创建索引面临的挑战

大数据不但揭示了电力行业生产运行的特征规律，指导电力生产和电力企业经营管理，还与社会的经济发展状况密切相关，是中国电力未来发展的重要资源和重要参考依据。在海量的数据中快速获得有价值的信息有助于提升电力公司数据资源价值利用的整体水平，为电网的安全稳定运行提供有效支撑。然而在庞大的电网信息海洋中创建索引还存在以下几个主要问题。

(1) 创建索引成本极高，尤其是数据量越来越大时，维护索引的成本越来越高，导致系统整体性能急剧下降。

(2) 磁盘读写速度限制。计算机技术飞速发展，尤其是计算机 CPU 速度及内存容量，但是磁盘的读写速度却一直没有本质性的突破。创建索引需要大量修改数据，极大地增加对磁盘 IO 压力。更为严重的是这些修改可能都是海量的“小数据”修改，需要频繁地对存储有海量数据的磁盘进行重复性的 IO 操作。

(3) Hadoop 本身不支持数据修改，但维护索引需要修改数据，这是令 Hadoop 上的几乎所有快速查询软件都不使用索引的另一主要原因。

2. 索引技术

索引技术在数据检索时有利于提高检索系统的存储效率和检索性能，常用的数据索引技术有树形索引技术和线性索引技术两大类，传统数据库下的索引结构有倒排索引、哈希索引、B^+树索引、R 树索引等。近几年来，研究者为了能有效地对某些特定领域的数据进行快速而准确的处理，研究给出了许多全新的索引结构。由于采用的数据结构不同，可分为一维和多维两种不同的索引结构，一维索引大多是在传统索引的基础上演变而来，相对简单；多维索引主要用于非结构化数据的检索。随着对空间数据管理的要求日益增多，在原有的 B 树和 R 树索引结构的基础上，相关学者也提出了各种各样的多维索引树结构。

但随着信息时代各行业产生的数据量不断增加，数据的单机存储模式已无法满足大数据的处理需求，对此分布式存储结构为解决此类问题提供了很好地支持。例如，Google 公司研发的 GFS 以及 Hadoop 框架下的 HDFS 技术等。分布式索引结构的研究中常常采用分布式哈希索引、前缀哈希树、分布式 B 树索引、分布式平衡二叉树、分片位图索引等索引技术。针对大数据中的索引技术，目前已有很多研究者和公司进行了大量的研究工作。新加坡国立大学的 epiC 课题组首次提出了双层索引框架；华为公司基于 HBase 的 Coprocessor 技术设计实现了改进的二级索引方案，大大提高了查询的效率。在对海量的数据进行信息检索时，准确度、高效性、个性化需求已成为检索的新要求，相关研究者也提出了很多的检索方法和模型。然而在电力数据检索方面，针对电力数据特点的索引技术还需进一步探索。

3. B^+树技术

B 树是由 Bayer 和 Mccreigt 等提出的一种适用于外查找的树形结构，它是一种平衡多叉树，支持多路查找。B 树因其平衡、高效、易变的特点，在大型文件访问应用中有着广泛的应用。

定义 7.1　一个 m 阶的 B 树可以定义如下。

(1) 除树根节点和所有的叶子节点之外，每个节点拥有的孩子节点数为[m/2]～m 个。

(2) 除了叶子节点之外，其他所有的节点最少拥有两个孩子节点。

(3) 全部叶节点在树的同一层，而且树是均衡的。B 树的数据结构为：B-Tree=$\{m,B_0,T_1,A_1,T_2,A_2,\cdots,T_mA_m\}$，$K_i(i=1,2,\cdots,m)$ 为关键字，$T_i<T_i+1(i=1,2,\cdots,m-1)$；$A_i(i=1,2,\cdots,m)$ 为指向子树根节点的指针，且指针 A_i-1 指向的子树中所有节点的关键字均小于 T_i，A_n 所指向的是节点关键字大于 T_m 的子树。如果 B 树的所有非叶子节点的左右子树的节点数目均保持平衡，那么 B 树的查找效率较高，查询性能和二分查找方法相似；对 B 树结构进行插入或删除操作只需非常小的计算开销，不需要移动大量的内存数据。

目前在大多数数据库系统及文件系统中最常用也是最基础的都是采用 B 树或其变形 B^+树作为其索引结构，B^+树是多叉树，数据信息存储在子节点中，而每个节点中还存储大量的子节点，以此来支持多路搜索树。一棵 m 阶的 B^+树和 B 树的不同之处在于：

(1) 每个节点含有子树的数目和关键字的个数相同，且每个关键字只用来索引，所有数据都保存在叶子节点；

(2) 关键字及指向含这些关键字的指针全部包含在叶子节点的链表中，且叶子结点本身按照关键字从小到大链接；

(3) 所有的非叶子结点可以看作是叶子节点的索引，叶子节点是数据层，所有的关键字都出现在叶子节点中。

图 7.8 所示为一个 m=2 的 B^+树，B^+树上的两个头指针一个指向根结点，另一个指向最小关键字的叶子结点。可对 B^+树进行从根节点开始或从最小关键字开始的顺序查找操作。

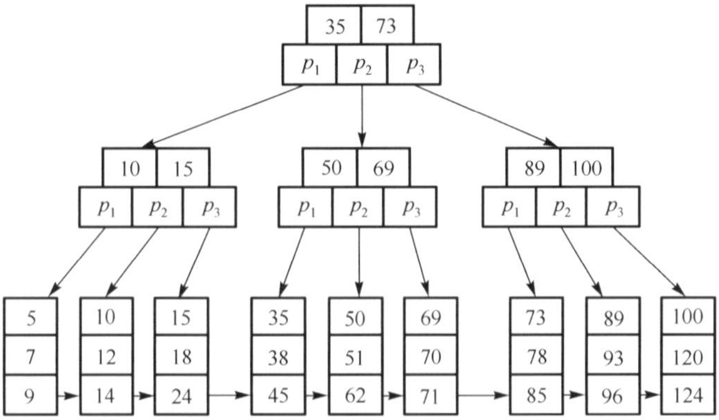

图 7.8　m=2 的 B^+-tree 结构

作为树形索引结构 B^+树索引具有以下几点优势。

(1) 虽然 B^+树具有一定的存储开销，但其数据的检索效果较好，且在数据插入、删除操作时计算性能较好。

(2) B^+树不存在溢出页。

(3) B^+树的每个页中能够存储较多的搜索键，并且很少会出现节点分裂、节点合并的操作。

(4) 具有较小的 I/O 开销，如典型的按索引键值检索一条数据记录时，只需要 2～3 次的磁盘 I/O。

4. 电力系统中基于 Hadoop 的电力云数据管理索引方法

随着电力信息化的发展，电力数据来源广泛，数据类型复杂多样，设备监测数据以及业务数据大多是浮点型、字符型，具有一定的时序性和结构化的特点，在数据检索时可能是对不同类型数据的联合查询，提高查询效率的一种重要手段是建立索引，对此针对电力数据特点提出一种基于 Hadoop 的电力云数据管理索引方法，具体方法如下。

步骤 1：首先将电力系统的数据处理架构划分为：数据访问层、数据处理层、数据存储层。

数据访问层用于根据用户的业务检索请求对数据进行判断和分类处理，如报表查看、视频查看、机房硬件状态查看等；数据处理层包括数据接口模块和数据类型认证模块，用于接收电力系统中的数据并对电力系统中的数据类型进行判别；数据存储层负责对数据索引进行创建、维护以及原始数据进行存储的功能。其中，电力系统数据的存储和索引主要在数据存储层中完成。

步骤 2：将接收到的数据分为海量数据类型和信息数据类型。

将数据传输给数据处理层，数据处理层将数据进行分类处理并向存储层传递待存储信息和数据类型信息。在数据的虚拟化存储中电力系统将产生的数据通过数据处理层的数据接口传输给数据类型认证模块后，数据类型认证模块将接收到的数据进行分类认证处理并向数据存储层传递信息 Message{Data，Type}，其中，Data 为数据接口中传递的原始数据；Type 是数据类型的分类，按电力系统数据的特点分为海量数据类型和信息数据类型，分别用 0 和 1 进行标记。

数据存储层对接收到的所述待存储信息和数据类型信息进行解析，并根据数据类型信息将数据建立对应的索引，本例中数据存储层接收到数据处理层发送的消息后解析 Message 中的 Type，并按照 Type 的类型将数据按照不同的存储策略，建立不同 Type 类型对应的索引。

在数据检索部分，用户向系统发送业务检索请求 Request{Type，Keys，Conditions}，其中，Type 是系统根据用户的业务检索请求的数据类型自动生成的标记，用于区别两种不同的数据类型：海量数据类型和信息数据类型；Keys 主要用于信息数据类型的检索，用来表示用户搜索关键字的组合，通过异或实现；Conditions 是用于识别用户请求业务数据的条件，如报表、时间等。数据存储层在接收到系统根据用户业务检索请求生成的 Request 后，按对应的索引策略检索并返回用户的需求信息，如图 7.9 所示。

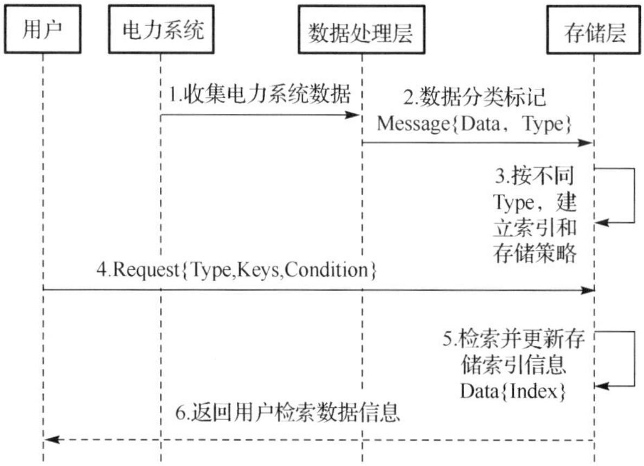

图 7.9　系统流程示意图

步骤 3：根据数据的类型建立每种类型对应的索引。

(1) 当数据类型为信息数据时，判断请求信息是否为数据存储请求，建立索引过程如下所示。

若是存储请求，则将数据分析信息和原始数据信息传递给虚拟存储系统，虚拟存储系统在可信服务器中进行索引创建形成对应的反向索引表和词典文件，并按照数据存储结构进行存储。

若不是存储请求，则将请求信息交由虚拟存储系统的存储层进行搜索，可信服务器根据搜索提交的关键词和语法树来计算文件权重，并返回用户查找相关信息数据类型信息。

在本章中，构建反向索引主要使用两个 Hash 函数，分别实现对高频和低频词映射形成倒排文件。由齐夫定律可知，一个单词在大规模文本集中出现的频率和它在词组频率表中的排名成反比，即频率最高的单词出现的频率大约是第二位的 2 倍，第二位是第三位的 1.5 倍，由此可得出词频出现的概率：

$$P(r)=\frac{n}{q^m} \tag{7.1}$$

q 表示分词出现的大致排名，$P(r)$ 表示在词库文本中的概率。在单词频率分布中 $n\approx 0.1$，$m\approx 1$，故得出式(7.2)：

$$P(r)=\frac{0.1}{q} \tag{7.2}$$

将式(7.2)用在文件倒排中，即对于 80%的低频关键词，倒排索引文件占 20%，将词典库中的前 20%设为高频词，后 80%设为低频词，利用 Hash 函数进行映射。

Hash1 函数采用 MD5 函数进行映射，将关键词作为函数的输入，函数的输出保存该关键字的倒排索引文件名。

Hash2 将低频词的频率排名作为函数的输出，输出也保存该词倒排索引的文件名。Hash2 的表示如式(7.3)所示：

$$\text{Hash2}=\text{MD5}(h(p)) \tag{7.3}$$

其中，MD5 是 MD5 函数，p 是关键词在词典中的排名，$h(p)$ 公式定义见式(7.4)：

$$h(p)=\begin{cases} p-p\%(10m), & N<p\leqslant 10N \\ p-p\%(20m), & 10N<p\leqslant 50N \\ p-p\%(40m), & 50N<p \end{cases} \tag{7.4}$$

$h(p)$ 中 N 是阈值，在词库中大于 N 的属于低频词，小于等于 N 的是高频词，在 Hbase 中 m 取值 1。

Hash2 在将若干个关键字的倒排索引映射到同一个文件名时，排名越小的关键字，与映射倒排文件越小。

在本章中，使用基于 Hadoop 系统下的虚拟化存储平台，Hadoop 是一个由 Apache 基金会所开发的分布式系统基础架构。数据处理层对电力系统数据接口是否有数据需要存储进行判断，若需要存储，则数据存储层终端在接收到数据后根据存储需求对数据进行分析，并检验标记信息；若不需要存储，则等待，当数据存储层接收到系统发送的 Request 请求时，用户在访问层中提交的查询条件信息，交由虚拟存储系统的存储层进行搜索，可信服务器根据搜索提交的关键词和语法树来计算文件权重：

$$W_{k,d} = f_{k,d} \times \sqrt{\frac{M}{m_{k,d}}} \tag{7.5}$$

其中，$W_{k,d}$ 表示关键词 key 在存储数据中的权重；$f_{k,d}$ 表示关键词 key 在存储数据中的频率；M 表示该段存储数据的总大小；$m_{k,d}$ 表示关键词 key 在存储数据中所占的大小。

(2) 当数据类型为海量数据时，建立索引过程如下所示。

①分别建立索引簇和 Hbase 簇；

②当海量数据到达时，系统同时将其传送给索引簇和 Hbase 簇；

③索引簇建立粗粒度索引，并向 HBase 簇发送信息；

④Hbase 簇收到索引簇发送的信息后，在每个存储块中建立一个细粒度索引，获取需求信息。

步骤 4：根据用户的查询条件生成请求信息，根据请求信息进行搜索，并将搜索结果反馈给用户。

在本章中，HBase(Hadoop Database)是一个高可靠性、高性能、面向列、可伸缩的分布式存储系统，索引簇主要负责用于对数据的插入和用户查询信息的检索；HBase 簇主要负责存储数据以及索引每个存储块中的历史数据信息，当海量数据到达时，系统在接收到海量数据类型后会同时将海量数据传送给索引簇和 HBase 簇；索引簇会对此建立粗度的索引，并向 HBase 簇发送信息；HBase 簇在收到索引簇的请求后，在每个存储块中建立一个本地索引；在接收到用户的查询处理请求时，虚拟化存储系统利用索引簇，根据查询条件获取与之相关的存储块，再通过 HBase 簇从对应的存储块中获取相应的需求信息。

海量数据存储过程主要通过建立索引框架实现数据的存储处理，有三种不同类别的索引，分别是时间间隔索引、数据类别索引和本地索引。其中，时间间隔索引和数据类别索引属于粗粒度级别的索引，用于负责根据数据的存储时间和类别对当前数据进行检索；本地索引是细粒度级别索引可以用于对历史数据的检索。利用时间间隔将时间划分成 n 个间隔块，B^+-tree 索引可以用来检索这些时间间隔；在一个具体的时间间隔内，将其中的数据按类别动态的划分成对应的子部分。每一个子部分的数据块被存储到 HBase 的数据块中；当前划分的时间间隔结束后，随后产生的数据将会从下个时间间隔中重复上述划分时间间隔的方法进行存储；原有的历史数据被存储到HBase之后将不再被改变，针对这些历史数据可以批量通过R-tree(R树是B树向多维空间发展的另一种形式)来建立对应的本地索引。通过这种索引策略可以在检索当前数据时只检索时间间隔和对应的子空间，而不需要检索当前数据本身；在数据插入期间，索引的更新时间也可以有效的被降低，从而适应高频率的数据更新的要求。

7.3.3　数据查询

1)数据快速查询存在的问题

一直以来，数据查询是数据库最核心的技术之一。数据库一般存放的数据比较复杂，一个查询往往需要将多个数据表相关联，甚至需要跨数据库的关联，导致查询性能急剧下降，即使在一个不是非常大的数据库(千万级)执行一次查询也可能需要几个小时，乃至几天。

大数据带来了诸多数据库核心技术的突破。大数据的核心理念是“分布处理”，通过普通计算机横向扩展，多台设备协同工作，把耗时的计算分布在多台设备上并行处理，从而获得高性能。值得一提的是，大数据不仅仅通过“分布处理”获得高性能，另一个非常重要的核心理念是“普通计算机”，通过大量低廉的计算机实现低成本、高性能。因为技术能力从某种程度上获得了“无限”的提升，算法在某种意义上“失效”了：即通过大量快速计算，不同算法之间的差异趋于无限小。

但同时，在数据快速查询方面，主要问题是过度依赖大数据带来的计算能力而放弃方法上的努力。如当前市场上最火热的基于Hadoop的大数据系列产品，都是通过大量廉价机器堆积来获得性能的保证。在大数据起步阶段，这样做可以获得相当不错的数据处理效率的提升。然而，数据量往往不是线性增长的，而是呈指数形式的快速增长，但是硬件性能和数量却是以线性方式在增长。这样随着时间的发展，数据量与硬件的矛盾在不远的将来会再次成为大数据处理的瓶颈。

2)大数据快速查询理念

在数据量急剧扩展的同时，随着商业智能分析的深入，各种查询分析的逻辑也越来越复杂。这两个因素是当前传统数据面对查询越来越力不从心的根本原因。

如今大数据技术方兴未艾，查询效率无疑是大数据领域重要的一环。传统数据近年来为了提升查询效率也已经做了很多工作，但它们更多的还是依赖于更快的计算速度、优化的查询逻辑等。面对过快的数据量和查询逻辑级数的增长，大数据技术针对这一问题则具备了它独特的理念。

(1)通过底层处理逻辑的优化，而非仅仅查询处理层面的逻辑优化。通常查询者的查询逻辑是客观存在的，在这上面去做优化要做到既保证质量又保证性能，对查询者的专业技能要求太高。动态索引图(dynamic index graph，DIG)则是从数据最底层的处理逻辑上来实现查询性能的根本性改变。

(2)通过预处理来减少用户的等待时间。当数据库表数量众多，而用户进行复杂逻辑的 SQL 查询时，即使只有几百万的数据，传统方法下一个查询也许需要用户等待几十分钟，甚至几个小时。大数据的核心理念之一便是尽可能的使用预处理，而减少用户查询时实时数据处理的工作量。DIG 技术的核心思想也正是如此，尽可能地在数据进入数据库时即自动创建索引，通过底层核心技术，在用户进行复杂多条件查询时，动态地将各个数据表上的索引文件智能组合，快速响应用户的查询请求。

7.3.4 面向电力云的细粒度数据完整性检验

随着电力系统规模的扩大和电力系统结构的复杂化，如何满足电力系统快速可靠的计算和高效率控制的需求，成为电力系统新形势下的一个挑战。

作为一种新的 IT 模式，云计算可以通过互联网在不同的地理环境中整合异构计算资源，构建抽象、虚拟和可扩展的计算资源池；然后，服务提供商为用户提供各种功能和服务，并且还可以开发软件和应用服务。结合云计算思想和现有电力系统网络建立电力云计算，将电力系统中的完整计算资源和存储资源整合在一起，提高处理能力和控制能力。但是，云计算仍处于发展阶段，其关键技术尚不成熟，在资源整合问题、数据管理问题、数据安全问题等施工过程中可能带来许多问题。特别是数据安全是电力云计算的基础问题。

本节结合电力云计算的数据安全，研究了电力云计算中存储系统的数据完整性，并提出了基于组合的多错误完整性检查方法。该方法可以有效地压缩哈希数据，以减少存储并指出关于数据对象的多错误。

1. 电力云安全模型

(1)电力云数据的生命周期。

本书探讨的电力云中数据的安全问题涉及到数据全生命周期管理的每一个阶段。用户数据全生命周期管理是指数据的上传、存储、运算以及销毁，电力云数据生命周期框架如图 7.10 所示。

数据上传阶段：用户在上传数据之前需要先将数据加密，单个应用程序或一组应用程序由一个主可执行文件、若干可执行文件，以及若干数据文件组成。数据存储阶段：用户数据以密文的形式上传到云的存储服务器中，出于容灾和维护等考虑，云服务系统可能会将数据进行多点备份。程序执行阶段：在用户程序运行过程中，其私有运行空间中的内存是不能被其他进程和操作系统访问的。数据销毁阶段：在用户指定的时刻，将程序相关的可执行文件、数据文、高级加密标准(advanced encryption standard，AES)密钥以及非对称公钥销毁。

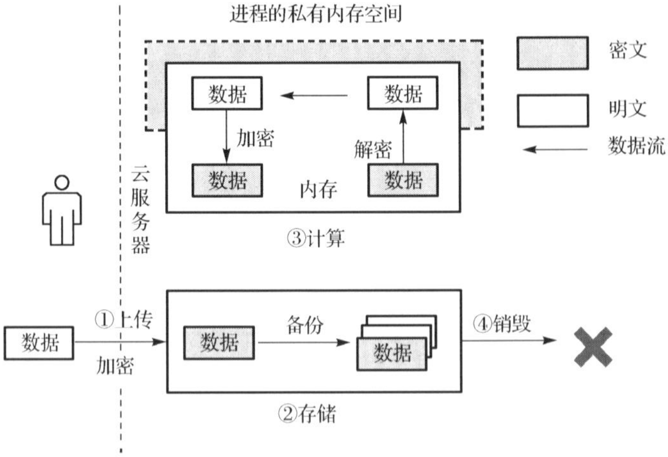

图 7.10　云数据生命周期框架

(2) 电力云数据安全模型。

目前比较典型的云安全参考模型为云安全联盟(cloud security alliance，CSA)的云安全参考模型。CSA 云安全模型根据对云服务组件和安全控制策略集的映射来确定云中存在或缺失的安全控制机制，完成差距分析后，按照监管方和合规方面的要求，决定需要补充的安全措施填入风险评估框架。该模型的重要特点是供应商所在的等级越低，云服务用户所要承担的安全能力和管理职责就越多。另外，云服务用户需要根据自身的业务和安全协同需求选择最为合适的云计算形态。

2. 数据完整性检验技术

(1) 单向哈希函数。

Hash 函数又称散列函数，它是把任意长的输入消息串变化成固定长的输出串且仅由输出串难以得到输入串的一种函数。这个输出串称为该消息的杂凑值，一般用于产生消息摘要、密钥加密等。一个安全的杂凑函数应该至少满足以下几个条件：

①输入长度是任意的，但输出长度是固定的；

②对每一个给定的输入，计算输出即散列值是很容易的；

③给定散列函数的描述，找到 2 个不同的输入消息杂凑到同一个值是计算上不可的，或给定杂凑函数的描述和一个随机选择的消息，找到另一个与该消息不同的消息使得它们杂凑到同一个值在计算上也是不可行的。

Hash 函数主要用于完整性校验和提高数字签名的有效性，这些算法都是伪随机函数，任何杂凑函数值都是等可能的。输出并不以可辨别的方式依赖于输入，在任何输入串中单个比特的变化，将会导致输出比特串中大约一半的比特发生变化。

(2)完整性检验方法。

完整性检验常用于对处理器、文件系统和数据库等存储的非可信数据进行检验，以判定其内容是否被篡改。该检验通过在获取阶段对相关存储数据进行 Hash 运算，并保存计算获得的 Hash 检验值，然后在检验阶段再次对该数据进行 Hash 运算，并将得到的 Hash 检验值与之前的值进行比较来判断数据的完整性。

对象细化的程度称为粒度。将对象划分为相对较小单位，称之为细粒度化。对于多数据，可能由几个或几十个文件组成，可对每个文件进行单独 Hash 监督，以准确判断出变化文件的位置，这种将数据对象划分成多个较小的数据单元进行单独监督的完整性检验方法称为细粒度完整性检验。

完整性检验方法就是事先存储数据对象的 Hash 检验值，当需要判断数据对象的完整性时，对数据对象进行再次 Hash 值计算，并与之前存储的 Hash 检验值相比较，从而判断数据对象是否被修改，其完整性是否被破坏。现有的完整性检验方法从形式上主要分 3 种：

① n 个数据对象由 1 个 Hash 值监督；

② n 个数据对象由 n 个 Hash 监督；

③ n 个数据对象由 $m(1<m<n)$ 个 Hash 值监督。

以上 3 种方法中，第 1 种方法所产生的 Hash 数据最少，但错误指示能力最差；第 2 种方法错误指示能力最强，但 Hash 数据最多；而第 3 种方法则是一种折衷的考虑，错误指示能力比第 1 种强，Hash 数据比第 2 种少。

设 $X_1,X_2,\cdots,X_6$ 表示 6 个数据对象，设计 Hash 检验监督关系为

$$\begin{cases} X_1+X_2+X_3+X_6=h_1 \\ X_1+X_4=h_2 \\ X_2+X_4=h_3 \\ X_3+X_5=h_4 \\ X_5+X_6=h_5 \end{cases} \tag{7.6}$$

式(7.6)中：“+”表示将数据对象连接成一个数据流；“=”表示将左端的数据流进行 Hash 运算；$h_1,h_2,\cdots,h_5$ 表示计算左端的数据流后获得的 Hash 值。在需要判断数据的完整性时，按同样的方法生成测试数据的 Hash 值，判断对应的 Hash 数据是否相同(相同记为 0，不同记为 1)。假如某一个数据对象出错(数据对象被篡改或因偶然因素发生变化等，均简称出错)，则可通过比较指出出错的数据对象。例如，(0,0,0,1,1)通过比较可以判断出出错的数据对象是 X_5。

(3)完整性指示码。

定义 7.2　令 $N=\{1,2,\cdots,n\}$ 为 n 个需要监督的数据对象的编号集合，令 $M=\{M_1,M_2,\cdots,M_m\}$ 为监督的数据对象的 m 个 Hash 组合关系构成的集合，其中，

$M_i \subset 2^N, i=1,2,\cdots,m$。监督矩阵 A 是一个 $m\times n$ 的(0,1)矩阵，即 $A=[a_{ij}]_{m\times n}, 1\leqslant m\leqslant n$, $1\leqslant j\leqslant n$。若 $j\in M_i$，则 $a_{ij}=1$；否则 $a_{ij}=0$。

定义7.3　完整性指示码。设有 n 个数据对象，若存在一种监督关系，使得生成并存储 m 个 Hash 值，在对这 n 个数据对象进行检测时能够准确指示任意的 t 个出错对象，但无法准确指示出当 $n\geqslant t+1$ 时，组合关系中存在的 $t+1$ 个错误，其中每个数据对象最多受到 k 个 Hash 监督。这种监督方式称之为完整性指示码，记为 $C=[n,m,t,k]$。

定义7.4　完整性指示码的压缩率 η 为数据对象数量 n 与监督 Hash 值个数 m 之比，即 $\eta=n/m$。完整性指示码的主要性能指标有错误指示能力 t，Hash 生成计算量、压缩率等。

3. 基于组合的完整性检测

针对以上电力云数据的生命周期和安全模型，本书对模型中的海量数据的安全性进行研究，提出了一种基于组合的完整性检测方案。该方案结合了组合学和纠错编码思想。该数据完整性检测方案是主要以数据为中心的智能安全方案，贯穿在整个电力云数据的生命周期中，为数据提供持续性的保护，并充分满足电力云用户的需求。

(1) 完整性 Hash 检验值生成。

在海量数据集中，对已有的 n 个数据对象进行编号或将大数据块分割成的 n 个小数据块对象进行编号。为减少 Hash 检测值的存储量，将对 n 个数据对象进行组合，并满足以下条件：

①设每个组合中包含 l 个数据对，该 l 个数据对象中的任意 2 个数据对象不能同时在其他组合中出现；

②设该组合中共有 m 项组合，即共有 m 个 Hash 检测值，且 m 满足 $m=a\cdot n/l$，其中，a 为数据对象在 m 项组合中平均出现的次数；若 $n\neq b\cdot l$，b 为整数，则用二进制串对数据对象个数进行填充，使 $n'=b'\cdot l$，b' 为整数，其中填充数据对象是可信的。

结合以上相关条件，对 n 个数据对象进行组合，并将获得的 Hash 相关数据存储到 Hash 数据矩阵中。以下为完整性检测生成算法。

算法 7.1　生成算法。

输入：n 为存储的数据对象数或某海量数据被分割成的数据块对象数；m 为数据对象进行组合的组合数量；a 为数据对象在 m 项组合中出现的次数；l 为每个组合中包含的数据对象数；b 或 b' 均为大于 2 的任意整数。

输出：对 n 个数据对象进行组合，并获得一个监督矩阵 A。

①对相关的 n 个数据对象或某海量数据被分割成的 n 个数据块对象进行编号，记为 $X_1, X_2, \cdots, X_n$；

②if $(n \neq b \cdot l)$

③对数据对象个数用二进制 1 或 0 进行填充，使 $n' = b' \cdot l$；

④end if

⑤if(任意 2 个数据对象不同时出现在多个数据组合中)

⑥对 n' 个数据对象进行组合 $X_1, X_2, \cdots, X_{n'}$；

⑦return 返回监督矩阵 A；

⑧else

⑨返回到第②步；

⑩end if

(2)完整性 Hash 检测值检测。

定义 7.5 对比向量是通过 Hash 检测值与之前存储的 Hash 值比较产生的一个 1 或 0 表示的向量。其中，1 表示值相同，0 表示存在错误对象。

定理 7.1 根据数据的有效性，若某一数据对象 X 出现错误，则包含该数据对象的所有组合项(即 Hash 检验值)也是错误的。

定理 7.2 若 $c \cdot l - \{c \cdot l\} - d < d$，则可以找到错误对象集 $\{X\}$。

证明 因为 c 为集合中错误的 Hash 检测值个数，l 为每个组合中包含的数据对象数，$\{c \cdot l\}$ 为在出错的组合中除填充数据对象外不重复的数据对象个数，d 为填充数据对象个数，所以出错的 Hash 检测值对应的数据对象中重复的数量为 $r = c \cdot l - \{c \cdot l\} - d$；另外，由组合数学知识可知，当出错行对应的重复数据数量小于出错的 Hash 值数，则可以唯一确定是哪一个数据对象出错，即 $c \cdot l - \{c \cdot l\} - d < c$ 时，可以判断错误的数据对象。

根据以上定义和定理，对 n 个数据对象进行数据完整性检测。以下为完整性检测算法。

算法 7.2 检测算法。

输入：矩阵 A 为监督矩阵；$(h_1, h_2, \cdots, h_m)$ 为 Hash 检测值集合，并记 c 为该集合中错误的 Hash 检测值个数，在出现错误的组合中，记 $\{c \cdot l\}$ 为该组合中除填充数据对象外不重复的数据对象个数，记 d 为其中的填充数据对象个数。

输出：对 n 个数据对象进行完整性检测，并输出对应的错误数据对象。

①结合监督矩阵 A 与 Hash 检测值集合 $(h_1, h_2, \cdots, h_m)$ 进行对比判断；

②if$\left(c \cdot l - \{c \cdot l\} - d < c\right)$

③判断出错的数据对象；

④return 返回错误的数据对象集 $\{X\}$；

⑤else

⑥return 无法判断错误的数据对象；

⑦end if

以 $a=2,l=4,n=6$ 的情况为例。首先对该数据对象集进行编号，并记为 $X_1,X_2,\cdots,X_6$。按照以上组合方式，有 $6\neq b\cdot 4$，则对该数据对象集进行填充，并令填充数据对象为 X，则监督关系用计算方式表示为

$$\begin{cases} X_1+X_2+X_3+X_6=h_1 \\ X_1+X_4+X+X=h_2 \\ X_2+X_4+X+X=h_3 \\ X_3+X_5+X+X=h_4 \\ X_5+X_6+X+X=h_5 \end{cases} \tag{7.7}$$

该监督关系用监督矩阵 A 表示为

$$A=\begin{Bmatrix} 1 & 1 & 1 & 0 & 0 & 1 \\ 1 & 0 & 0 & 1 & 0 & 0 \\ 0 & 1 & 0 & 1 & 0 & 0 \\ 0 & 0 & 1 & 0 & 1 & 0 \\ 0 & 0 & 0 & 0 & 1 & 1 \end{Bmatrix} \tag{7.8}$$

对数据对象集 $X_1,X_2,\cdots,X_n$ 完整性进行检验，将 Hash 检测值与监督矩阵 A 进行对比判断。根据以上可知，该例的完整性压缩率 $\eta=6/5$。

若对比向量为 $(1,1,1,0,0)$，有 $l=4,c=3,\{c\cdot l\}=5,d=4$，即 $c\cdot l-\{c\cdot l\}-d=3=c$，根据定理 7.2 可知，无法判断错误的数据对象。

若对比向量为 $(0,0,0,1,1)$，有 $l=4,c=2,\{c\cdot l\}=3,d=4$，即 $c\cdot l-\{c\cdot l\}-d=1<c$，根据定理 7.2 可以确定唯一的错误的数据对象 X_5。

若对比向量为 $(1,1,0,1,0)$，有 $l=4,c=3,\{c\cdot l\}=6,d=4$，即 $c\cdot l-\{c\cdot l\}-d=2<c$，根据定理 7.2 可以确定唯一的错误的数据对象 X_1，X_3。

本节针对电力云数据的生命周期和安全模型，对电力云环境中海量数据的安全性进行研究，提出了一种基于组合数学和纠错编码的完整性检测方案，该方案采用 Hash 数据压缩方法来降低其压缩率、减少了检测存储量；另外，它能够对数据对象进行多错误检测。该研究对电力云的安全应用提供了良好的理论支持。该方案是主要以数据为中心的智能安全方案，贯穿在整个电力云数据的生命周期中，为数据提供持续性的保护，并充分满足电力云用户的需求。

7.4　本 章 小 结

本章通过对智能电网数据的特点进行分析，提出了当前智能电网数据私密性保护所面临的挑战，并基于数据防泄露技术的特点和实现原理，结合电网信息化建设中敏感数据保护的需求，提出了数据防泄露技术在电网信息化建设中的实现思路和应用规划。在电力数据检索方面，针对电力数据的特点提出了一种基于 Hadoop 的电力云数据管理索引方法。最后结合电力云计算的数据安全，研究了电力云计算中存储系统的数据完整性，并提出了基于组合的多错误完整性检查方法。

第 8 章　安全接入及其防护技术

智能电网的网络通信平台为电力行业的生产运行、输电、配电、市场业务等多个领域提供服务，需求的多样性决定了其构成的复杂性，智能电网的网络支撑体系是融合了多种网络技术的综合平台，由多种网络成分构成，既需要有线网络传输，又需要无线传感技术的支持，既依赖于企业专网，也离不开因特网，因此在如此复杂的网络结构中如何保障设备的接入安全，以及信息服务的安全可靠运行成为智能电网的技术难题，本章将对此进行深入介绍。

8.1　终 端 安 全

在电力企业业务范围不断扩展、智能电网建设需求越来越迫切的情势下，智能电网建设过程中出现了数量庞大的智能化终端设备，所面临的信息安全风险较传统电网面临的风险种类更多、范围更大、层次更为深入，对信息网络及系统的安全、可信、可控提出了新的要求。因此，如何解决智能电网建设中数量庞大的智能终端的安全问题成为当下电力企业的研究重点。

8.1.1　安全标准缺乏

智能电网通信网络分布范围广，海量终端分布在各地，原有控制网络与互联网将呈现融合连接的模式，电力系统结构也会变得日益复杂，且病毒木马更新快，网络诈骗入侵等新技术层出不穷，安全防护的复杂性比电网安全生产还要艰巨，涉及面还要广，具体威胁如表 8.1 所示。同时海量终端的连接也将导致不同接口的数量增加，各个系统之间的数据交互也将呈现几何级数量增长。传统的电力系统内部安全域划分，很难适应未来电力系统结构的安全防护需求。

表 8.1　智能电网信息安全威胁的主要类型及特征

信息安全威胁	主要特征
内部工作人员误操作	无意识泄露口令等敏感信息或不谨慎配置、操作
完整性破坏	非授权修改系统程序、控制指令
旁路控制	入侵者发送非法控制指令导致系统事故
非授权使用	对计算机、网络资源的未经授权使用
欺骗攻击	利用 IP 地址及 Web 服务的欺骗型攻击
伪装侵入	借助“合法身份”的伪装以此侵入系统

续表

信息安全威胁	主要特征
篡改	改变传输信息、更改遥控指令、修改定值指令等，威胁电网运行安全
监听	系统通信及联络信息的非法截取
通信中断	系统通信出现断续或不通
计算机病毒	木马、蠕虫等计算机恶意程序或代码
拒绝服务	发送大量雪崩数据，造成网络瘫痪
雷击	造成电磁干扰或相应设备损坏

8.1.2　电力智能终端引入信息安全风险

智能电网建成后，通过对电网运行的实时监控，可以有效对故障点进行定位和故障处理，提升电网系统稳定性、可靠性。智能设备能够支持远程控制，比如远程连接、断开、配置、升级等。但控制系统在设计和研发时往往缺乏安全内核设计，使攻击者得以在系统无法感知的情况下发起非法远程登录进入，加之系统对非法入侵的识别反应能力不足，系统可用性、信息完整性被冒充和破坏的可能性极大，带来不良安全后果。

而且智能电网采用物联网技术，在移动网络的基础上集成了感知网络和应用平台，使得智能电网具有更加复杂的接入环境、多样灵活的接入方式、数量庞大的智能接入终端，如新能源电动汽车、家庭太阳能等。如何保证各类分散的接入对象安全、可信地连入电力信息网络，同时保证机密数据不会遭到泄露，并且实现对接入对象和操作的监控与审计，是智能电网信息化建设中迫切需要解决的问题。

8.1.3　电网环境复杂化，攻击手段智能化

智能电网的深入推进，智能终端设备对网络接入环境、网络性能提出更高要求，随之而来的是黑客对网络攻击也会大幅增加。

无线技术为智能电网生产、管理、运行等带来网络接入便利性的同时，由于无线信号覆盖范围广，基于无线网络的安全比传统有线网络安全的要求也会更高。目前，电力公司通过无线虚拟专网(通过使用移动、电信、联通等无线公网)来传输重要数据。随着第四代无线通信技术(TD-LTE)的成熟，4G 环境下智能电网的网络试点平台相继建成、TD-LTE 试点网络平台为实现配电自动化提供了高可靠性、高速率、低时延的业务通道，为配电自动化“五通”功能的实现提供了通道保障。同时大量智能仪表、移动终端也广泛投入到应用中，提高电网智能化、自动化的同时，也使得电网的网络环境更加复杂，受威胁的环节增多。

有线智能电网信息系统多存在于与互联网连接的异种网络和不同设备，网络及设备间信息及数据通信基于 TCP/IP 协议，其建立在三次握手协议基础上，握手协议的过程中有一定局限性，本身存在一定的不安全因素，如 TCP/IP 协议采用明文传送数据口令、密码与信息等，明文传送易被探测和捕获。若被捕获，就有可能出现源

IP 地址段被篡改为其他 IP 地址，窃取、伪造传送的数据流，威胁相应会话与服务。由于 TCP 对数据可靠传送的保证是基于收到数据的确认以及向所传递字节序列号的分配，一旦序列号被探知和预测，非法攻击者便可连至目标主机而实现虚假错误数据的传送，引发 TCP 序列号欺骗。

预计在将来，网络的攻击会呈现规模化和组织化，攻击手段也会多样灵活，势必会给电力网络安全带来新的考验。

8.1.4　工业控制系统漏洞多

在智能电网的发展下，SCADA 系统用于电力的调度和支持、物联网的融合发展，工业控制系统存在较多的漏洞。工业控制系统的漏洞类型如图 8.1 所示。①工作站操作系统漏洞：工控系统建成后几乎不升级操作系统，存在较多漏洞。②应用软件漏洞：工控软件一般和杀毒软件存在冲突，工控网络基本未安装杀毒软件，病毒可以存在于工控网络，应用软件的漏洞通常较容易识别，一旦系统暴露到公共网络，后果不堪设想。③网络协议漏洞：工控网络大都基于 TCP/IP 协议和 OPC 协议等通用协议，而目前的 OPC 服务器等关键协议交换设备依赖于外国进口，而为了工程服务的需要，厂家通常会预留后门，一旦爆发信息战，主动权必然在设备厂商手中。④安全管理漏洞：项目建设中，通常会有不同的人接触并操作工控设备，使用不同的外设设备，如 U 盘、笔记本连接等，都有可能让病毒有可乘之机。⑤病毒防护设备漏洞：目前市场上的病毒防护设备安全等级参差不齐，这些设备既是防护设备，也是攻击源头。⑥网络端口使用漏洞：工控设备在投运后，各种控制网络端口并不一定都会采用专用元件进行密封操作，很可能会有不恰当的人员在没有专门培训的前提下随意插入外设设备，带来潜在攻击风险。⑦操作行为漏洞：由于现场监控工作的枯燥性，现场时常有一些年轻的未经过专业培训的操作员，在夜间值班期间将工作站非法连接公共网络，给外部攻击以可乘之机。

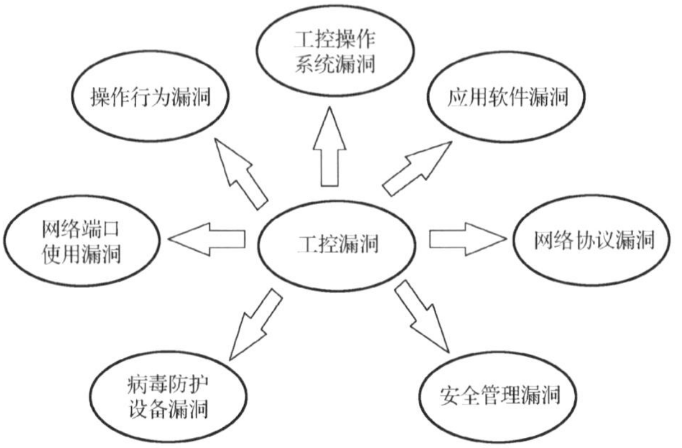

图 8.1　工控系统漏洞类型图

8.1.5 用户侧的安全威胁

在“两化”融合的深入推进下，用户和电网之间会实现信息友好双向互动。依托高级计量架构(advanced metering infrastructure，AMI)系统，用户侧的智能终端及设备将与电力系统实现直连，这些连接模式势必会为用户带来不可知的安全隐患：用户与电力公司的信息交互通过公网进行传输，不可避免地会带来信息安全隐患；家用智能设备也充分暴露在电力系统中，容易受到不法分子的攻击。除此之外智能电网的信息安全问题还涉及其他因素，如心怀不满的员工、工业间谍和恐怖分子发动的攻击，而且还必须涉及因用户错误、设备故障和自然灾害引起的对信息基础设施的无意破坏。智能电网天然的复杂性和脆弱性，会使不法分子通过一定的手段进入到电力网络内部，控制电力生产系统，破坏电力负荷条件，极端情况下会造成电网瘫痪。

8.1.6 终端安全解决方案

电力智能终端的安全防护技术层次包含多个层面，主要分为网络安全、数据安全、系统安全三大方面。在此基础将形成覆盖各个方面的基于等级保护的电力智能终端安全防护体系，加强终端完整性、一致性方面的安全程度。通过授权访问和网络防护保证数据的机密性和完整性，并对操作系统实施相应级别的安全审计制度，保证系统的安全稳定。对系统资源与其他数据进行安全域隔离，保证电力企业核心资料的机密性和安全性，为电力企业提供更加安全可靠的信息环境，具体解决方案如图 8.2 所示。

(1) 电力智能终端的网络防护技术。利用接入身份认证和网络访问控制技术设置双重防线，拦截非法用户，对合法用户设置严格的访问权限管理，通过授权访问保护特定系统资源，防止外部人员通过智能终端非法入侵主干网窃取数据。

(2) 电力智能终端的存储防护技术。保证企业庞大数据的完整性，同时利用数字签名技术保证数据的真实性，在很大程度上减小数据被恶意修改的可能性，防止信息破坏对企业造成不必要的麻烦。此外，应用数据擦除技术定期对硬盘数据彻底清除，防止数据被恢复。

(3) 电力智能终端的软件防护技术。保证操作系统和应用软件的安全，阻止非法授权对操作系统进行更新，在保证智能终端操作系统安全的同时不影响用户操作体验。

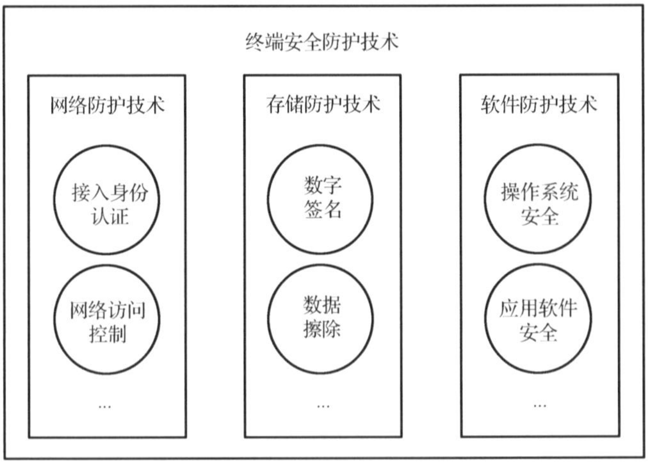

图 8.2　终端安全解决方案图

8.2　安 全 传 输

8.2.1　节点认证

随着电网运行模式和服务模式的转变，获取智能电网服务的用户量以及数据交互信息量增加，伴随着智能电网覆盖范围的增大，部署在电网中的节点数量以及分布在各个地区的服务器数量都会相应的增大，如何在保证复杂的网络结构、传输环境中安全的为用户提供可靠的服务是智能电网持续发展的重要问题。如果不能解决节点以及服务器在每次请求/提供服务的时候处于安全状态，用户最基本的安全将得不到保障。由于智能电网的节点以及服务的安全认证技术还不够完善，现有的安全认证技术可能存在以下问题。

(1) 无线信道的开放性特征使得安装在特定环境中的节点被顶替的可能性变大，恶意攻击者假冒节点的可能性增大，攻击者可能会根据该节点的功能特点、服务类型窃取合法用户的服务，为用户的生活带来不必要的麻烦。

(2) 在通信过程中，节点与服务器一直处于被要求认证的状态将增大服务通信量为本来就有限的带宽带来更重的负担，增大交互信息服务成本，缩减节点寿命，降低服务器的服务效率。

(3) 节点与电网服务器的安全认证大多数是通过相互认证完成，一般情况下效率不高，安全性也不能得到很好的保障。

1. 传统节点认证技术

目前，传统的节点安全认证技术可以通过传统的 PKI 身份认证模型来完成，但是传统的 PKI 模型存在以下问题：密钥验证与证书有效性验证服务是分离的，将导致验证结果的信任度下降；支持多家认证的可实施性差，在复杂的电力体系网络结构中不适合该模型的生存。为提供给用户安全可靠的电力服务，一种有效的保障节点与服务器安全的认证机制是未来电网发展的需要。

2. 一种新的节点安全认证方法

针对 PKI 身份认证模型的缺陷，部分欧美国家电力公司已经采用了最新的智能电网节点安全认证方法，该方法具体步骤如下。

①按照层次结构部署智能电网节点认证系统，所述智能电网节点认证系统包括位于采集节点层的节点(如家具控制器装置、燃气监控装置、视频点播终端和 IP 电话等)、验证服务器、认证服务器和电力服务器。所述采集节点层与所述验证服务器相连，所述验证服务器与所述电力服务器相连，所述验证服务器与所述认证服务器相连。所述采集节点层与所述验证服务器预置对称密钥，验证服务器与电力服务器预置对称密钥，认证服务器与验证服务器预置对称密钥算法(为通用的对称密钥算法)。

②对所述智能电网节点认证系统进行初始化。

③对新加入采集节点层的节点进行认证。

④对所述各个服务器进行认证。

⑤通过认证的新加入的节点与电力服务器进行信息的交互，完成节点安全认证。

(1) 节点认证系统初始化。

节点认证系统初始化步骤如图 8.3 所示。

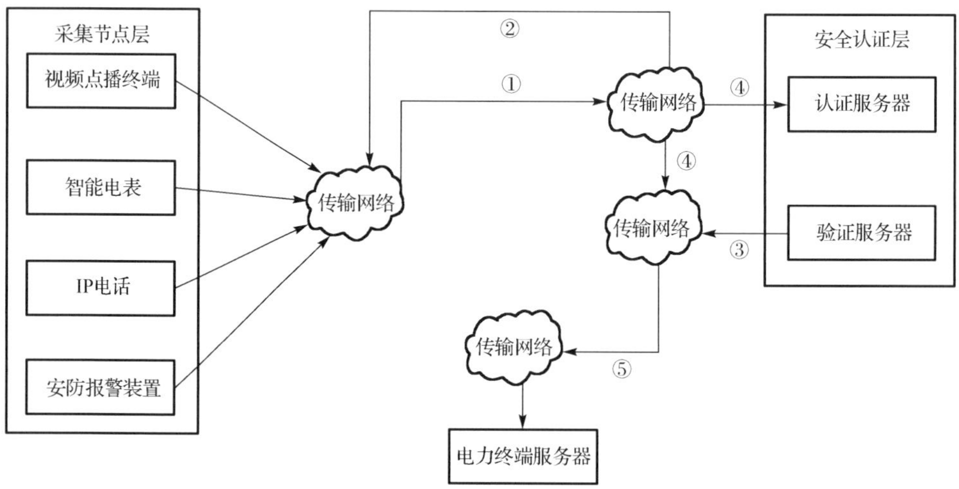

图 8.3　节点初始化图

①在新加入的节点中植入与认证服务器相互匹配的解密密钥、认证服务器在智能电网节点认证系统中的唯一身份识别码(unique entity number，UEN)以及智能节点通用密码生成程序，新加入的节点接入智能电网节点认证系统之后将广播入网成功的信息。

②在认证服务器得知有新加入的节点入网后将向传输网络发送获取新加入节点信息的要求。

③接收步骤②所述要求的节点将按照认证服务器的要求发送包含密码在内的个体入网信息。

④认证服务器收到个体入网信息后与自身生成的密码匹配，若匹配成功，则将该节点信息发送给验证服务器。

⑤验证服务器接收到该节点信息之后将该节点信息加入到可信表里，并向电力服务器发送节点安全信息。

(2)服务器认证。

认证服务器接收到个体入网信息后验证信息是否有效的方法为：使用认证服务器的密钥解密节点初始化消息，并将该信息的格式进行提取，与认证服务器自身要求的版本对比，是否一致，若一致，则证明信息有效，新加入节点初始化入网成功；否则无效，新加入节点初始化入网失败。

认证服务器发送信息的具体格式为 $M_{\mathrm{rq}}=\{K_{\mathrm{sk}}(\mathrm{UEN}_{\mathrm{AS}},\mathrm{NI}_{\mathrm{rq}}),I_{\mathrm{fm}},T_{\mathrm{m}}\}$，其中，$\mathrm{UEN}_{\mathrm{AS}}$ 为认证服务器在智能电网节点认证系统中的唯一身份识别码；$\mathrm{NI}_{\mathrm{rq}}$ 表示认证服务器向新加入节点请求入网的需要获取的消息的内容；I_{fm} 为认证服务器要求新加入节点回应的信息格式；T_{m} 为生成此消息的转发周期。节点接收到此消息之后，首先判断该消息是否已经过期，如果没有过期，该消息将被认证服务器检测其安全性，确认该节点安全以后，认证服务器将节点信息送入验证服务器，由验证服务器将该节点基本信息加入到可信列表里，即完成初始化认证过程。

(3)节点的安全认证。

通过服务器认证后，需要进行节点的认证和连接，具体如图8.4所示。

①由需要请求服务的节点向认证服务器发送安全验证请求。

②接收到安全验证请求的认证服务器将根据节点的信息判断需要的电力服务器类型，并向该电力服务器发送验证安全的要求。

③接收到验证安全要求的电力服务器将发送信息给认证服务器。

④认证服务器在接收到信息之后，对信息进行认证。

⑤认证服务器在确认节点与电力服务器安全之后，将信息发送给验证服务器进行再次验证。

⑥在确认安全之后，验证服务器将发送确认连接信息，节点与电力服务器可以

进行通信连接，具体消息格式为 $M_x=\{K_{sk}(UEN_{node},I_s),SL,T_{sm}\}$，其中，$I_s$ 为服务信息内容；SL 为服务信息等级，即需要服务的信息急缓程度描述；UEN_{node} 为需求通信的节点唯一身份识别码；T_{sm} 为请求服务的有效生存期。

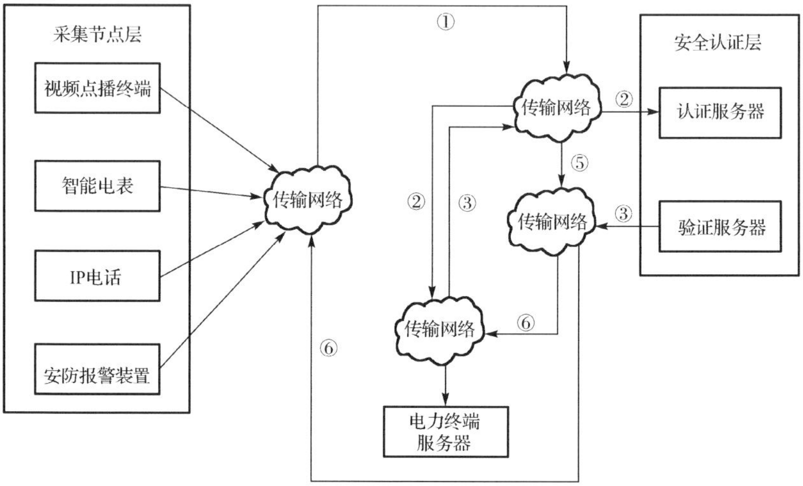

图 8.4　节点的安全认证图

(4) 数据采集及传输。

该方法需要请求服务的节点进行数据采集以及传输的工作，当验证服务器接收到节点发来的请求服务信息时，首先对信息进行解密，根据密码是否匹配判断节点是否合法，若节点验证通过则将密码匹配后的数据置入发送队列等待转发。

节点与电力服务器在经过认证服务器验证安全之后，将接收到从认证服务器反馈回来的允许节点与电力服务器间通信的许可确认信息 $M_{ccm}=\{K_{sk}(UEN_{node},UEN_{es}),T_m\}$，$K_{sk}(UEN_{node},UEN_{es})$ 为要建立通信连接的通信器件信息，其中，UEN_{node} 为新加入节点在该网络中的唯一身份识别码；UEN_{es} 为电力服务器在该网络中的唯一身份识别码；T_m 为该确认信息的有效期，即根据预置密码生成程序生成加密信息。

节点与电力服务器进行通信连接后，节点与电力服务器之间的通信在未来的时间内处于安全通信状态，即时间段内不用每次通信都经过认证服务器来确认节点与电力服务器的安全性。

8.2.2　网络防护

1. 接入身份认证技术

1) 技术原理

在电力系统中，存在不同的终端，每个终端都会有不同的用户去访问，但是，对于一些特定的终端来说，并不是所有用户都有访问它的权限，所以，就要选择一种方式将不具备访问资格的人排除在外，禁止其访问终端。例如，在智能电表中，存储着大量非常关键的用电数据，我们就要用一种技术将没有访问权限的人排除在系统外，这就用到了身份认证技术。

在信息安全中，身份认证技术作为第一道，甚至是最重要的一道防线，有着重要地位，可靠的身份认证技术可以确保信息只被正确的“人”所访问。身份认证技术提供了关于某个人或某个事物身份的保证，这意味着当某个人或某个事物声称具有一个特别的身份时，认证技术将提供某种方法来证实这一声明是正确的。终端接入企业内网环境时，利用数字证书体系，在企业服务端和终端之间进行双向身份认证，身份认证可绑定终端硬件信息，如国际移动设备身份码(international mobile equipment identity，IMEI)。

身份认证可分为用户与系统间的认证和系统与系统之间的认证。身份认证必须做到准确无误地将对方辨认出来，同时还应该提供双向的认证。目前使用较多的是用户与系统间的身份认证，它只需单向进行，只由系统对用户进行身份验证。随着计算机网络化的发展，大量的组织机构涌入国际互联网，以及电子商务与电子政务的大量兴起，系统与系统之间的身份认证也变得越来越重要。

身份认证的基本方式可以基于下述一个或几个因素的组合。

所知(knowledge)：即用户所知道的或所掌握的知识，如口令。用户从系统中可以获得通过算法随机生成的指令代码，在登陆的时候，只需要将代码提交给系统，系统将指令比对后，选择是否通过验证。

所有(possesses)：用户所拥有的某个秘密信息，如智能卡中存储的用户个人化参数，访问系统资源时必须要有智能卡。电力企业可能会为工作人员配备代表个人身份的 ID 卡，卡内芯片存储着持卡人的身份、权限等信息。当工作人员访问电力系统时，需要通过刷卡的方式，在终端上验明身份和权限，从而访问系统。

特征(characteristics)：用户所具有的生物及动作特征，如指纹、声音、视网膜扫描等。

根据在认证中采用的因素的多少，可以分为单因素认证、双因素认证、多因素认证等方法。身份认证系统所采用的方法考虑因素越多，认证的可靠性就越高。

2)理论依据

一般而言，用于用户身份认证的技术分为两类：简单认证机制和强认证机制。简单的认证中认证方只对被认证方的名字和口令进行一致性的验证。由于明文的密码在网上传输极容易被窃听，一般解决办法是使用一次性口令(one-time password，OTP)机制。这种机制的最大优势是无需在网上传输用户的真实口令，并且由于具有一次性的特点，可以有效防止重放攻击。其中，比较有代表性的是 RADIUS 协议。

强认证机制一般运用多种加密手段来保护认证过程中相互交换的信息，其中，Kerberos 协议是此类认证协议中比较完善、较具优势的协议，得到了广泛的应用。

(1)基于口令的身份认证机制。

基于口令的身份认证技术因其简单易用，得到了广泛的使用，具体原理如图 8.5 所示。但随着网络应用的深入和网络攻击手段的多样化，口令认证技术也在不断发生变化，产生了各种各样的新技术。最常采用的身份认证方式是基于静态口令的认证方式，它是最简单、目前应用最普遍的一种身份认证方式。但它是一种单因素的认证，安全性仅依赖于口令，口令一旦泄露，用户即可被冒充，且采用窥探、字典攻击、穷举尝试、网络数据流窃听、重放攻击等很容易攻破该认证系统。相对静态口令，动态口令也叫一次性口令，它的基本原理是在用户登录过程中，基于用户口令加入不确定因子，对用户口令和不确定因子进行单向散列函数变换，所得的结果作为认证数据提交给认证服务器。认证服务器接收到用户的认证数据后，把用户的认证数据和自己用同样的散列算法计算出的数值进行比对，从而实现对用户身份的认证。在认证过程中，用户口令不在网络上传输，不直接用于验证用户的身份。动态口令机制每次都采用不同的不确定因子来生成认证数据，从而每次提交的认证数据都不相同，提高了认证过程的安全性。

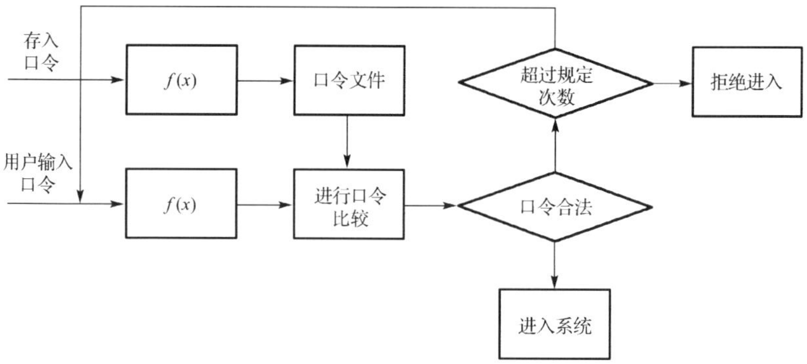

图 8.5　基于口令的身份认证机制

(2)挑战/响应认证机制。

挑战/响应方式的身份认证机制就是每次认证时认证服务器端都给客户端发送一个不同的“挑战”码，客户端程序收到这个“挑战”码，根据客户端和服务器之间共享的密钥信息，以及服务器端发送的“挑战”码做出相应的“应答”，服务器根据应答的结果确定是否接受客户端的身份声明，原理如图 8.6 所示。从本质上讲，这种机制实际上也是一次性口令的一种，认证过程如下。

①客户向认证服务器发出请求，要求进行身份认证。

②认证服务器从用户数据库中查询用户是否为合法用户，若不是，则不做进一步处理。

③认证服务器内部产生一个随机数，作为“挑战”码，发送给客户。

④客户将用户名字和随机数合并，使用单向 Hash 函数(如 MD5 算法)生成一个字节串作为应答。

⑤认证服务器将应答串与自己的计算结果比较，若二者相同，则通过一次认证；否则，认证失败。

⑥认证服务器通知客户认证成功或失败。

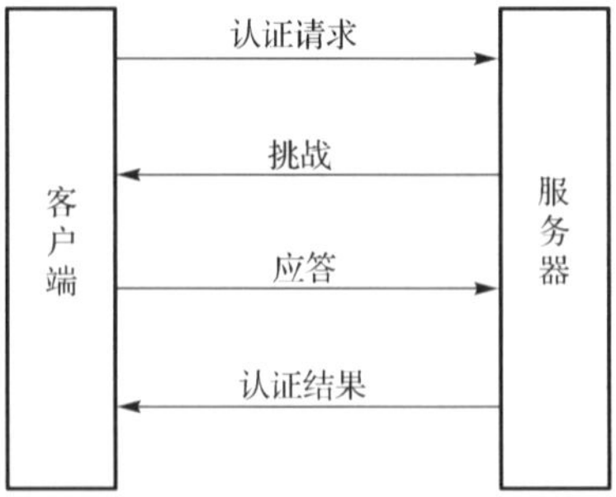

图 8.6　挑战/响应认证机制

(3) MD5 加密算法。

MD5(单向散列算法)的全称是信息摘要算法，其原理如图 8.7 所示，具体算法过程如下。

①数据填充。对消息进行数据填充，使消息的长度对 512 取模得 448，设消息长度为 X，即满足 $X \bmod 512=448$。根据此公式得出需要填充的数据长度。填充方法：在消息后面进行填充，填充第一位为 1，其余为 0。

②添加消息长度。在第一步结果之后再填充上原消息的长度，可用来进行的存储长度为 64 位。如果消息长度大于 264，则只使用其低 64 位的值，即消息长度对 264 取模。在此步骤进行完毕后，最终消息长度就是 512 的整数倍。

③数据处理。准备需要用到的数据。4 个常数：A=0x67452301，B=0x0EFCDAB89，C=0x98BADCFE，D=0x10325476；4 个函数：$F(X, Y, Z)=(X\&Y)|((\sim X)\&Z)$；$G(X, Y, Z)=(X\&Z)|(Y\&(\sim Z))$；$H(X, Y, Z)=X$^$Y$^$Z$；$I(X, Y, Z)=Y$^$(X|(\sim Z))$；

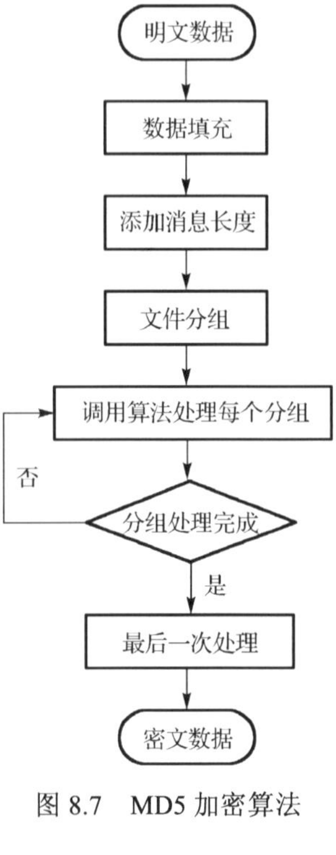

图 8.7　MD5 加密算法

把消息分以 512 位为一分组进行处理，每一个分组进行 4 轮变换，以上面所说的 4 个常数为起始变量进行计算，重新输出 4 个变量，以这 4 个变量再进行下一分组的运算，如果已经是最后一个分组，则这 4 个变量为最后的结果，即 MD5 值。

3) 电力智能终端的网络安全防护技术总体思路

对现有的电力智能终端功能分析，可以实现读卡访问、支付消费、提交相应的信息合同等能力，但这些能力毫无疑问地都存在或多或少的安全隐患。这些安全隐患无论是对电力智能终端的用户还是终端后面代表的电力公司都可能会直接或间接地造成经济财产的损失，甚至会危及人身安全。针对以上安全隐患，可以把电力智能终端安全架构分为四层，分别为硬件层、操作系统层、安全层和业务层，前两层可以根据不同的业务需求进行选择。针对电力行业的特点，智能终端分为两类：专用定制类终端和非定制类终端，不同类型的终端根据应用环境与通信方式等采用不同的防护措施。总的来说，电力智能终端的网络安全防护技术主要分为以下两个模块。

(1) 用户身份识别。在电网内网中采取识别用户身份的方式，以达到初步隔绝恶意访问电网的现象。

(2) 设置用户文件访问权限。对登录用户设置文件访问权限，可以防止数据中心的涉密文件被不法分子恶意访问下载，具体如图 8.8 所示。

对拟登陆用户的身份认证、设置各用户的访问权限、用户获取系统数据的途径这三个部分构成了电力智能终端的网络安全防护层。

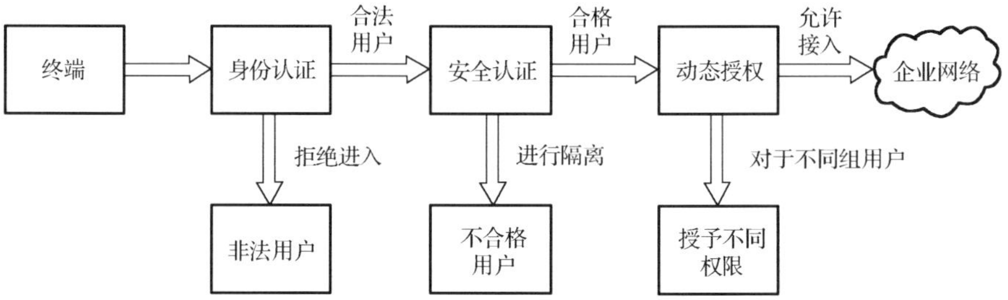

图 8.8　电力智能终端安全防护技术总体思路

在验证接入用户身份认证的方面，当终端接入系统内网环境时，利用数字证书体系，在系统服务端和智能终端之间进行双向身份认证，身份认证可绑定终端硬件信息，如国际移动设备身份码等。在接入身份认证的方面，一般采用简单认证机制和强制认证机制。这样可以有效地防止不法分子恶意登录系统，妨碍系统的正常运行，还能对防护内网中的涉密文件被盗取形成了第一道数据安全的保护层。

简单的认证中认证方只对被认证方的名字和口令进行一致性的验证。由于明文的密码在网上传输极容易被窃听，一般解决办法是使用一次性口令机制。这种一次性口令也是动态口令。这种动态口令的最大优势是无需在网上传输用户的真实口令，并且由于具有一次性的特点，可以有效防止重放攻击。比较具有代表性的是 RADIUS 协议。

强认证机制一般将运用多种加密手段来保护认证过程中相互交换的信息。随着网络应用的普及，对系统外用户进行身份认证的需求不断增加，即某个用户没有在一个系统中注册，但也要求能够对其身份进行认证，尤其是在分布式系统中，这种要求格外突出。这种情况下，公钥认证机制就显示出它独特的优越性。

公钥认证机制中每个用户被分配给一对密钥，称之为公钥和私钥，其中私钥由用户保管，而公钥则向所有人公开。用户如果能够向验证方证实自己持有私钥，就证明了自己的身份。当它用作身份认证时，验证方需要用户方对某种信息进行数字签名，即用户方以用户私钥作为加密密钥，对某种信息进行加密，传给验证方，而验证方根据用户方预先提供的公钥作为解密密钥，就可以将用户方的数字签名进行解密，以确认该信息是否是该用户所发，进而认证该用户的身份，认证机制原理如图 8.9 所示。

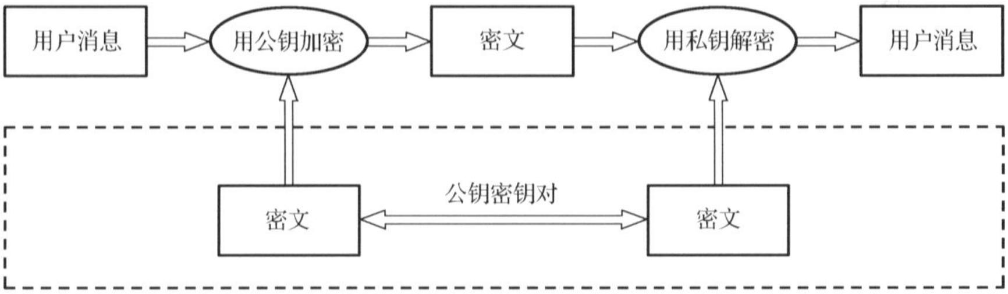

图 8.9　公钥认证机制

公钥认证机制中要验证用户的身份，必须拥有用户的公钥，而用户公钥是否正确，是否是所声称拥有人的真实公钥，在认证体系中是一个关键问题。常用的办法是找一个值得信赖而且独立的第三方认证机构充当认证中心(certificate authority，CA)，来确认声称拥有公开密钥的人的真正身份。要建立安全的公钥认证系统，必须先建立一个稳固、健全的 CA 体系，尤其是公认的权威机构，即“Root CA”，这也是当前公钥设施(PKI)建设的一个重点。其中，Kerberos 协议是此类认证协议中比较完善、较具优势的协议，得到了广泛的应用。

使用公钥认证机制作为电力智能终端的用户身份认证方式，能够提高认证的安全性，从而有效防止恶意用户访问电网的现象。

2. 网络访问控制技术

1) 技术原理

身份接入技术作为第一道防线，可以将非法用户拦截下来，只允许合法用户进入系统。但是，这并不意味着所有数据都已经安全了，因为，系统中仍然存在用户，即使这些用户被系统认为是合法用户，但并不代表他们只能进行合法操作。对于智能电表来说，工作人员可以进入其中统计、查找信息，但是，并没有对这些信息进行修改的权利。所以，为了防止某些信息被非法操作，就设置了访问控制，用来防止合法用户对系统资源的非法使用。

作为五大服务之一的访问控制服务，在网络安全体系的结构中具有不可替代的作用。所谓访问控制(access control)，即为判断使用者是否有权限使用或更改某一项资源，并防止非授权的使用者滥用资源。网络访问控制技术通过对访问主体的身份进行限制，对访问的对象进行保护，并且通过技术限制，禁止访问对象受到入侵和破坏。

访问控制系统是一个安全的信息系统中不可或缺的组成部分，访问控制的目的在于拒绝非法用户的访问并对合法用户的操作行为进行规范。只有经授权的访问主体，才允许访问特定的系统资源。它包括用户能做什么和系统程序根据用户的行为应该怎么做两层含义。从本质上讲，访问控制就是根据访问控制策略来限制用户对资源的访问，使用户和资源之间有了一道“墙”，防止了用户对资源的无限制直接访问，任何用户对资源的访问都必须经过这道墙——访问控制系统。访问控制系统根据访问控制策略对访问者的访问请求进行仲裁，这样使得用户对资源采取的任何操作都会处于系统的监控范围内，从而保证系统资源的合法使用。当一个用户对某个资源提出访问请求时，访问控制仲裁就会对用户的请求作出响应，由用户ID或可区别的身份特征到安全策略库中查询与该用户相对应的安全策略，如果找到的安全策略允许该用户对特定资源提出的访问请求，则反馈给用户的响应为允许，否则拒绝。系统管理员可以根据用户的身份、职务等将各种权限通过配置安全策略数据库的形式授予不同的用户，这样就制定出适用于不同用户或资源的安全策略。一个正常的访问控制系统主要包含三个要素：访问主体、访问客体、访问策略。访问主体是指发出访问请求的发起者；访问客体是指被主体调用的程序或欲存取的数据，即必须进行控制的资源或目标；安全访问策略往往是指一套规则，被用来判定一个访问主体对所要访问的资源(客体)是否被允许。其中，访问主体与访问客体是相对的，当一个访问主体受到另一个访问主体的访问时，该主体便成为了访问客体。

访问控制技术一般分为自主访问控制(discretionary access control，DAC)，强制访问控制(mandatory access control，MAC)，基于角色的访问控制(RBAC)等。在电力系统中，由于系统的实时更新，以及庞大的访问量，系统对访问控制的服务质量的要求越来越高，而以前两种访问控制技术已经很难满足这些要求，自主访问控制将一部分授予或回收访问权限的权力留给了用户，这样使得管理员很难确定到底哪些用户对同一资源拥有权限，不利于实现统一的全局访问控制，并且很容易出现错误，也就更无法实现细粒度访问控制和动态权限扩展。而强制访问控制又过于偏重保密性，对其他方面如系统连续工作能力、授权的可管理性考虑不足。

所以，随着信息系统规模的扩大，系统用户的增加，角色的概念逐步形成并逐步产生了在信息系统中以角色概念为中心的访问控制模型，基于角色的访问控制就应运而生。

2) 理论依据

基于角色的访问控制是指用户获得的权限是由用户所在的用户组中的角色来确定的，当系统中的用户被赋予一个角色时，该用户就具有这个角色所具有的所有访问权限。用户首先经认证后获得一个角色，该角色被授予了一定的权限，用户以特定角色访问系统资源，访问控制机制检查角色的权限，并决定是否允许访问。RBAC 从控制主体的角度出发，由整个系统管理中相对比较稳定的职责对角色进行划分，访问控制权限的授予与角色相关，在 RBAC 中角色作为一个桥梁连接访问控制过程发生中的访问控制主体和客体。

简单来说，一个用户可以拥有若干角色，每一个角色拥有若干权限，这样，就构造成“用户-角色-权限”的授权模型。在这种模型中，用户与角色之间，角色与权限之间，一般是多对多的关系。

3) 具体方法

在网络访问控制方面，电力公司通过对用户设置访问权限的方式间接地控制用户对于系统内网的使用权限。根据预先制定的访问控制策略，对接入终端在系统内网的访问权限进行控制。在同一时间内，禁止终端既接入系统内网，又接入公网环境。而通过了系统认证的用户被分配固定的权限，使得电网井然有序，电网的各部分组件正常运转，为电力智能终端的安全防护提供了良好的运行环境和安全保障。因此，适用于电力公司且常用于网络访问控制的方式有以下几种。

(1) 采用账户时间限制模式：访问用户创建账户的有效时间将受到限制。在没有后续的用户请求或者来自用户的访问时账户将关闭，只有经过再次的确认才能重新启用。

(2) 独立网络或域模式：对于大型电力智能终端网络来说，可以在活动目录中为一个子域设立单独存在的账户。对于大型网络环境来说，这样的做法在需要对大量访问用户进行权限设置的情况出现时，能够减少工作量。

(3) 纵向加密控制：纵向加密控制是指在一个区域内，网络访问终端对本区域内的资源进行访问时，采用双向身份认证、数据传输机密性和完整性保护等机制来确保区域内部访问的安全性。

(4) 横向隔离控制：横向隔离控制是指终端访问其他区域的网络资源时，对其访问终端实行隔离控制，主要采用签名认证和数据过滤措施来保证信息访问的单向传输安全。为了保证消息在各个安全区的传输安全性，设置正向型隔离和反向型隔离。正向型隔离负责生产区的网络终端访问管理区的网络资源；反向型隔离负责管理区访问生产区的网络资源。所有网络访问都是单向实现，防止信息泄露，保证数据安全。

4) 最新技术展望

除此之外，现有的许多研究机构开展了以下三种电力智能终端的网络访问控制方法的研究。

(1) 从基于角色权限访问控制(RBAC)的层面来看，即使用户通过了认证管理器的身份验证，但是并不代表用户可以在系统里面肆意妄为，因为用户的身份还需要通过访问决策管理这道门。访问决策管理器对用户进行授权，通过考虑用户的身份认证信息和与受保护资源关联的安全属性决定当前用户是否可以进入系统的某个模块和进行某项操作，即对用户在使用系统内网的权限进行明细划分。决策访问管理器不能单独运行，必须首先依赖认证管理器进行身份确认，因此，在加载访问决策过滤器的时候已经包含了认证管理器和决策访问管理器。

为了满足应用的不同需要，在进行访问决策管理的时候采用两种模式：登录模式和即时模式。登录模式，系统在用户登录的时候读取该用户所具备的授权信息到Session，下次不再重新获取授权信息，也就是说即使管理员对该用户进行了权限修改，用户也必须在下次登录后才能生效。即时模式就是为了解决上面的问题，在每次访问系统的模块或者操作的时候,即时验证该用户是否具有该模块和操作的授权，从更高程度上保障了系统的安全。

(2) 从自主访问控制(DAC)的层面来看，当主体具有某种访问权，同时又拥有将该权限授予其他用户的权利时，他能够自行决定将其访问权直接或间接地转授给其他主体。在自主型存取控制技术中，系统用户对数据信息的存取控制主要是基于对用户身份的鉴别和存取访问规则的确定。当用户申请以某种方式存取某个资源时，系统就对其进行合法身份性检查，来判断该用户有无此项操作权限，以决定是否允许该用户继续操作。对某个信息资源拥有某种级别权限的用户可以把其所拥有的该级别权限授予其他用户，也就是说，系统授权的用户可以选择其他用户一起来共享其所拥有的客体资源。一般自主型存取控制将整个系统的用户授权状态表示为一个授权存取矩阵，当用户要执行某项操作时，系统就根据用户的请求与系统的授权存取矩阵进行匹配比较，通过则允许该用户的请求，对其提供可靠的数据存取方式，否则拒绝该用户的任何访问请求。

(3) 从强制控制访问(MAC)的层面来看，在强制访问控制下，数据库系统给所有主体和客体分配了不同级别的安全属性，形成了完整的系统授权状态。而且，该授权状态一般情况下不能被改变，这是强制型存取控制模型与自主型存取控制模型的实质性区别。一般用户或程序不能修改系统安全授权状态，只有特定的系统权限管理员才能根据系统实际的需要修改系统的授权状态，以保证数据库系统的安全性能。强制型存取控制系统主要通过对主体和客体的已分配的安全属性进行匹配判断，决定主体是否有权对客体进行进一步的访问操作。在关系数据库中，运用强制访问控制策略可以实现信息的分析分类管理。这样，具有不同安全级别的用户只能对其授权范围内的数据进行存取，同时也保证了敏感数据不泄露给非授权用户，防止了非法用户的访问，因而提高了数据的安全性。

8.2.3　软件防护

1) 操作系统安全防护

操作系统的安全旨在通过对操作系统的敏感调用进行科学合理的配置，实现安全的目标。主要的手段是通过对系统资源调用的监控、保护、提醒，确保涉及安全的系统行为总是在受控的状态下，不会出现用户在不知情的情况下某种行为的执行，或者用户不可控行为的执行。

在某些电力系统的终端中，操作系统是必不可少的，工作人员可以通过操作系统来控制诸如变压器、发电机等设备的参数或运行状态，所以操作系统必须是安全的，不能给不法分子留下“后门”。常见的操作系统安全防护方案如图 8.10 所示，其中，需要注意的两点是安全调用控制与操作系统的更新。

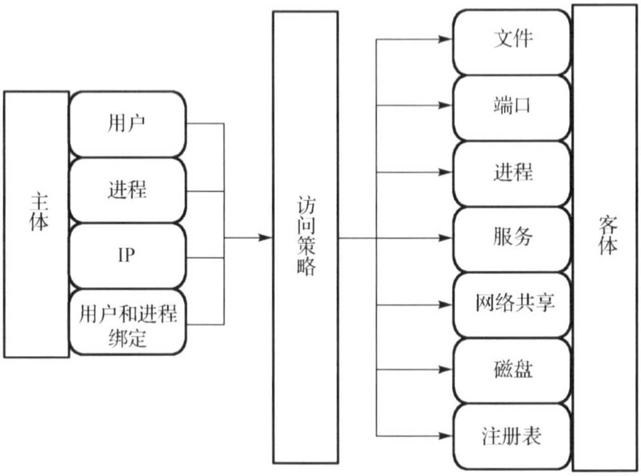

图 8.10　操作系统安全防护

(1) 安全调用控制。

由于智能终端操作系统的开放性，操作系统中间层有很多应用程序编程接口 (application programming interface，API) 开放给用户进行二次开发，这就带来了很多风险。如果对 API 不加以控制，则开发者很容易通过合理的组合调用实现恶意行为，对用户信息安全造成威胁。操作系统也可以提供统一的应用权限管理功能，将每个应用软件所调用的敏感 API 列出来，用户可在列表中选择允许调用哪些 API，禁止调用哪些 API，这样既保证了智能终端操作系统的安全性，又不影响用户的操作体验。

需要进行安全控制的 API 包括通信类 API 和本地敏感 API。通信类 API 可能会造成用户的资费损失，如拨打电话、三方通话、发送短信、发送彩信、发送邮件、移动网络数据连接、WLAN 网络连接等。本地敏感 API 可能会造成用户私密信息的泄露，如定位、通话录音、本地录音、拍照、摄像、对用户数据的操作等。

(2) 操作系统的更新。

除了加强操作系统的安全调用控制外，还应保证操作系统的自身升级是可控的。由于智能终端操作系统的开放性，很多智能终端在出厂后还能够进行非官方授权的系统重置操作，通过对智能终端重置操作，有可能修改智能终端的协议栈，给终端植入恶意代码，从而给智能终端带来巨大的安全威胁。所以智能终端应能保证官方授权的操作系统的更新，对于非授权操作系统更新，应给用户相应的提示，保证操作系统的安全。对于不能保证操作系统安全的更新，厂家应在说明书或其他地方明示用户可能带来的安全风险。

2) 应用软件安全防护

随着智能终端用户越来越多，相对应的应用软件也迅猛增加。但是，由于操作系统厂商缺乏对应用软件的审核机制，攻击者很容易把病毒、木马、蠕虫等恶意代码植入到应用软件中，对智能终端用户造成一定的危害。应用软件安全控制的目标是智能终端能够确定应用软件的来源，并对已经安装的应用软件进行敏感行为的控制。此外，还需制定针对各类智能终端软件的安全技术标准，加强对智能终端软件安全评估工具和方法的研究，保障安全评估高效客观开展。同时应从软件研发源头提高软件质量和安全水平，在软件研发、上线、运行的整个生命周期内实施强制安全措施保障。

在电力系统中，存在各种各样的软件，工作人员通过操作软件就可以控制系统运转，十分方便。但是，跟操作系统一样，这些软件也有各种漏洞存在，这些漏洞可能会成为外界入侵的通道。所以，必须提高软件质量，修补各种漏洞，才能将安全隐患降至最低。

(1) 敏感 API 管控技术。

需要进行安全控制的 API 一般是指本地敏感 API，本地敏感 API 可能会造成用户私密信息的泄露。安全控制的方式是在调用这些敏感 API 时应得到用户的确认，相应的调用行为才能执行。每次调用均需确认是最安全的做法，但是可能会影响用户体验，因此为了不影响用户使用的感受，针对不同的应用场景，可以选择其他的确认方式。如应用软件首次运行时进行确认，一次确认后长期有效，或者重起软件时需再次确认。具体的敏感 API 管控技术如图 8.11 所示。

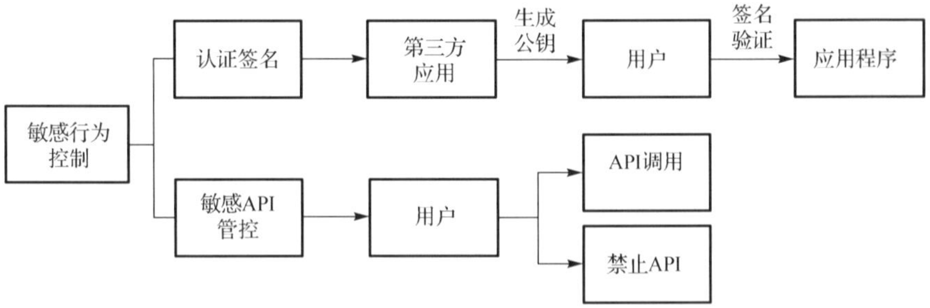

图 8.11　敏感 API 管控技术

除了利用应用软件的签名机制外，还可加强对敏感 API 的调用管理，从而对电力移动智能终端进行安全防护，应用软件的 API 管控技术与上文操作系统提到的安全控制技术相似。电力移动智能终端操作系统可提供对应用所调用的敏感 API 的管控，给用户提供菜单可允许或者禁止应用软件对某一敏感 API 的调用，通过敏感 API 管控技术可有效地防范携带恶意代码的应用软件实施恶意行为，保护电力环境的安全稳定。

(2) 应用软件认证签名机制。

应用软件认证签名机制是目前业界常用的对应用软件进行管理的有效手段。智能终端平台厂商都采取了各自的数字签名认证机制，对调用特定 API 的软件进行测试认证，对通过测试的软件进行数字签名。未经过签名认证的软件在智能终端安装运行时，将无法调用敏感 API 或调用时会对用户进行安全提醒。应用软件认证签名是应用软件在发布之前经由可信第三方对应用程序进行检测并签名，用户在下载安装应用之时，使用可信第三方的公钥对经过签名的应用程序进行签名验证，只有通过签名验证的应用程序才能安装到终端上。应用软件认证签名机制要求智能终端具备该机制，在用户下载安装应用软件时，可提示应用软件的签名状态，避免用户由于下载安装未经签名的应用软件，给用户带来安全威胁。通过应用软件认证签名机制可有效避免携带恶意代码或非法内容的应用软件对电网环境进行破坏。

8.3　边界安全接入关键技术

实现智能电网边界安全接入的关键技术包括支持海量异构终端的高性能并行加解密、面向海量异构终端的安全可信专控和基于数字证书的终端统一认证接入等技术。

8.3.1 并行加解密技术

针对智能电网业务终端种类繁多、数量巨大的特点，利用 FPGA 等技术以多线程并行处理方式，通过改进密码调度算法，实现多个密码芯片的并行处理，即在原有密码芯片调度算法的基础上，设计一种新的数据加解密处理方法，借助 FPGA 自身集成的 PCI Express 总线和并行工作原理，使得四个及以上的密码芯片同时并行工作，从而开发出适用于智能电网海量异构终端大流量数据处理的高速密码处理单元(高速密码卡)。高速密码卡的硬件结构设计，如图 8.12 所示。

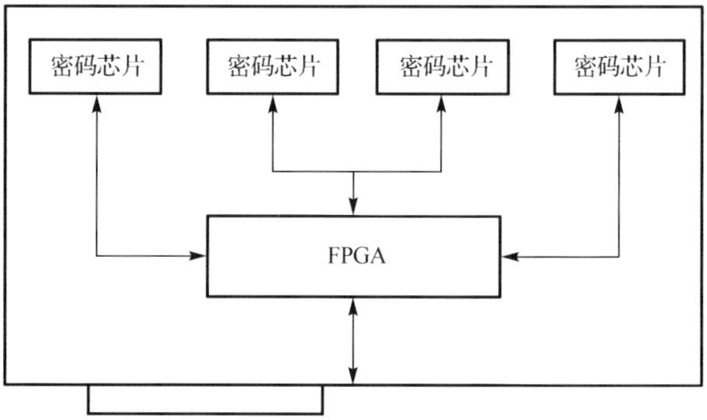

图 8.12　并行高速密码卡硬件结构

利用 FPGA 实现多个密码芯片的并行加解密运算需要采用以下两项关键技术。

(1)集成 PCI Express 接口的高性能 FPGA。

由于接口拥有高达 32GBps 的传输速度，可以实现加解密数据在主机与 FPGA 之间的高速传输。通过在内部集成接口 PCI Express 来提高 FPGA，能够满足现阶段高速密码卡的需求。凭借 FPGA 的高性能及多引脚，可以在 FPGA 外部连接四个或者更多的密码芯片，实现对多个密码芯片的控制。

(2)CBC 模式下连续数据并行加解密。

为了克服电子密码本模式(electronic code book，ECB)的安全性缺陷，高速密码卡采用密码分组链接模式(cipher block chaining，CBC)。在 CBC 模式下，后续数据的加密依赖前一次加密结果作为后一组报文加密的Ⅳ向量。因此，后一组数据必须等前一组数据加密完成后方能再进行加密。为解决这种连续性加密限制，本高速密码卡借鉴网络报文分组发送的原理，对大段连续明文数据进行分组，并对每个分组单独使用密码芯片进行加密，来实现大段连续明文数据多个密码芯片的并行加密。

8.3.2 安全可信专控技术

针对移动办公终端、移动作业终端和输电线路状态监测终端三类智能电网中经常使用的终端，具体安全可信加固的技术路线如下。

(1)基于 XPE Key 的移动办公终端防护方法。

通过对嵌入式 Windows 操作系统(Windows XP embedded，XPE)进行裁剪与定制，去除不需要的服务和设备驱动，设计基于 XPE 的安全操作系统，并安装于 USB Key 设备，构造基于 XPE Key 的智能电网移动办公终端设备，XPE Key 的功能组成如图 8.13 所示。

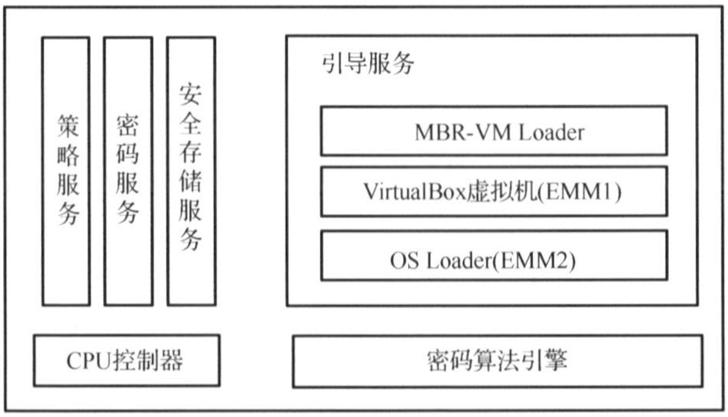

图 8.13　XPE Key 功能组成图

XPE Key 通过 USB Key 接口向移动办公终端交换信息。XPE Key 支持多级权限管理，共有四种分区：加密区、启动区、USB Key 区和隐藏区。其中，启动区是一只读区域(Nand flash)，需通过上层软件专有命令才可对该区进行写操作，用作 VM Loader、OS Loader 和 VirtualBox 虚拟机程序的可信存储来存放终端启动信息；USB Key 区处于 SSX45 安全芯片内，基于 SJK0921 TF 密码卡 COS 系统为用户提供密码服务；隐藏区是一个不被 Windows 识别的存储区域，用于存放可信终端的安全策略，如启动引导安全策略、端口控制策略、网络过滤配置策略等；加密区是在物理上建立的一个全加密存储盘区域，只有通过磁盘加密口令认证才能访问；VM Loader 放置在 USB 启动区的主引导记录 MBR(main boot record)区，而扩展代理 EMM1、EMM2 作为程序代码分别存储于虚拟机系统和 OS Loader 系统中。

(2)移动作业终端的安全防护方法。

利用安全 TF 卡中的证书、密钥等身份认证信息，设计和开发适用于智能电网移动作业终端的安全专控软硬件。在 PDA 启动之前，采集 PDA 终端的硬件标识、SIM 卡的 ISMI 号和安全 TF 卡硬件序列号，进行终端的身份认证和安全启动；在 PDA 运行过程中，由安全专控软件定时采集 PDA 的运行信息，并进行健康状态扫描，确保 PDA 运行环境的安全、可靠；同时，安全专控软件将 PDA 终端的软硬件信息上报给安全接入网关，进行综合身份认证，确保移动作业 PDA 终端的安全接入。安全终端的模块组成如图 8.14 所示。

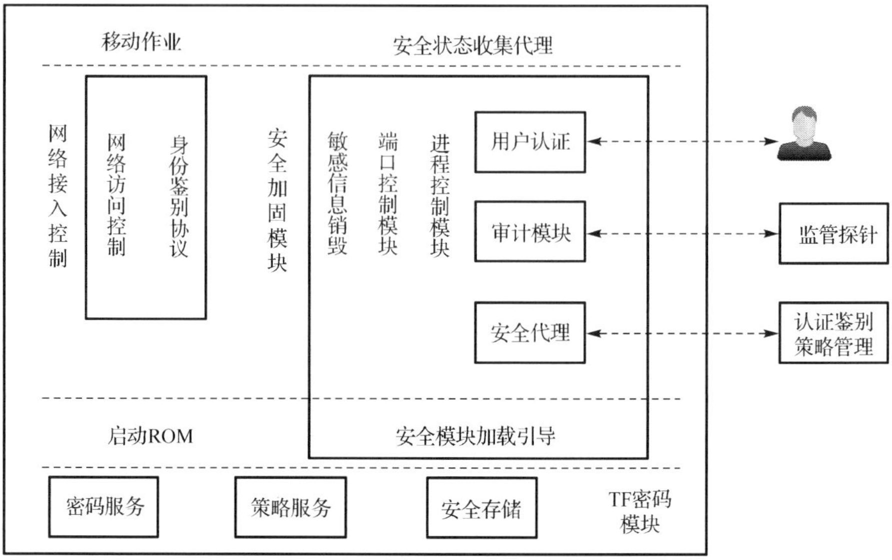

图 8.14　安全 PDA 手机终端的模块组成

(3)输电线路状态监测终端的安全通信代理方法。

针对智能电网中输电线路状态监测通信方式多样化的特点，利用多通道通信代理技术，设计具有嵌入式处理器的安全通信模块，用作输电线路状态监测终端的通信中间件。该安全通信模块采用符合工业级设计标准的密码芯片，可以满足各种恶劣气候条件下的运行要求，工作温度为–40～85℃。该安全通信模块提供以太网、RS485、RS232 等多种接口与监测终端连接，监测终端可以很方便地与安全通信模块通信。安全通信模块与主站的通信方式支持无线 Wi-Fi 以及无线 GPRS 方式，适应大部分地区的复杂接入。安全通信模块的组成结构如图 8.15 所示。

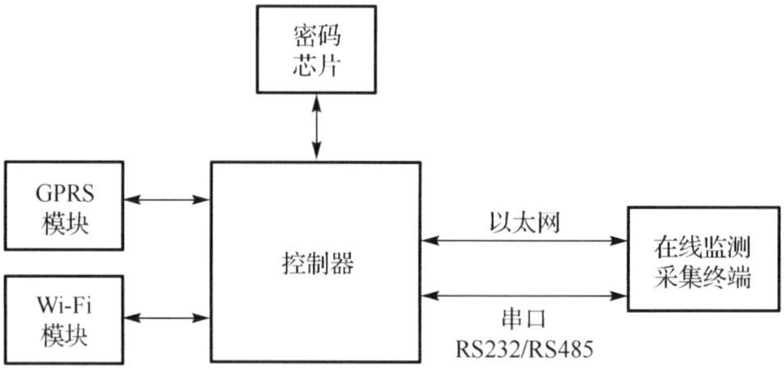

图 8.15　输电线路状态监测终端的安全通信模块结构原理图

8.3.3　终端统一认证接入技术

除高性能并行加解密和终端安全可信加固等技术外，本项目还采用基于椭圆密码算法的数字证书体系、基于数字证书的终端身份标识与身份认证技术，以及密钥生命周期管理机制，来解决智能电网海量异构终端的身份标识、身份认证和密钥管理等问题以便于终端的安全认证接入，具体包括以下步骤。

(1)利用基于数字证书的双向认证、结合用户名口令与终端标识等多种方式实现终端的组合身份认证。

(2)调用国家密码管理局专用硬件算法，在异构终端和接入网关之间建立双向加密隧道，实现异构终端与业务应用通信数据的全程双向加密。

(3)通过证书服务系统提供的证书信任体系，进行智能电网海量异构终端的证书在线验证。

(4)根据终端的组合身份认证、健康状态评估结果等信息，接入网关进行终端接入仲裁已决定是否允许终端接入。

(5)在终端安全专控软件的网络访问控制基础上，增加终端的二次访问控制功能，实现对终端访问网络资源的严格控制。

(6)实现对终端访问行为的详细日志记录，供接入网关集中监控和进行日志审计。

8.4　实际应用情况

8.4.1　工控网络攻击案例分析

(1)乌克兰停电事件。

近年来网络空间安全事件频发，国家级、集团式网络安全威胁层出不穷，2010 年“震网”病毒事件敲响了工控系统安全的警钟，2015 年乌克兰停电事件成为全球首例公开报道的因黑客攻击导致的大范围停电事件。电力等重要基础设施领域成为“网络战”的重点攻击目标之一，网络与信息安全形势异常严峻。

2015 年 12 月 23 日，乌克兰电力系统遭受黑客攻击，造成 7 个 110kV 和 23 个 35kV 变电站发生故障，导致伊万诺-弗兰科夫斯克地区发生大面积停电事件，140 万人受到影响，停电持续了 6 小时之久。

此事件暴露的问题及启示如下。

网络隔离不足。各类电网公司间为了发、输、配电业务的通信和控制便利，通过互联网连接，控制类与非控制类系统未进行物理隔离。认证机制失效，身份认证机制被绕过后全网瘫痪，安全监测不力。恶意网络攻击病毒入侵手段隐蔽，有的病毒潜伏期长达半年。此次黑客成功入侵电网，乌克兰电力却未发现攻击行为，监测不到位，电力员工安全意识薄弱，导致被黑客利用。

抵御网络攻击将成为电网运行的核心安全问题之一。网络攻击已成为新型武器，特种木马及特种攻击手段具有极度危险性，扩散、破坏非常隐蔽，现有软件无法查杀，物理隔离已不是抵御网络攻击的最后一道防线。黑客通过已感染U盘或员工笔记本，绕过物理隔离体系，间接入侵电网调度Ⅰ、Ⅱ区，电网工控网络与信息安全风险将长期存在。

(2)以色列电网遭网络攻击事件。

2016年1月25日，以色列国家电力局被黑客攻击，致使将近70万民众遭受停电困扰的重大事件。事件起因是通过发送钓鱼邮件传播勒索软件(Ransomware)诱骗收件人执行恶意代码，加密电脑中的相关内容，需要受害人付款才能解锁。

乌克兰和以色列电网受攻击事件反映出网络时代存在的安全隐患，在互联网技术不断进化的同时，黑客们已将攻击目标从公民个人逐渐转移到公共事业上。伴随能源行业信息化程度的提升，能源部门已成为网络攻击的主要目标之一。

智能时代的来临是机遇也是挑战，必须在安全意识、管控措施、应急储备、研发能力上有所提升，电网信息安全防护必须升级，才能为电网安全稳定运行提供更加可靠的保障。

8.4.2　安防环境及安防设备

随着网络技术的不断发展，网络中的漏洞逐渐被发现。恶意的攻击者通过它们对网络进行大量的攻击，向网络安全进行挑战，对网络安全造成极大的威胁。为了抵御外界恶意攻击，保护网络安全，配电专用安全芯片、配电加密认证装置、配电专用安全接入网关、数据隔离组件、漏洞扫描等技术应运而生。

1)配电专用安全芯片

目前国网电力公司采用的是专用安全芯片，内核采用32位CPU芯片，支持SM1、SM2、SM3算法，利用内置安全算法完成数据的加解密、身份认证、访问权限控制等多种功能，保证终端数据存储、传输、交互的安全性(通过国密安全芯片检测，取得国家商用密码产品型号证书)。

安全芯片采用SOP8封装方式，通过SPI接口与配电终端CPU进行交互，一终端一密钥。每个终端内嵌入一颗配电专用安全芯片，每个安全芯片的密钥彼此不同。在使用中，即使某个终端的密钥被泄露，也不会影响其他终端的密钥安全和终端安全。每个安全芯片内的密钥和主站配电加密认证装置内的密钥是子密钥和主密钥的关系，由主站配电加密认证装置的密钥可以推导出每个终端的密钥，但是由终端的密钥不能推导出主站的密钥。

测试密钥和正式应用密钥。终端在生产、测试和返厂维修时，安全芯片内的密钥是测试密钥，当终端正式挂装时需要将终端的测试密钥更新为对应电力公司的正式应用密钥，密钥更新过程可通过主站远程自动完成。测试密钥同正式密钥分离既方便终端厂商的调测与维修，又能保证正式密钥的机密性，防止密钥泄露。

主流厂商已完成基于嵌入安全芯片配电终端流程的开发和安全功能验证。具体防护情况如表 8.2 所示。

表 8.2　配电专用安全芯片防护情况

安全防护比较	硬件密码组件	软件密码组件
完整性保护	满足	不可控
对操作系统的依赖性	不依赖	依赖
能量分析攻击防护	有针对性防护	无防护
逆向工程攻击防护	攻击代价高	容易实现攻击
随机数安全性	有针对性防护	无防护
物理攻击防护	有针对性防护	无防护

2) 配电加密认证装置

目前国家电网使用的加密认证装置如图 8.16 所示。

采用交换机连接前置机和配电加密认证装置，提高了部署的灵活性，但是为了保证数据交换的安全，应该采用专用的交换机(或 VLAN)进行连接。

配置管理功能主要是对加密装置进行部署配置，包括通讯参数的配置、访问白名单管理和密钥管理等功能。

加密装置提供密码服务前需要进行必要的参数配置，所有的管理操作必须在获得授权的前提下才能进行，管理用户在进行配置操作过程中必须插入配套的授权 IC 卡，并验证 IC 卡口令，在 IC 卡验证通过后方能进行对应的管理操作。

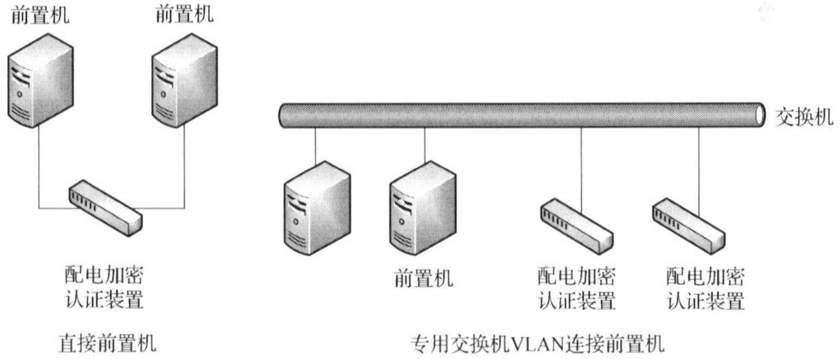

图 8.16　配电加密认证装置

①网络配置管理：IP 地址、子网掩码、网关、端口号管理。

②访问权限管理：白名单配置、用户登录、口令修改、注销登录。

③ IC 卡管理：IC 卡制作、口令修改。

密钥管理功能主要是在设备连接管理工具的基础上，对加密装置的对称与非对称密钥的管理，包括密钥产生、密钥更新、密钥存储、密钥删除、密钥销毁等一系列操作过程。加密装置本身在出厂时未设置主密钥，要想密码设备正常提供服务功能，必须为设备输入主密钥，主密钥由三个分量和指定的算法在设备内部组成，主密钥输入完成后方可进行其他密钥的操作，主要有：①密钥生成；②密钥安全存储；③密钥导出；④密钥导入；⑤密钥状态查看；⑥密钥销毁；

密码安全服务功能支持主要针对应用系统调用，包括通用密码服务功能和客户定制化服务功能，主要有：①随机数生成功能；②密钥生成(DES/SM1/SM2/RSA 等)功能；③生成密钥协商会话密钥功能；④消息摘要功能；⑤签名验签功能；⑥对称密钥加解密功能；⑦非对称密钥加解密功能；⑧消息鉴别与 MAC 运算功能；⑨使用注意事项；⑩配电加密认证装置必须经配发单位正式发行后才能正常使用；⑪只有添加到可信客户端的 IP 地址才能正常访问配电加密认证装置；⑫严禁带电打开配电加密认证装置的机仓和拔/插通信线缆；⑬严禁强电流、高电压对配电加密认证装置的冲击；⑭若 IC 卡损坏，严禁随便丢弃，必须交还给配发单位，由配发单位统一处理。

3) 配电专用安全接入网关

现阶段国网电力公司主要采用的是配电专用安全接入网关，如图 8.17 所示。

配电专用安全接入网关部署在安全接入区与配电终端纵向连接边界处，串接于配电终端与安全接入区采集服务器的通路中，实现对接入终端合法性的管控。

①提供基于数字证书的配电终端和接入网关双向身份认证功能。

②进行网络层安全访问控制，对终端可访问的主站服务器进行严格限制。

③实现配电主站通过接入网关主动检测链路状态。

④实时监测终端的在线及链路状态。

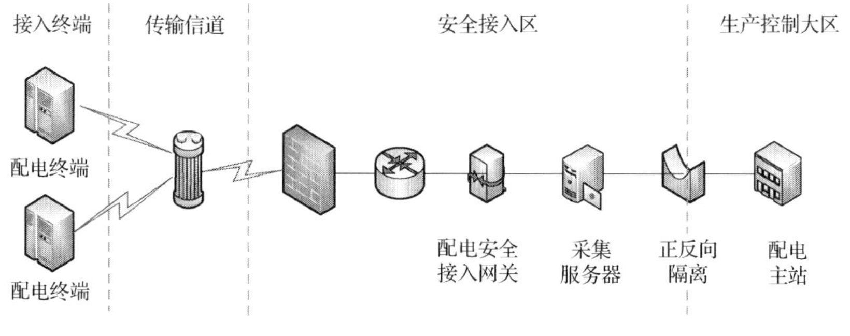

图 8.17　配电专用安全接入网关图

配电专用安全接入网关采用串行方式部署在生产控制大区的安全接入区，串联在安全接入区的采集服务器和配电终端之间，负责与终端进行双向身份认证，身份认证通过后，才允许采集服务器与终端进行信息交互，对于非法终端或未完成身份认证的终端，禁止与采集服务器建立连接。

4)漏洞扫描及风险监测工具

现阶段国网电力公司主要采用的是漏洞扫描及风险监测工具，如图 8.18 所示。配电自动化系统漏洞扫描及风险监测工具是指基于漏洞数据库，通过扫描等手段对指定的远程或者本地设备及软件的安全脆弱性进行检测，发现可利用的漏洞的一种安全检测(渗透攻击)行为。漏洞扫描工具利用漏洞扫描与检测技术，快速发现网络资产，识别资产属性，全面扫描安全漏洞，清晰定性安全风险，批量发现配电终端、应用软件以及支撑他们运行的服务器、数据库、网络设备的安全风险。

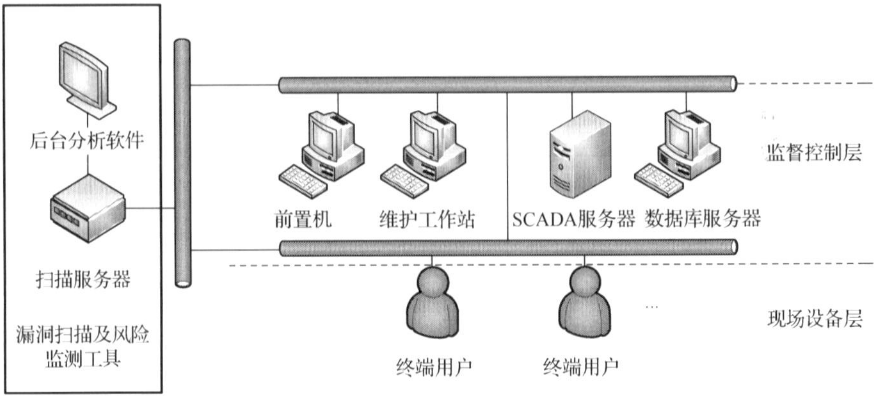

图 8.18　漏洞扫描及风险监测工具

脆弱性检测功能。检测网络中配电终端、通信设备、服务器等的系统脆弱性，如设备开放的危险端口、存在的配置漏洞、存在的弱登录认证(弱登录用户名及弱登录密码)。

已知漏洞检测功能。可对多款国内外工控软件进行漏洞检测。漏洞检测类型涵盖缓冲区溢出、目录遍历、越权访问、敏感信息泄露等多种高危及中低危漏洞。

未知漏洞探测功能。对网络中设备进行未知漏洞探测。通过主动发包方式，可对上位机、下位机等设备进行协议模糊测试，支持主流 IP 网协议及工控协议。

安全策略配置监测功能。可对扫描到的所有设备的交互协议进行分析，监测交互报文是否进行了加解密、身份鉴别等安全策略配置。

配电安全检测工具可实现对配电终端、配电主站、服务器、通信设备、支撑软件、应用软件等口令、多余服务/端口以及系统漏洞的监测及告警，同时增加应用层协议的检测分析功能以及非授权设备接入检测功能。

典型应用场景如下。

①部署在安全接入区交换机实现对现场配电终端批量检测。

②部署在Ⅰ区主站内部交换机实现对主站内部主机及软件检测。

③部署在Ⅳ区主站交换机实现对现场配电终端批量检测。

8.5 本章小结

本章主要介绍了智能电网工控的安全接入及其防护技术，从终端安全、安全传输、边界安全接入关键技术三个方面展开全面的剖析。

终端安全模块主要介绍了终端面临的标准缺乏、信息安全风险、环境复杂、攻击手段多样、漏洞多、用户侧等问题，最后提出了网络安全解决方案、存储解决方案、软件安全解决方案为一体的系统终端安全解决方案。

安全传输模块介绍了节点认证、网络防护以及软件防护所面临的风险及解决技术。

边界安全接入关键技术模块详细介绍了支持海量异构终端的高性能并行加解密、面向海量异构终端的安全可信专控和基于数字证书的终端统一认证接入等技术。

最后，分析了当前智能电网工控安全所面临的攻击案例，以及国网电力公司所采用的安防环境及安防设备。

第9章 安全感知

在第8章中，我们介绍了电网的安全接入及其防护技术。本章中，我们将介绍智能电网的安全感知技术，安全感知被定义为“在一定的时空条件下，对环境因素的获取、理解以及对未来状态的预测”。这一概念源于航天飞行领域的一些研究，此后在军事战场、核反应控制、空中交通监管等领域被广泛地研究。安全感知之所以成为一项越来越热门的研究课题，是因为在动态复杂的环境中，决策者需要借助态势感知工具显示当前环境的连续变化状况，才能准确地做出决策。

目前，电力系统在线动态安全感知技术是基于电网在线运行数据，按照15分钟周期对电力系统进行数字仿真，完成电网安全评估，给出可能的预警信息、辅助决策和裕度评估结果。该技术实现了万节点级电网的在线安全预警，计算速度比传统离线计算提高了数百倍，推动了电网安全计算从传统离线方式向在线方式的进步，为大电网在线安全诊断和智能化调度提供了有效的技术手段。

9.1 在线预警

现有的电力监控系统主站与厂站的安全监视主要依赖于内网监视平台，而内网监视平台只是针对边界处的安全设备和网络设备的日志进行收集，无法针对工控系统内部流量和进入主站的流量进行深度分析，更没有基于相关的安全算法进行深度解析和处理。潜在的工控系统厂站侧的安全隐患可能会导致厂站侧异常开分闸操作，甚至导致局部断电。本节针对目前电力企业工控系统还没有全局性的安全监测预警现状，提出利用信息熵量化电力工控系统网络流量属性，为电网工控系统实现全局网络流量异常检测、安全监测预警提供科学依据。

9.1.1 智能电网工控系统面临的信息安全风险

伴随着外部信息安全形势变化，以及“互联网+”新型信息通信技术的应用和能源互联网建设的深入推进，工控攻击一方面呈现出向智能变电站、配用电系统现场等用户侧开放环境泛化演进的趋势；另一方面呈现出综合利用终端、网络、系统甚至管理等多个层面的漏洞实施工控特种攻击的趋势。因此，电网工控系统原有的安全防护体系面临严峻的挑战，主要表现在：不安全的移动介质接入，造成病毒传播；监控网与 RTU/PLC 之间不安全的无线通信，易造成攻击；工业控制网络可能存在外联的第三方合作网络，虽然部署有安全防护措施，但易被新型攻击技术破解攻击；控制协议存在漏洞，极易被攻击；作业现场环境复杂，如变电站等，网络的接入具有一定的安全风险；操作系统漏洞没有进行及时补丁修复，极易被攻击者利用；工控新业务发展、新技术应用导致露面增多，现有防护体系无法完全覆盖。电网工控系统与普通的信息系统在信息安全技术方面有很大的不同：一是实时性强，与物理世界存在交互关系；二是传统的信息安全软件补丁和系统软件更新频率不适用于工控系统，停机更新系统的经济成本很高。针对上述信息安全风险，不能将普通信息系统的信息安全防护体系应用到电网工控系统中，需要研究合理的适用于电网工控系统实际运行环境的异常检测方法进行安全监测，对潜在的风险或隐患进行预测并对攻击事件进行追踪溯源，有效提升电网工控系统的安全防御能力。

9.1.2　安全监测预警平台架构

工业控制系统并非简单、孤立的系统，而是与生产任务紧密关联的控制监测局域网络系统。电网工控系统分为控制网络和管理网络，管理网络指调度监控管理网，控制网络部署在变电站，分为过程层、间隔层、站控层。电网工控系统安全监测预警平台在现有的安全防护技术措施的基础上，在变电站的过程层、间隔层增加全流量数据采集和分析，通过对不同变电站网络流量的异常分析和边界处的感知设备日志，在站控层边界部署工控异常行为检测、工控操作行为审计，在主站层构建流量监测平台、协议监测平台和行为监测平台，在调度监控管理网中部署大数据存储、大数据分析以及监控展示平台，从而实现电网工控系统全局安全监测预警。电网工控系统安全监测预警平台架构及部署如图 9.1 所示。平台充分利用网络流量、系统及安全设备的日志等网络行为痕迹的多种表现形式，全局性地进行监测及有效安全分析，及时发现未知安全风险，从而有效捕获安全事件的发生。

9.1.3　电网工控系统网络流量异常检测安全监测技术

电网工控系统安全监测预警平台采用的是网络流量异常检测安全监测技术，其设计模型由数据采集、制定检测规则、实时检测组成，如图 9.2 所示。

数据采集主要负责原始数据的采集和预处理。制定检测规则首先通过信息熵量化网络流量属性，根据属性特征将正常流量标记为有标记的数据样本，反之为未标记的实时数据，然后运用改进的半监督聚类算法建立电网工控系统网络流量异常检测模型，并制定实时检测规则。实时检测根据制定的检测规则对实时数据进行实时检测，输出检测结果。

电网工控系统不同于一般的网络系统，在稳定性方面不能忍受系统宕机。因此电网工控系统网络数据采集策略是：根据设备所在区域的安全等级，匹配不同的采集频率系数；根据功能和用途的不同，设定不同的采集频率系数；根据链路的拥塞情况，合理地改变当前的采集频率；根据设备的负荷情况，合理地改变对当前设备的采集频率，从而保障工业控制系统本身功能的正常运行。电网工控系统采集到的网络流量数据也不同于一般的网络流量数据：一是数据长度小于普通数据；二是周期性信息数据占主流；三是数据流向固定；四是时序性强，响应时间短。

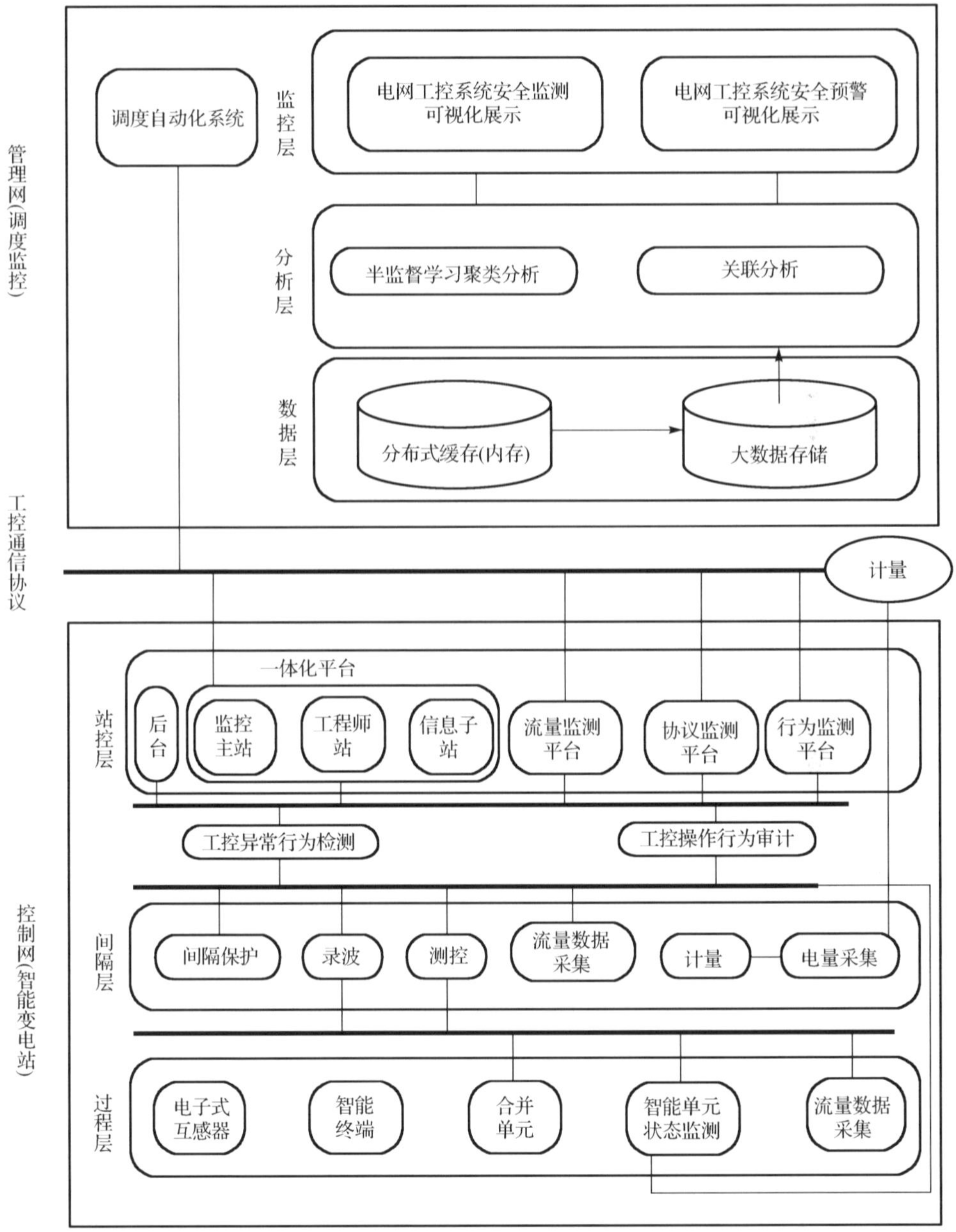

图9.1 电网工控系统安全监测预警平台架构

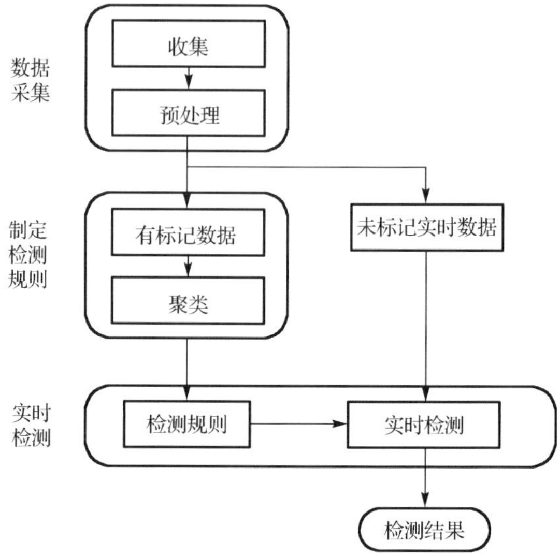

图 9.2　电网工控系统网络流量异常检测安全监测技术模型

1. 利用信息熵量化流量特征属性进行预处理

针对电网工控系统网络流量数据的特点，正常流量与异常流量依据属性的不同在分布特征上存在很大的差异,因此可以通过信息熵对流量特征属性进行量化处理，分析流量特征属性的熵值来检测电网工控系统的流量异常。信息熵是信息论中用于度量信息总量的一个概念。信息总量越有序，分布集中规律，信息熵就低；反之，信息熵就高。利用地址熵反映攻击事件 IP 地址分布状况，IP 地址越混乱，分布越分散，地址熵就越高；反之 IP 地址越有序，分布越集中，地址熵就越低。许多大规模信息安全事件均反映在 IP 地址分布的异常上。

将捕获到的 N 个数据包按时间顺序划分为一个单位流量某特征属性发生的次数，记为 $X\{X_1,X_2,\cdots,X_N\}$，可以按单位流量计算攻击事件的 IP 地址、工控协议、源端口、目的端口的属性熵值。以计算单位流量源 IP 地址的熵值为例，X 中出现的不同源 IP 个数为 M，$n_i(i=1,2,\cdots,M)$ 为不同源 IP 出现的次数，则 IP 地址熵值计算公式为

$$H(Y)=\sum_{i=1}^{M}\left(\frac{n_i}{X}\right)\ln\left(\frac{n_i}{X}\right) \tag{9.1}$$

其中，$Y=\{n_i,(i=1,2,\cdots,M)\}$ 标识在测量数据中某特征属性 i 发生 n 次；$X=\sum_1^M n_i$ 标识某特征属性发生的总次数。

将 $X=\sum_1^M n_i$ 代入式(9.1)，即可得到单位流量源 IP 的熵值。

至此网络流量所有属性特征都可以依据信息熵进行数据量化处理。因此，网络流量异常检测也就归结为对网络流量的特征属性熵值进行聚类分析的问题。

2. 制定检测规则

根据电网工控系统网络流量数据流向相对固定、周期时序性强等特点，将正常流量数据设置为有标记的数据样本，异常的流量数据无需标记，以降低处理复杂度。将有标记的数据初始化，与无标记样本进行聚类分析比较，建立分析模型，制定检测规则。

(1) 半监督学习的 K-means 聚类分析算法。

目前机器学习分为监督学习、无监督学习和半监督学习。监督学习是利用带有标记的样本进行学习；无监督学习是利用无标记的样本进行学习；半监督学习是二者的结合，利用有标记的样本数据和无标记的样本数据联合后的概率分布进行学习，提高学习速度。聚类分析算法为半监督学习的一种，根据数据内在的相似性将无标记的数据划分为多个类别，使类别内的数据相似度较大而类别间的数据相似度较小。本文提出运用改进的半监督聚类 K-means 算法对电网工控流量的特征属性熵值进行分类，从而优化工控系统流量异常检测算法，提高检测效率。

传统的半监督聚类 K-means 算法简单、快捷，适合电网工控系统的网络流量异常检测。假设共有 N 个网络流量数据样本，IP 地址熵值数据集合为 $D=(X_1,X_2,\cdots,X_N)$，首先确定 K 值，然后再从有标记的网络流量数据样本中随机选取 K 个数据作为聚类初始中心，在 $K\leqslant N$ 的条件下，将 IP 地址熵数据分成 $S=\{S_1,S_2,\cdots,S_K\}$ 个聚类中心，剩余的数据分别计算与 S_i 均值的距离，运用欧式距离对剩余数据和聚类中心之间的距离进行度量，距离值公式为

$$d(x,s)=\sqrt{\sum_{i=1}^{N}(X_i-S_i)^2} \tag{9.2}$$

并根据计算得到的距离值将各数据指派到与其最相似的 S_i 中，然后再根据各 S_i 的数据计算其均值，并将该均值更新为该 S_i 的新均值，不断重复以上过程，直到方差最小值函数收敛为止。

(2) 改进的 K 中心点的 K-means 算法。

虽然上述 K-means 算法简便，但存在一定问题：一是 K 值初始值的选取不同，得到的聚类结果差异比较大，影响聚类分析的效果；二是一些个别的偏离数据区或不符合大多数数据特征的孤立数据点，会使平均值产生很大的偏差，影响整体聚类准确度。

为了解决上述问题，提出对 K-means 算法 K 值的选取以及聚类中心初始值的选取进行改进，由于电网工控系统中，正常网络流量流向相对比较固定，因此在传统

K-means 算法中，K 值可以选取有标记的正常流量包数量。在聚类中心质点的选取上，不采用聚类中心平均值作为参照点，而采用聚类中心的中心点作为参照点，可以有效避免孤立点给 K-means 算法分析带来的不良影响。

改进后的 K 中心点的 K-means 算法为：首先确定有标记的正常流量包数量为 K 值，然后再从有标记的数据样本中随机选取 K 个数据作为聚类初始中心，在 K 个数据中随机选取一个作为中心点对象，剩余的非中心点对象则根据其与每个中心点对象的距离分配到最近中心点对象所代表的聚类中心 S_i 中，不断重复以上过程，反复地用非中心点对象来代替中心点对象，计算中心点对象到非中心点对象距离之和并进行比较，求最小距离之和，不断迭代，直到各聚类中心中每个中心点对象都已成为其所在聚类中心的实际中心点对象。在数值模型上，方差最小值为

$$J = \min \sum_{i=1}^{K} \sum_{X_j \in S_i} |X_j - C_i| \tag{9.3}$$

其中，C_i 为 S_i 的中心点对象，J 为所有数据元素的绝对误差之和，最终生成的即为排除孤立点之后的实际聚类中心。

3. 实时检测

为了验证改进的 K-means 算法，采用 KDD99 数据集(目前主要的入侵检测方法测评样本库之一)，按照电网工控系统数据长度小于普通数据、周期性数据、数据流向固定、响应时间短的属性特征，筛选 KDD99 数据集中 41 个特征属性的 18 个与电网工控系统网络数据特征相似的特征属性数据作为样本数据，进行基于网络流量异常检测的仿真实验。可以仿真检测周期性、数据流向固定、响应时间短等特征，实验创建 3000 个数据的检测表，其中 2900 个数据为正常数据，100 个数据为异常，验证两种算法的误检率。

经过实验验证，改进后的 K-means 算法检测网络异常流量的误检率优于传统的 K-means 算法。因此，对于电网工控系统的网络流量数据按照其属性特征进行熵值量化，然后运用改进的半监督 K 中心 K-means 算法建立聚类分析模型，产生正常流量聚类中心和异常流量聚类中心，检测符合正常流量聚类中心的数据，标记为正常；否则，将标记为异常，从而根据检测结果判断，达到安全监测预警的目的。

9.2 安全监测

电网工业控制系统安全威胁监测系统的设计主要针对新能源发电站调度网络的智能设备的安全威胁展开实际部署应用研究，研究表明该系统可以采集电网工业控制系统中的各种数据并在基于 Hadoop 的大数据平台上进行数据预处理、分析与归一化和安全威胁深度分析，可以有效发现针对电网关键系统的攻击。由于电网工业

控制系统智能设备应用十分广泛，种类也较多，再加上以往人们更关注于后台信息系统的安全性，因此，后续研究工作还包括：电网工业控制系统智能设备安全威胁的深入研究，形成不同电网智能设备安全威胁的知识库，实时大流量或大规模部署的场站的在线安全监测和未知工控安全攻击行为的检测与大数据挖掘技术研究，以及与工控安全防护体系的联动问题等。

9.2.1 传统在线监测技术及其不足

1. SCADA/EMS 系统简介

根据我国电力系统的实际情况，目前电网调度分为国家级调度、大区电网调度、省级电网调度、地(市)级调度和县级调度五级。目前国内各级电网公司普遍配备了在线监视系统，由于各个电网的具体情况不同，配备了不同规格、不同档次、不同功能的在线监视系统。其中最基本的一种称为监视控制与数据采集系统(SCADA)，而功能最完善的一种称为能量管理系统(EMS)。本书为了区分基于 SCADA 数据的传统 EMS 和基于 WAMS/SCADA 混合测量的新一代 EMS，分别使用 SCADA/EMS 和 WAMS/SCADA/EMS 予以表示。SCADA 系统主要包括以下一些功能：

①数据采集(遥测、遥信)；

②信息显示(电子射线管(cathode ray tube，CRT)/动态模拟屏)；

③远方控制(遥控、遥调)；

④监视及越限报警；

⑤信息的存储及报告；

⑥事件顺序记录(sequence of events，SOE)；

⑦数据计算；

⑧事故追忆(disturbance data recording，DDR)亦称扰动后追忆产品设计评审(Product design review，PDR)。

SCADA 系统主要由远程终端(remote terminal unit，RTU)、通信网络、前置机及数据库等构成。其中，RTU 装置是 SCADA 系统的基础设备，其主要完成数据采集、数据通讯和命令执行等任务；通讯网络则负责将 RTU 所采集的数据传送到控制中心；前置机负责完成数据收集和初步的不良数据检测；SCADA 数据库则将所采集到的数据以特定格式存储起来供更高级的应用软件使用。

能量管理系统主要包括 SCADA、自动发电/经济调度控制(automatic generation control/economic dispatch control，AGC/EDC)、状态估计、网络拓扑分析、网络化简、偶然事故分析、静态和动态安全分析、在线潮流、最优潮流以及调度员培训仿真等一系列功能。一般把状态估计及其他一些功能称为电网调度自动化系统的高级应用功能，相应的这些程序被称为高级应用软件(power application software，PAS)。

能量管理系统并没有一个确切的功能目录，随着新技术新要求的出现，这个系统中的功能还在不断增减。

目前国内省级及以上的电网公司普遍配备基于 SCADA/EMS 系统作为在线实时监测系统使用；而少部分的公司则配备了基于 WAMS/SCADA 混合测量的 EMS 系统。

2. SCADA/EMS 系统的特点及其存在的问题

经过多年的使用和发展，传统的 SCADA/EMS 系统已经形成了稳定的技术平台，其具有如下优点。

(1) 技术成熟。调度运行部门已经积累了丰富的运行和维护经验。

(2) 测量冗余度高。目前几乎所有的变电站和发电厂都配备了 RTU 装置，因此 SCADA 系统在稳态情况下能够获得较高的状态估计精度，并且其对电网的完全可观性不易受电网拓扑改变的影响。

(3) SCADA 可通过直接采集开关量获取电网的拓扑状态。

(4) 已有诸多的专家和学者对基于 SCADA 数据的不准确测量检测、不准确参数辨识与估计、网络拓扑分析、损坏数据与拓扑错误区分等技术进行了深入的研究。

但是长期的实际运行也暴露出 SCADA/EMS 系统的一些缺陷。

(1) 开关量作为实时数据传输需要 1～2s 的传输时间，且由于开关触点的问题存在一定的开关状态采集错误概率。

(2) 受通讯速率的限制。SCADA 系统刷新一次数据通常需要 3～5s。

(3) 由于 RTU 缺乏统一的时标。因此 SCADA 系统无法同步地在广域范围内对电力系统进行动态测量。例如，2006 年华中大停电中 SCADA 系统即无法向调度人员实时提供系统振荡过程中的电网动态信息(事后调查都是基于故障录波仪所采集的数据)。此外 SCADA 历史数据库通常仅存储以 15s 为间隔的数据。

(4) 基于 SCADA 采集量的状态估计在系统受到较大扰动时或运行状态发生较大改变时可能会出现无法收敛的情况，故《电力系统调度自动化系统运行管理规程》中要求的状态估计月可用率仅为 90%。

国内部分省级调度部门，如浙江省电力调度通信中心，在实际调度工作中采用 SCADA 实测数据而非经状态估计滤波后的数据，与相关运行部门沟通后获悉其采用实测数据进行调度工作的原因如下。

(1) 现有的状态估计计算时间约几秒钟，采用后台周期运行方式，最快的周期为每分钟计算一次，无法满足调度人员对数据实时性的要求。

(2)《电力系统调度自动化系统运行管理规程》要求调度自动化系统状态估计覆盖率、状态估计月可用率和遥测估计合格率分别大于 95%、90%和 90%，尽管状态估计采用程序自动化维护，但事实上目前还达不到规程所要求的这个水平。

(3)目前调度工作人员普遍采用卡关口量的方式进行调度工作，而经状态估计滤波后的结果与 SCADA 上传值存在一定差异，这样不利于调度人员与下属厂站运行人员进行关口量核对。

综上所述，目前国内电网公司普遍配置的 SCADA/EMS 系统尚不足以应对未来复杂的特高压电网所带来的挑战。

9.2.2 安全威胁监测系统设计

1. 数据采集系统分析

电网工业控制系统安全威胁监测系统主要基于协议深度解析的电网工业控制流量的采集、检测与安全威胁分析。安全威胁监测需要与电网的关键位置分析相结合，新能源发电站的边界包括用户边界防护和发电厂边界，安全威胁分析需要以调度系统与新能源电站工控系统边界为重点。电网工业控制系统由设备、系统平台、业务软件和网络等要素组成，其中每个要素都存在各种可被攻击的弱点，随着攻击手段的层出不穷，其面临的威胁越来越严重。安全威胁监测主要针对输变电系统、用电采集系统智能终端和配电自动化终端的安全事件进行威胁的监测与分析，同时结合资产的识别进行关联分析，评估安全事件一旦发生可能造成的危害程度，并实时监测攻击行为，安全威胁监测需要结合实际的攻击手段验证安全威胁监测与分析能力。

用电信息采集系统由于用户侧安全防护体系存在薄弱环节，容易遭受来自外部攻击者的渗透攻击，主要的安全威胁包括针对用电采集终端的拒绝服务攻击、计费干扰、信息窃取、工控协议漏洞利用等。配电自动化系统主要基于 IEC 60870 协议进行通信，该协议被设计用来在可信任的网络环境中通信，未进行任何完整性和机密性等方面的增强，配电自动化系统面临的安全威胁中，最为严重的是针对规约及关键设备的工控协议栈实现的漏洞攻击，可以进行控制指令篡改、采集数据篡改等攻击。

1) 电网工业控制系统数据采集方式

电网工业控制系统的安全攻击主要针对工业控制网络的关键设备进行工控协议栈攻击、非授权操纵攻击、大流量攻击，甚至工控恶意程序的攻击都有可能通过工控网络进行，电网工业控制系统安全威胁监测系统主要对这些恶意行为进行监测。电网工业控制系统安全威胁监测系统通过多种方式进行数据采集，覆盖电网工业控制系统所需监控管理的关键系统和智能设备，电网工业控制系统数据采集方式示意如图 9.3 所示。

(1)通过分光/镜像接口采集关键工业控制网络接口的流量，包括调度流量、配电工控协议流量、用电信息采集与控制等流量，将实时数据采集到大数据平台中进行解析和后续分析，同时获取资产信息，进一步进行资产管理和安全威胁监测与分析。

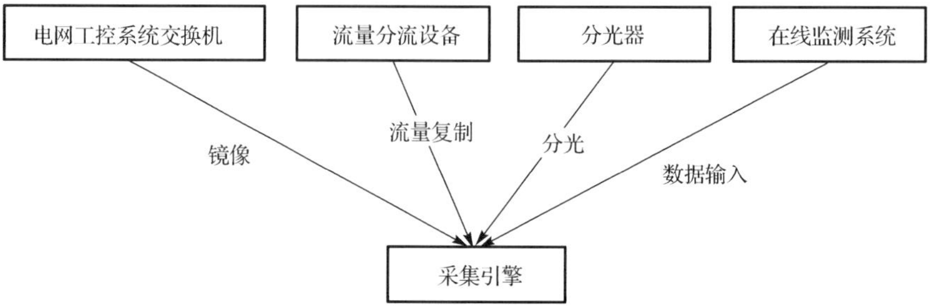

图 9.3　电网工业控制系统数据采集方式示意

(2)对于交换机性能要求较高的工业以太网,可以部署专门的流量分流设备进行工业以太网流量的复制，从而采集相应的工业控制网络的流量，包括网络层和工控协议的应用层流量。

(3)可以通过数据输入接口采集电网工业控制系统关键设备的日志信息、状态信息、资产信息，包括在线监测系统的设备状态信息，从而进一步进行关联分析和安全状况分析。

2)电网工业控制系统安全威胁分析

技术电网工业控制系统安全威胁监测系统需要能够监测新能源发电站工业控制系统和电网调度控制系统主要安全风险，分析过程主要有三个步骤：数据预处理与清洗、数据解析与归一化和大数据分析。电网工业控制系统安全威胁监测工作流程如图 9.4 所示。

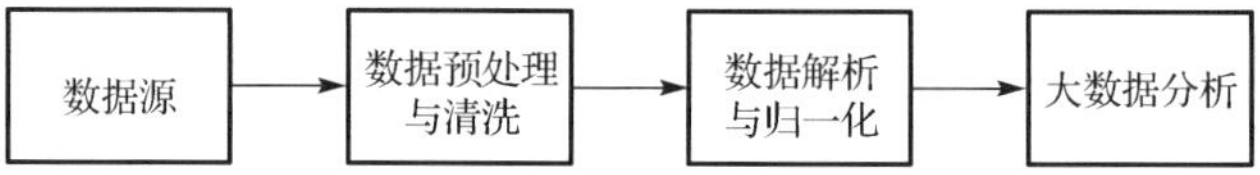

图 9.4　电网工业控制系统安全威胁监测工作流程

系统主要提供以下监测与分析功能。

①资产识别与信息提取功能。主要根据资产的 IP 地址和流量中的设备信息，获取资产的相关信息，提供资产的信息管理功能。

②监测预警。提供新能源电站主要的安全风险的监测能力和必要的预警能力。

③非授权操作监测能力。能够分析非授权的非法控制命令、资产或数据的非授权访问等操作。

④拒绝服务攻击监测能力。能够监测厂站端、调度端发生大流量攻击的异常行为。

⑤未知行为监测。根据安全威胁监测需求不断扩展安全威胁的分析能力，基于

特征库的方式或新型攻击识别插件的方式扩展攻击方式。可以基于历史数据挖掘分析，实现新能源电站工业控制系统和调度控制系统的安全趋势分析。

(1)数据预处理与清洗。

数据预处理与清洗主要对采集到的数据进行初步处理，清洗不需要的垃圾数据和噪声数据，把与安全威胁分析相关的数据保存到缓存区进行下一步处理。对于工业控制网络的流量，可以在预处理阶段清洗无关的重传数据包或碎片包等噪声数据，同时把数据转换成统一格式进行缓存，如内存重组数据可直接保存到pcap数据包，便于后续的分析。

(2)数据解析与归一化。

数据解析与归一化主要用于工控协议数据包的解析，提取出安全事件分析相关的数据，比如解析配电控制流量的指令信息和参数信息，用于分析非授权的控制操作，同时把解析的数据用统一的格式进行保存，用于后续的威胁监测分析。

(3)大数据分析。

大数据分析平台是电网工业控制系统安全威胁监测系统的核心部分，采用最新的大数据存储和分析技术，包括分布式海量数据存储、关联分析、时间趋势分析和预警分析等。采集的电网工业控制系统数据经过预处理与清洗、数据解析和数据格式归一化后，把采集引擎获取的数据保存到大数据存储数据库中，数据的索引保存在大数据存储管理节点，运用基于大数据平台的关联分析和时间趋势分析对采集的数据进行分析，分析与统计结果保存在大数据库中并提供统一的展现，对于需要专家进一步确认的结果，可以通过交互式查询和分析特征库扩展的方式进行攻击的确认与分析结果的二次过滤。

2. 安全威胁监测系统设计

电网工业控制系统安全威胁监测系统基于分布式部署架构，由监测系统主站和监测装置或现场监测装置组成。基于大数据平台采用流行的Hadoop平台进行海量异构流量的存储、处理与分析。利用Hadoop平台的分布式分析算法进行关联分析、时间趋势等算法对控制流量、设备信息、日志等数据进行并行分析。安全威胁监测系统可以实现运行监控、异常监控、运行管理、配网分析等功能，通过数据采集、扫描、分析，对非法或遭到恶意篡改的工控流量中的指令进行过滤，并发出告警信息。安全威胁监测系统架构如图9.5所示。

9.2.3 安全威胁监测系统部署及应用

电网工业控制系统安全威胁监测系统是一个综合性的安全风险监控系统，为保证在调度控制系统与新能源电站工业控制系统的有效应用，需要针对新能源电站工业控制系统的网络特点，选取符合网络特点的部署方案，从而满足电网工业控制系、

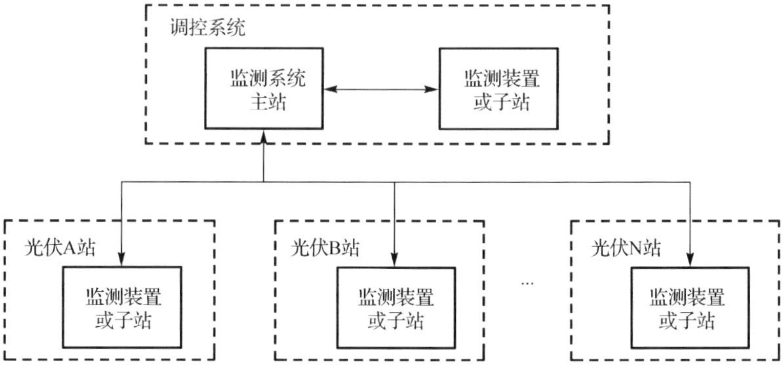

图 9.5　安全威胁监测系统架构

统在新能源发电站调度网络安全监测的需求，新能源发电站内安全监测系统部署如图 9.6 所示。

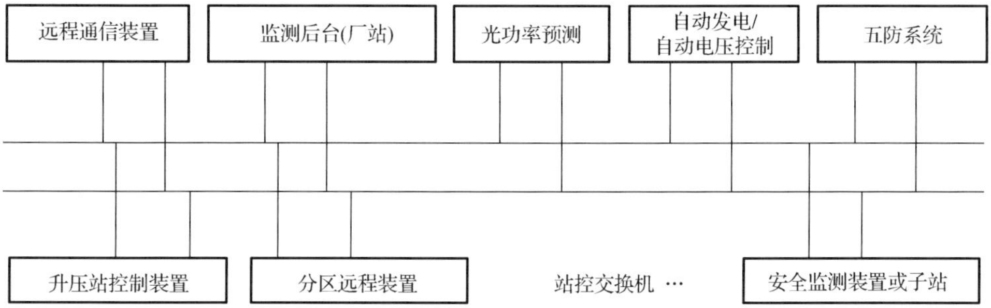

图 9.6　新能源发电站内安全监测系统部署

系统的安全监测装置或子站用于实现数据采集引擎功能，通过分光或分流，或者在站控交换机上配置端口镜像获取电网工控网络的流量，通过流量预处理与清洗后，进行数据的解析与归一化，最后把数据通过专线传输到监测系统主站，数据传输基于加密信道进行数据的上传，确保传输的机密性和完整性，从而避免数据被窃听或篡改，影响安全威胁监测与分析的准确性。电网工业控制系统安全威胁监测系统主要针对工业控制智能设备的应用分析和安全威胁分析，采用相应的监测技术进行安全威胁的监测与分析，在现有网络的部署及验证过程中，解决了如下问题。

(1)通过对电网工业控制系统现有网络架构的特点分析、安全边界梳理和安全部署关键位置的分析，明确了工控智能设备在电网工业控制系统中的整体应用情况，现有网络验证了部署方案在电网工业控制网络中可以进行各种控制行为的有效监测。

(2)针对工控智能设备的安全监测结果进行深度分析，与基于协议的深度分析相结合，可以为安全专家提供现有网络的实时安全态势，为进一步的安全处置提供防护。

(3)进行了资产识别和非法报文等重要安全威胁的监测与分析，参考相关标准可以设计有针对性的系统安全防护方案，并利用相应的安全防护技术进行电网工业控制系统的安全建设。

(4)解决了电网工业控制系统智能设备安全威胁监测与分析的问题。电网工业控制系统是电力信息的重要组成部分，通过采取与设备特点相适应的安全监测与分析方法对工控智能设备的安全性进行监测与分析，该部署方式可以对典型的指令篡改、畸形数据包和异常流量等安全威胁进行监测。

9.3 态 势 感 知

9.3.1 技术定义

1)工控安全态势感知技术定义

习总书记在“419 讲话”中专门强调：“要树立正确的网络安全观，加快构建关键信息基础设施安全保障体系，全天候全方位感知网络安全态势，增强网络安全防御能力和威慑能力”，这为近一个时期以来的工业控制系统网络安全工作指明了方向。随着《网络安全法》、《工业控制系统信息安全防护指南》、《工控系统信息安全事件应急管理工作指南》等一系列法律、法规颁布施行，“工控安全态势感知”一词开始频繁的出现在各大重要行业信息中心以及省市监管单位的重大项目规划中。然而，由于行业信息中心、国家监管单位，以及乙方技术提供单位，对于业务的理解角度、获取信息的能力，以及获取信息后的用途各有不同，造成了“工控安全态势感知”尚无统一定义。

本书作者基于多年相关领域的工作经验，将工控安全态势感知定义为：“工控安全态势感知技术，是一种针对基于信息网络的生产系统运行状态信息的获取、存储、分析、反馈的能力，该类信息主要包括针对生产系统的资产监控、脆弱性、威胁等方面的信息”。

我们知道，一方面，工业控制系统与传统 IT 系统不论是在软硬件架构，还是安全性要求上都具有比较大的差异；另一方面，随着大数据技术的兴起，态势感知技术也正逐渐成为信息安全技术中的一个新的门类。我们可想而知，将态势感知这样一个新兴的技术门类，应用于工业控制系统这样一个差异化较大的全新业务领域，必然会产生一些独特的特点和规律，下面通过一些关键特征更深一步了解工控安全态势感知技术。

2)工控安全态势感知技术关键特征

承载着关键信息基础设施的工业企业网络，一般会划分为信息管理网络和生产控制网络两部分，该两部分网络具有彼此严格隔离和协议类型完全不同(IT 协议、工业以太网协议)两个特点。这就造成了工控安全态势感知技术的如下关键特征。

(1) 生产控制网络与信息管理网络独立信息采集。

由于工业企业信息管理网络与生产控制网络严格隔离，所以信息采集工作须从该两个网络分别着手。根据本书作者相关经验，对于生产控制网络来说，应着重考虑内部资产(如 PLC、DCS、RTU 等)的品牌类型、软硬件版本等，以及内部工业恶意行为等信息的采集工作；对于信息管理网络来说，应着重考虑外部恶意行为，以及内部资产非法外联等信息的采集工作。

(2) 工业协议数据采集。

工控安全态势感知技术应该主要用于监测工业生产网络安全状况趋势，并支撑相应应急响应机制建设。这就要求该技术主要基于工业协议(如 SiemensS7、Modbus、Bacnet、Ethernet/IP 等)来开展各种维度的监测、分析等工作。

(3) 主被动采集手段相结合。

由于工业生产控制网络安全等级要求很高，一旦操作不当可能会造成物理伤害，所以不同于 IT 网络系统，在信息的采集过程中首要考虑采集是否影响系统本身安全性，所以建议使用主被动结合的采集手段，并且优先使用被动采集手段。

(4) 工业安全知识库为核心。

知识库作为工控安全态势感知技术的核心模块，应该主要包含工业设备(如各品牌 PLC、RTU、IED 等)指纹库、工业恶意行为指纹库(如支持 SiemensS7、Modbus、Bacnet、Ethernet/IP 等协议)、工业恶意组织指纹库、工业网络漏洞库等专业知识库。

(5) 信息采集重点与行业特点相关性很大。

不同行业的工业企业生产控制网络结构差异化较大，在进行基础采集探针部署阶段，要进行针对性的调整。例如，电网、燃气等应用 SCADA 较多的行业，可重点考虑工业设备非法外联监测和外部威胁监测；石油炼化、先进制造等应用 DCS 较多的行业，则可重点考虑外部威胁监测和内部威胁监测。

9.3.2 技术实现

工控安全态势感知服务通常根据工业企业不同业务特征和需求，提供针对其生产控制网络的威胁、脆弱性信息，并根据知识库的各种工业指纹库，进行综合分析处理，形成针对甲方工业控制网络的整体安全状况以及发展趋势，支撑甲方单位工业控制网络安全保障机制建设。本节将根据工控安全态势感知技术的体系架构、工业设备主动探测技术、工控系统威胁监测技术三个方面进行说明。

1) 态势感知体系架构

工控安全态势感知技术往往需要依靠多种数据采集引擎共同协作，包括(但不限于)全网大规模主动探测引擎(外部)、分布式威胁监测引擎(外部)、资产信息采集引擎(内部)、威胁监测引擎(内部)，具体包含的技术模块如下。

(1)工控威胁分布式监测技术，通过将探针分布式部署于工业企业内部，基于主流工业协议的深度模拟仿真，以及庞大、全面的工业协议恶意行为库、敏感组织特征库等知识库，实现针对工业控制网络的恶意攻击行为的诱捕、存储、分析。该技术需要考虑自身伪装和安全问题，需要通过一些手段，解决避免被敌人发现的问题，本书作者建议可以考虑使用伪随机函数的方法将探针模拟的数据结构进行随机化构造。该技术核心价值在于事先发现恶意行为和恶意行为趋势，也可能捕获新型恶意行为(APT)代码，支撑工控系统安全保障体系建设。

(2)工控旁路审计技术，通过将设备部署于工业生产控制网络现场环境，实现工控协议的旁路监测、指令级解析、恶意行为审计。该技术需要庞大的工业协议库和恶意行为指纹库的支撑，以及对于已知恶意行为的危害分级能力。

(3)工业网络态势综合分析展示技术，根据不同工业行业的网络安全特点，建设“工业网络风险指标体系模型”，从内部工业控制网络和外部信息管理网络两个角度进行“工业威胁建模”和“工业网络脆弱性建模”，并通过充分融合上述三种技术能力所生成的数据源，依靠关联分析、机器学习、智能分析等算法引擎，实现对目标工业网络安全状况的量化分析和趋势预测。较为常规的部署方式如图 9.7 所示。

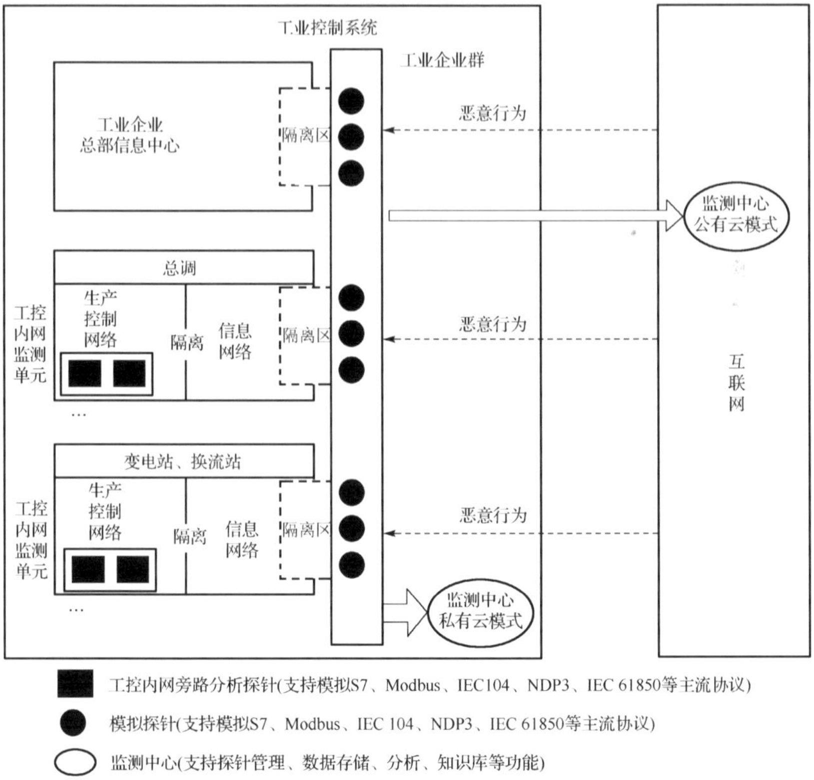

图 9.7 工业控制网络系统常规部署方式

工业网络安全态势感知系统整体架构如图 9.8 所示，由五个层面的功能构成，各层面的功能如下。

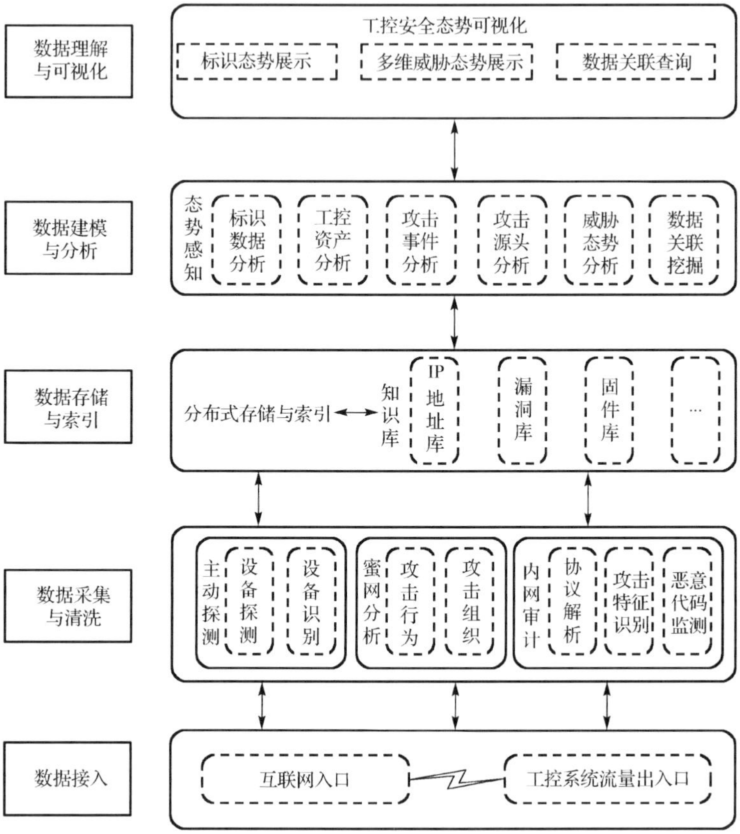

图 9.8　工业网络安全态势感知系统整体架构

数据接入层：实现数据的接入功能，通过开放的互联网资源接入到开放联网的工控系统；基于企业工控系统流量入口的数据采集系统，通过镜像接口获取局域网通信流量数据。

数据采集与清洗层：实现工控设备及企业工控网络入口流量数据的采集与清洗功能，通过主动探测对工控设备进行设备探测、识别。

数据存储与索引层：实现探测数据、监测数据及知识库资源的数据汇聚、存储及索引功能，提供开放接口供数据建模层进行数据获取。

数据建模与分析层：实现数据的关联分析，深入分析工业互联网标识信息、工控资产信息、攻击事件和攻击源头信息，进行威胁态势展示和数据关联挖掘。

数据理解与可视化层：对标识态势、攻击源、攻击事件和工控资产的态势进行可视化展示，并通过可视化界面进行数据关联查询。

2)工业设备大规模主动探测技术

(1)工业设备深度信息扫描技术。

通过工控协议的深度解析，结合智能识别技术、大数据分析算法，能快速准确挖掘出目标区域联网工控设备厂商、版本、地理位置等关键信息，结合国家信息安全漏洞库、国家漏洞数据库等工控漏洞库，进行漏洞关联以及系统脆弱性分析，有效提升监管机构对工业控制系统信息安全的技术监管能力。

(2)工控指纹字典构建技术。

通过体系化的工控协议分析，提取协议的关键字段(如寄存器地址、功能码等)等信息。结合机器学习、模式识别等技术，实现半自动化的工控指纹字典构建能力。支持 SiemensS7、Modbus、Bacnet、Ethernet/IP、IEC 61850、IEC 104、Fins、DNP3、Melsec-Q 等 25 种主流工业协议，支持 Siemens、ABB、GE、Rockwell、Schneider 等主流工控设备提供商的相关产品识别。

(3)高并发快速扫描技术。

采用分布式调度引擎，组件扫描集群，结合负载均衡技术，实现高并发、高吞吐的快速扫描，支持灵活扫描集群扩展。

(4)海量存储及挖掘技术。

采用分布式处理机制，实现对海量应答报文快速挖掘出关键目标信息；采用分布式存储技术，对海量数据进行分片存储，支持 TB 级别数据存储，支持对关键字毫秒级别的检索及查询。

3)工控威胁分布式监测技术

(1)私有协议高仿真模拟技术。

对于 TCP/IP 应用协议仿真领域来讲，最大的难点在于协议仿真的广度和深度，团队依靠多年以来对于办公应用协议(如 HTTP、SMTP 等)、网关协议(如 SSH、SNMP 等)以及工业私有化协议(如 SiemensS7、Modbus 等)几类的大量通信研究经验，通过逆向分析通信数据、深度研究征求修正意见(request for comments，RFC)文档等手段，实现对工业协议的高精度仿真。

(2)仿真引擎自我保护技术。

作为网络蜜罐，随时面临可能被敌手探测、发现的危险性，为了保证蜜罐自身安全性，我们特别设计了一套基于非对称算法和对称算法的安全保障体系，用于密钥管理、数据加密以及身份鉴别等方面，从而可以有效避免敌手对本系统的数据窃听，也可以防止敌手捕获我方蜜罐后的仿冒接入行为。另一方面，本系统也构造了伪随机发生器，从而保证每一个蜜罐中的任意协议引擎都是完全不同的，从而也可以有效避免批量识别我方系统的风险。

(3) 知识库构建及机器学习技术。

本系统一旦构建完毕，就在互联网形成了一个弹性、自组织的数据采集系统，随着探针数量的增加，可以采集到海量恶意(或仅仅为探测)的数据报文。为了对这些数据进行有效识别，需要建立专门的知识库，它应该包括恶意行为指纹库、恶意组织指纹库、危害等级评价等级库、外部威胁情报库等，这些知识库可以帮助我们从海量的数据中根据行为、组织、地域、国家等维度进行精确分析。目前，我们要根据我们的业务按特性建立机器学习引擎,从而可以使得我们的系统具备自我反馈、学习能力，帮助我们的系统自动从海量的数据当中抽取有价值的特征填充到知识库中，并指导未来的深度分析。

(4) 深度报文检测技术。

为解决基于端口的报文识别分析所产生的问题，提出了基于载荷(payload)的协议识别算法，即从网络数据包中提取用于识别的信息。深度报文检测(deep packet inspection，DPI)技术就是在分析包头的基础上，增加了对应用层载荷的分析，是一种基于应用层的流量检测和控制技术，当数据流流经监控设备时，DPI 引擎通过匹配关键代码段、数据包长度等信息对应用层协议进行识别分析。

(5) 动态检测技术。

与 DPI 技术进行应用层的载荷匹配不同，动态流检测(dynamic flow inspection，DFI)采用的是一种基于流量行为的协议识别技术，DFI 技术通过分析数据流的数据包长度、连接速率、传输字节数、包与包之间的时间间隔等信息来建立数据模型，将流量模型与网络传输的数据流进行比对，从而实现应用层数据的分类识别。

(6) 工业通信恶意行为检测技术。

构建工控恶意行为知识库，对捕获的流量进行实时代码审计。流量检测主要基于协议解析与流量识别，以及特征匹配技术。在协议解析和流量识别的基础上，通过恶意行为的特征码、通信指纹、异常数据等实现恶意代码流量的检测与识别。依托的恶意行为知识库需要特征数量庞大、尽可能全面覆盖已知恶意代码，同时具备不断自我完善更新、自我反馈的能力。

9.3.3 应用场景

工控安全态势感知是一项综合的信息采集、利用技术，目标是推动相关单位工业控制系统网络安全保障建设。为了有效发挥工控安全态势感知系统的能力，还必须了解相应的应用场景。下面将更深入地探讨不同场景下不同角色如何分别使用工控安全态势感知系统。

(1) 为安全运维人员发现隐患提供技术支撑。

近年来，随着网信办、工信部、公安部等部委在各省推动的工业网络安全检查工作的深入开展，针对工业控制系统网络安全的运维工作也逐步完善起来。日常安全运维是工业控制系统网络安全保障的重要环节，参与该层面的人员包括信息网络的日常运维人员、安全运维人员，以及生产控制网络的运维检修人员等。

一般来讲，工业企业的网络安全运维人员会分别隶属于两类部门：信息管理部门和自动化部门，其中，信息管理部门的安全运维人员主要负责公司内部信息系统的网络安全相关问题，自动化部门的安全运维人员则主要负责独立的生产控制网络的网络安全事件。然而，一直以来由于缺乏有效手段，信息系统安全运维人员和生产控制网络安全运维人员都不能有效发现针对工业控制系统的潜在恶意行为。

通过部署工控安全态势感知系统，可以在工业企业的信息管理网络和生产控制网络中部署一些针对于工业控制系统的安全监测引擎，从而可以有效的辅助发现工业控制系统的脆弱性及威胁。

安全运维人员可以依靠系统发现工业企业内部某 IP 承载的 PLC 设备，例如，对 2017 年 5 月 3 日遭受了来自德国的某 IP 针对 S7comm 协议的攻击，运维人员可以首先基于这次恶意行为的危害等级进行风险评估，然后以这次捕获到的恶意代码、发生时间、针对协议、攻击地点、被攻击地点等信息为索引，展开一次应急响应，并针对发现的安全问题开展安全加固工作。

(2) 为安全研究人员深度分析提供有效资源。

由于主流工业协议大部分为私有协议，而且 PLC、DCS 等工业控制设备也不是常规的 x86、PowerPC 等体系结构，所以对于安全事件的深入技术研究需要捕获大量的恶意样本提供支撑，从而可以主动获取工控恶意行为代码(可能包括新型攻击代码)；深度恶意代码研究，抵抗更高级的攻击威胁(APT)；扩展他们的调查，以确定攻击威胁的相关黑色产业链；对工控恶意行为进行溯源追踪，确认攻击源；推动针对工业控制系统的安全保障建设。

利用工控安全态势感知系统可以捕获一些恶意行为(可能包含未知行为)，如图 9.9 所示。

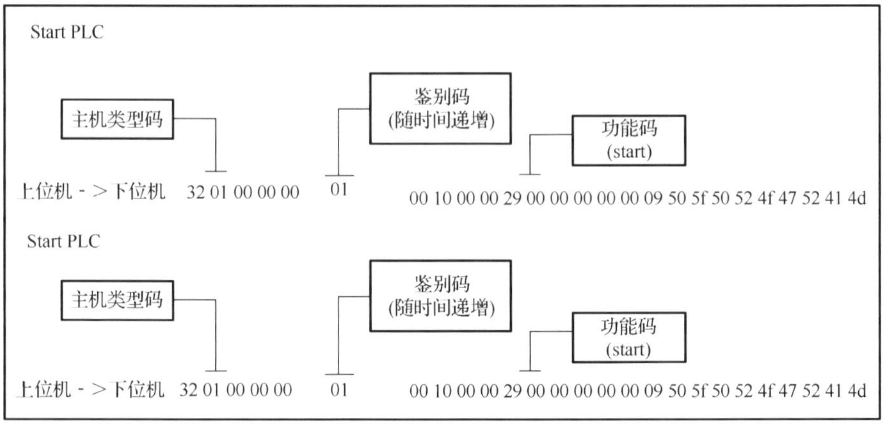

图 9.9 工业恶意行为分析

(3) 为管理人员研判安全趋势提供数据支撑。

随着中央网信办关键基础设施处的建立，工信部《工业控制系统安全防护指南》、《工控系统安全事件应急响应管理工作指南》，以及公安部《工业控制系统等级保护》征求意见稿等政策法规的陆续颁布施行，工控安全保障体系日益完善。不过在具体落地实施过程当中，不论是各省市主管单位，还是重要行业信息安全责任部门，都没有一套技术平台可以有效的对自身工业控制网络信息安全风险进行有效监测、评估。工控安全态势感知系统则可以有效的解决这个问题，它可以通过广泛部署于被监测单位隔离区(demilitarized zone，DMZ)的工业探针，对一个时间段以来的工业风险进行有效监测，从而可以辅助政府监管部门以及企业责任部门根据趋势指定安全保障策略，如图 9.10 所示。

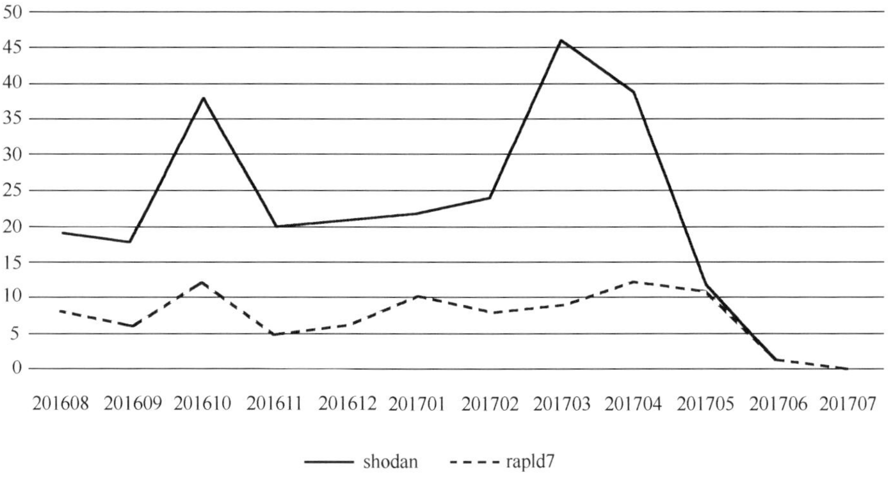

图 9.10　研判工业控制网络风险趋势

(4) 为决策者推进安全保障建设提供技术平台。

如何保障工业企业生产控制网络信息安全，已经成为政府监管部门以及企业的重要任务之一。《国务院关于深化制造业与互联网融合发展的指导意见》（国发〔2016〕28 号）中明确要求："实施工业控制系统安全保障能力提升工程，制定完善工业信息安全管理等政策法规，健全工业信息安全标准体系，建立工业控制系统安全风险信息采集汇总和分析通报机制，组织开展重点行业工业控制系统信息安全检查和风险评估。组织开展工业企业信息安全保障试点示范，支持系统仿真测试、评估验证等关键共性技术平台建设，推动访问控制、追踪溯源、商业信息及隐私保护等核心技术产品产业化。以提升工业信息安全监测、评估、验证和应急处置等能力为重点，依托现有科研机构，建设国家工业信息安全保障中心，为制造业与互联网融合发展提供安全支撑。"工业企业工业网络安全保障体系建设是一个复杂且浩大的工程，目前各种基础的法律法规、标准指南、技术装备等都在积极快速的完善之中。总体来讲，工业网络安全保障体系结构与传统IT类似，应当建立纵深防御体系，主要体现在事前、事中、事后三个阶段；以及上位机、下位机、工业网络以及物理环境四个主要方面，图9.11为工业网络安全保障体系框架。

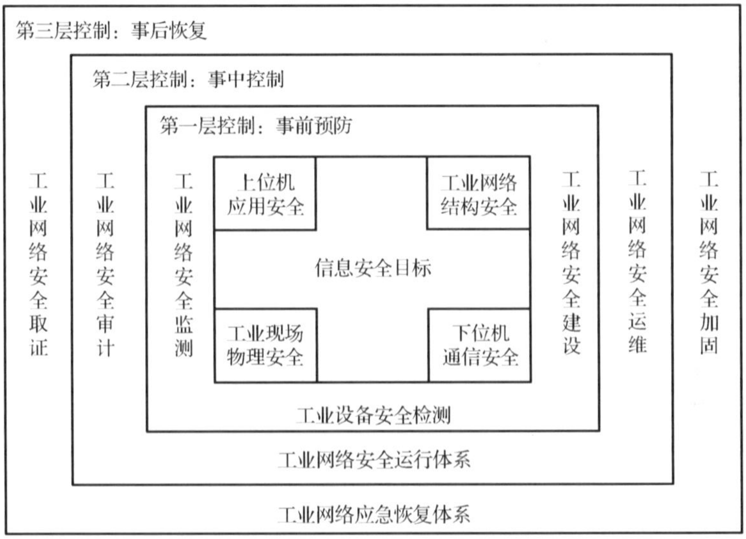

图9.11 工业网络安全保障体系框架

工控安全态势感知技术包含工业网络安全监测、审计以及取证技术，由图9.11可以看出，工控安全态势感知技术贯穿了工业网络安全保障体系的事前、事中、事后三个阶段，以及上位机、下位机、工业网络三个方面。因此，我们可以看出建设工控安全态势感知体系，对于安全保障建设的重要程度。

具体到工业网络在信息安全保障体系运营角度来看，与传统的IT网络安全保障体系运营流程基本一致，工控安全态势感知系统可以依靠广泛部署于关键部位的工业探针，支撑工业企业群的风险监测，从而实时发现安全风险点。具体如图9.12所示。

其中，各环节具体工作如下。

①工控风险监测：在工业控制网络和信息管理网络部署信息采集点；

②发现工控风险：基于采集的数据，实时发现威胁或者脆弱性；

③风险评估：针对威胁或者脆弱性能够对工业控制系统带来的危害程度进行评估；

④应急响应：针对危害较大的风险点启动应急响应机制，进行取证分析；

⑤安全加固：针对发现的风险点，研究部署安全加固方案。

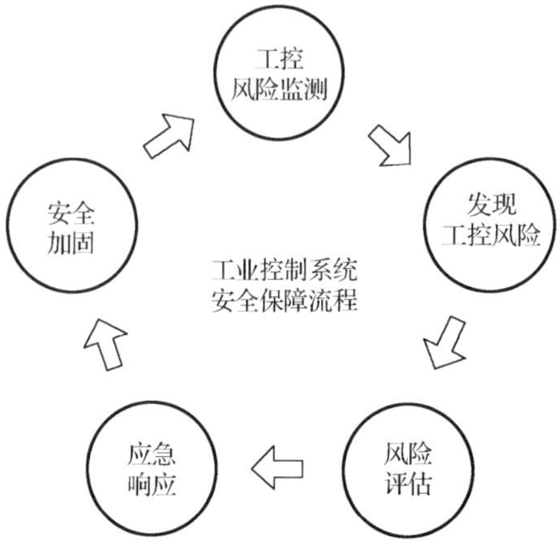

图 9.12　工控系统安全保障流程图

9.4　本 章 小 结

本章主要介绍了电网工业控制系统中的安全感知技术，其中又分为三个方面：在线预警、安全监测以及态势感知。首先分析了智能电网工控系统面临的信息安全风险，其次介绍了安全检测预警平台架构以及电网中流量异常检测安全监测技术，然后又分析了电网中数据采集的特点，介绍了安全威胁监测系统的设计和部署，最后详细介绍了电网中的态势感知技术的定义、实现和应用场景。

第 10 章　测评及标准认证

工业控制系统广泛应用于社会生产活动中，其安全性直接关系到国家安全和社会稳定。智能电网工控系统安全作为工业控制系统的一方面，既具有普通工业控制系统常常面临的信息安全等问题，又具有其电力工控系统自身的特殊问题。

IP 协议设备在工业控制系统中广泛应用，既推动了企业业务系统的关联性和访问能力，也增加了网络安全脆弱性与安全事件发生的可能性。

对此，本章结合工业控制系统信息安全研究背景，具体针对智能电网工业控制系统面临的安全威胁和安全防护现状，进行了全面而精准的分析。首先，从智能电网工业控制系统面临的信息安全威胁出发，阐述相应解决方法和信息安全目标。然后，介绍了国际、国内相关安全标准研究进展，对国内的智能电网工业控制系统信息安全标准化建设提出建议，并以此为出发点，提出了一个由实验验证环境、产品检测能力和安全服务能力等三部分组成的智能电网工控系统信息安全测评体系框架，继而探讨了体系的建设思想和实施方案。同时，通过建设测评体系，可进行测评标准规范的研究和工具研发，可为工控产品生产商提供产品安全检测服务，为电力企业在运工控系统提供常态化信息安全服务。

10.1　智能电网工业控制系统信息安全测评体系建设

电力行业是国民经济建设的基础行业，关系着日常生产生活的供用电稳定性与可靠性，是国家持续快速发展与社会繁荣稳定的重要保障。智能电网工控系统信息安全测评体系是开放、动态、持续改进的系统，它将“无序、零散、被动”的应对信息安全转变为“系统、连贯、主动”的组织信息安全活动。目前，我国正在建设的第三代电网，即现代电网、广义的智能电网，不仅具有接纳大规模可再生能源的能力，还要实现电力需求侧响应、分布式电源、储能与电网的有机融合，具有更广阔的开放性和系统复杂性，因此威胁智能电网安全的涉及面会非常广泛。

10.1.1　智能电网工业控制系统信息安全威胁

智能电网工业控制系统的信息安全主要防止非法或不必要的渗透和干扰对智能电网工业控制系统的操作造成影响。智能电网工业控制系统的信息安全问题主要源自外部威胁和自身漏洞。

外部威胁有多种来源，包括敌对政府、恐怖主义组织、恶意入侵、偶然事件、内部人员的恶意或无意行为、自然灾害和设备故障等。针对外部威胁主要通过纵深防御策略来应对，包括防火墙的使用、隔离区的建立、入侵检测能力、人员培训计划、应急响应机制、产品的采购等在内的防御策略，使任意一项安全机制的失效对智能电网工业控制系统的信息安全影响最小。

特别值得注意的是电力监控系统网络安全形势日益严峻。电力系统工业控制系统日益网络化，为电力系统管理带来便利的同时，也潜藏着巨大威胁。自 2008 年伊朗的“震网”到“火焰”以及乌克兰的“BlackEnergy”事件中，表明网络攻击已经成为新型攻击武器，敌对势力利用网络攻击破坏工业控制系统已成为可能。而且这些攻击具有目标明确、操作隐蔽、针对性强、潜伏时间长等特点。另外，早期电力监控系统投运系统设备大部分都采用国外产品，对国外厂商的运行维护依赖性大，如果网络安全控制管理不严，同样也会对电网的安全造成十分严重的影响。

自身漏洞则包括策略和程序上的漏洞，平台、软硬件和防护软件缺陷，配置或维护的漏洞，以及网络同其他网络连接的错误配置或管理不善的漏洞。针对自身漏洞主要通过风险评估的方法来对某种漏洞或某个特定设施产生的风险进行评估。风险评估的客体是智能电网工业控制系统的资产，包括物理资产、逻辑资产和人力资产。通过评估，资产的价值可以定量或定性表示。评估完成后，识别消减每项风险的成本，将其与风险发生所付出的代价加以比较，明确风险消减手段。需要注意的是，在风险评估的过程中，必须意识到评估可能对控制系统的影响，应保证相关控制人员全程在场，如表 10.1 所示。

表 10.1 智能电网信息安全面临的威胁

外部威胁	自身漏洞
敌对政府，恐怖主义组织，恶意入侵	策略和程序上的漏洞，软硬件、防护软件缺陷
自然灾害	电力系统调度，配置问题

10.1.2 智能电网工业控制系统信息安全目标

通常对智能电网工业控制系统的研究主要集中在关键技术指标和系统功能的设计上，对智能电网工业控制系统的信息安全问题研究还有待深化。为了保证智能电网工业控制系统的正常运行，首先是确保信息的及时性、完整性和可用性，而对系统信息的保密性要求并不高。因为在智能电网工控系统的工作中，可行性的问题会导致决策的延迟，完整性的问题会导致决策的失误，保密性的问题则似乎不会带来直接的危害。

但是随着科技的发展，智能电网工业控制系统中的信息也具有很重要的保密价值，数据的泄露将对国家安全造成一定影响，例如，我国核电发电量和核电设备信息安全等。

而传统的信息安全则是为了实现三个目标：保密性、完整性和可用性。其中，对保密性的要求最高，其次是完整性和可用性。由此可见，如果将传统的信息安全要求完全放在智能电网工业控制系统上，并不具备可操作性，所以智能电网工业控制系统的信息安全需要一个有针对性的解决方案。

10.1.3　智能电网工业控制系统信息安全测评体系建设思想

在深入分析我国智能电网工控系统信息安全测评体系建设需求的基础上，参考国际、国家信息安全工程管理标准，结合电力行业多年信息安全防护实践经验，提出由实验验证环境、产品检测能力和安全服务能力三部分组成的智能电网工控系统信息安全测评体系框架，如图 10.1 所示。

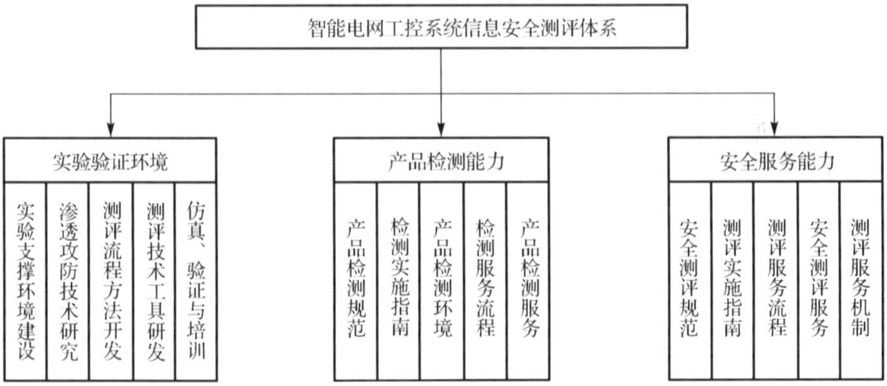

图 10.1　智能电网工控系统信息安全测评体系框架

实验验证环境将根据典型电力工控系统架构和我国电力系统特点进行建设，包括建设应用系统层、通信规约层、终端设备层在内的安全实验验证基础设施；开发信息安全防护技术和产品、验证现有安全防护技术及产品的防护能力、安全测评方法和工具有效性及安全性；设计开发针对电力工控系统、终端设备、电力专用通信规约、无线设备等的测评技术和测评工具，测试针对智能电网工控系统的渗透攻防技术；为安全测评服务提供仿真培训环境，以提高信息安全运行维护人员技术能力。

其中，实验验证环境的仿真技术提出了具体规划。面向智能电网的电力系统数字物理混合仿真、全过程仿真技术，电力设备在线检测技术，电力系统虚拟仪器技术，电力系统调度自动化技术，电力设备管理及状态检修技术，继电保护信息管理及故障诊断专家系统技术，高速高可靠电力通信技术等，都为此提供一套安全可行且仿真效果可信度高的实施方案。

产品检测能力的建设将根据我国电力工控系统安全标准和规范，建设智能电网工控系统产品检测中心，具体包括环境试验实验室、电磁兼容测试实验室、智能电网应用产品标准研究室、智能电网应用产品安全性能试验室等。通过研究与制定智能电网工控系统安全服务产品检测规范和实施指南，为主站系统及终端设备供应商提供产品安全检测服务，为电力企业提供系统和设备出厂检测服务。同时，智能电网工控系统质检中心将对区域内的智能电网产业发展产生积极效果，增强电力企业及其相关企业的国际竞争能力，同时通过标准制定等服务化解技术性贸易壁垒摩擦。

安全服务能力的建设包括组织架构和人才队伍两大方面，具体包括：建立健全常态化信息安全服务机制，研究与制定安全评估、安全加固、上线前安全测评、等级保护测评等工作规范、流程、实施指南与作业指导，为电力企业在线运行的工控系统提供常态化信息安全测评服务。

智能电网工控系统常规化服务主要是要求建立常态工作机制。结合我国电网实际发展的情况，按照目前国际、国内电力系统工业控制标准的要求，建立以电网信息安全工作计划为切入点、以产品安全检测为重点、以监督电网物理指标为主要方式、以智能电网工控系统安全仿真以及重要电网重要物理指标查询和实时监控为主要手段、以构建安全度及可信度高的智能电网工控体制为主要目标的常态工作机制，推动落实智能电网工业控制系统信息安全的标准化管理和测评工作。

10.1.4　智能电网工业控制系统信息安全测评体系建设方案

智能电网工控系统信息安全测评体系的建设是一个系统工程，一个安全稳定、能有效抵御内外攻击的电网是智能电网的基础，而安全的统一规划和部署则是智能电网的系统目标。这包括构建特种木马防御体系、密码技术等，多种信息安全手段和产品相互配合、互为补充，实现使用价值最大化，这也是统一建设智能电网的深刻含义。

建设这样理想的智能电网工控系统需要借鉴吸收国际先进的信息安全技术和管理经验，基于现有国家信息安全标准体系研究和标准制定成果，结合智能电网工控系统设计、开发、建设、实施、运维、废弃等生命周期各阶段的信息安全需求和服务经验，研究提出符合实际的电力控制系统信息安全测评体系总体框架，满足国家重要基础行业的生产控制系统信息安全服务需要。体系建设主要包括实验验证环境建设、产品检测能力建设、安全服务能力建设和系统信息安全风险评估四方面内容。

1. 实验验证环境建设

智能电网工控系统信息安全实验验证环境的建设以典型电力工控系统架构和我国智能电网系统特点为依据，建设包括主站系统层、通信网络层、终端设备层在内的实验验证环境，开发、验证安全防护技术防护能力、安全测评方法、工具有效性及安全性，测试针对智能电网工控系统的渗透攻防技术，为安全测评提供仿真环境，培训安全服务人员能力。

智能电网工控系统分布广泛，在发、输、变、配、用、调等六大环节的数据采集与监控以及过程控制等方面均有应用。而这六大环节基本囊括了电力资源从生产、运输、调度到使用的方方面面，任何一个环节出现问题，都有可能使整个电力系统面临着瘫痪的危险。因此，在设计和搭建此实验验证环境时，应充分考虑电力生产控制系统的架构，包括主站/控制中心(本地、异地)、现场设备、通信网络、调度数据展现、远程接入客户端、现场设备和移动存储介质等主要资产和功能组件，如图 10.2 所示。充分考虑到仪器设备使用的环境，以保证设备实时采集数据的灵敏性和准确性。实验验证环境的建设应全面体现智能电网工控系统实时性要求高、网络相对封闭、可靠性要求高、不能接受宕机、设备处理能力有限、通信协议专有等特点。

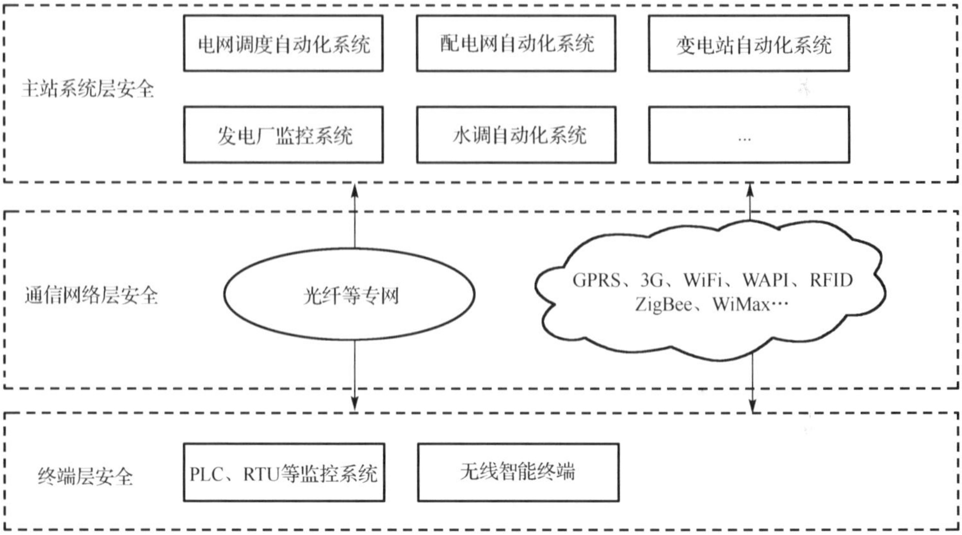

图 10.2　智能电网工控系统信息安全实验验证环境逻辑架构

其中，主站系统安全是整个智能电网工控系统信息安全的重要基础。主站系统安全内容广泛，其要求安全性高，因而所对应的安全防护手段也必须满足一定的针对性和高效性。主站系统安全主要包括以下几个方面：电网调度自动化系统、配电网自动化系统、变电站自动化系统、发电厂监控系统、水调自动化系统等。下面以发电厂监控系统和水调自动化系统为例，重点介绍主站系统安全要求。

具体针对发电厂监控系统而言，电力行业监控系统是工业现代化管理及安全防范的重要手段，也是传统管理和防范手段的延续，不同于其他普通环境，在方案设计中主要考虑以下几点。

(1)发电厂会产生强度很高的电磁辐射和电磁干扰，这就要求系统中图像信号和控制信号的传输方式应充分考虑发电厂所特有的复杂的电气环境，应具有极强的抗干扰能力，保证图像传输的质量和稳定性。

(2) 采用计算机数字视频压缩与传输技术，先进的 H.264 压缩格式，存储分辨率在 352×288 以上。为保证网络信号的实时传输，各输煤系统分中心到网络监控中心采用百兆的以太网传输。

(3) 输煤系统粉尘比较大，环境恶劣，对前端的监控设备要求比较高，要具有防尘、防水、防腐蚀等特殊要求。

(4) 由于多个分中心的监控画面需要上传到网络监控中心，而且还需要实现解码上墙，这就需要设计一套网络视频监控系统平台软件，可以在网络监控中心清晰地监控和回放各前端的视频图像，还可对摄像机进行远程控制。可以实现解码上墙，自动或手动切换显示各个前端的实时图像。

(5) 多媒体分控功能：系统可另带分控，可根据授权的不同功能级别进行监控。系统软件应可在中文 Windows 多媒体环境中运行，支持安全权限控制，监视、管理和网络管理融合为一体。

具体针对水调自动化系统而言，其安全性是直接影响着地方的防洪和发电两方面的安全因素，和地方人民的生活工作息息相关。水调自动化系统(全称水库调度自动化系统(hydrological dispatch automatic system，HDAS))，是电网调度自动化系统的重要组成部分。它集水库调度、自动化硬件设备与接口、计算机及网络通信技术、决策支持理论等专业为一体。该系统通过收集整理流域、水槽、雨情等历史资料和采集水电站流域的水文、气象、水库运行信息，进行在线水文预报和水务综合管理，并提供防洪和发电在内的综合决策方案。水调自动化系统在设计方案上主要考虑以下几个重要因素。

(1) 数据采集和处理。

依据数据通信应用协议，从水槽测报系统、EMS 系统、气象部门、水文部门、人机界面输入、MIS 系统等处采集实时水文数据、实时电网及机组信息、水库大规模监测信息、气象信息、发电计划、实际负荷曲线、调度指令、防洪信息、网络通道及网络设备的运行状态、水工设施和机械设备工况等。

根据采集到的数据信息、文件信息、图像信息进行合理性检查并记录处理。将实时数据通过数据统计和分析整理成时段数据、流量、功率等。因为数据来源众多，所以需要提高对实时数据的分析和整合的能力。

(2) 发电调度。

根据从 EMS 系统中获得的实时发电负荷、日发电量、各机组运行状态等信息和实时洪水预报子系统中获得的入库流量，以系统分析为基础进行优化调度，提供多种发电调度的辅助决策支持。水库群调度模型在调度周期上划分为长期调度、短期调度和实时滚动优化三个层次，各层次模型相对独立。发电调度还应包括厂内经济运行和水电、火电联合调度，所以应针对各种资源的调配，提出更进一步优化的方案。

(3) 与电调自动化系统集成。

水调自动化系统与电调自动化系统联系较为密切，不仅有数据共享，还有数据交换，可应用集群(cluster)技术将两个系统联合应用，以减少软硬件开支，提高效率。集群技术将计算机局域网上的两台物理服务器和一组磁盘构造为逻辑上的一台服务器和共享磁盘的服务端，当工作服务器故障时，集群软件会自动将另一台服务器投入运行，使逻辑上服务端不变，以便客户端连续访问。

因此，怎样高效地利用集群手段将水调自动化系统和电调自动化系统紧密结合，缩短系统故障时切换服务器的时间也是水调自动化系统性能提高的一个研究方向。

2. 产品检测能力建设

产品检测能力的建设将根据我国电力工控系统安全标准和规范，建设智能电网工控系统产品检测中心，研究与制定智能电网工控系统安全服务产品检测规范和实施指南，为智能电网工控系统生产商提供产品研发安全咨询和检测服务，也可为电力企业提供工控系统出厂检测服务。

为了验证智能电网工控系统及相关设备安全功能的有效性、发掘并分析智能电网工控系统及终端设备的安全脆弱性、模拟黑客植入恶意代码或预留后门程序进行攻击，都需要基于我国智能电网工控系统的组成架构并参照国际上电力工控系统有关标准和我国等级保护基本要求，搭建对电力工控系统的安全性测试环境。在该环境中对软件运行承载环境进行大规模仿真和模拟。对其安全性能，尤其是特殊架构中的关键设备、智能电网工控网络协议和所用密码机制，进行漏洞挖掘及脆弱性检测等工作，从而验证智能电网工控系统专用设备安全性与标准要求的符合性。

同时，制定电力工控系统产品安全检测标准规范及实施指南。检测标准规范应包括典型电厂工控系统及终端设备产品架构、功能要求、性能要求、安全要求等测试要求，并围绕智能电网工控系统制定产品检测保证要求，如交付和运行保证、指导性文档、测试保证、脆弱性保证、风险规避等；实施指南应包括电厂典型工控系统及终端设备的检测范围、检测流程、检测方法、安全管理及风险管控、检测工具管理规程、检测机构及人员管理等。

3. 安全服务能力建设

智能电网工控系统安全服务能力的建设包括构建与完善组织架构和人才队伍，建立健全常态化信息安全服务机制，研究与制定安全评估与加固、上线前安全测评保障等工作规范、流程，为电力企业在线运行的工控系统提供常态化信息安全测评服务。

安全服务能力建设应以智能电网工控系统全生命周期各阶段的安全需求为服务依据，以系统信息安全实验验证环境和产品检测体系为基础，为电力企业工控系统提供常态化、机制化安全测评服务，从调研、设计开发，到实施、运维、废弃等各个环节提供安全咨询，建议重点结合信息安全保障技术。

其中，安全咨询、风险评估起到了为智能电网工业控制系统安全加固的作用，产品检测、上线测试起到了安全健全的作用。而等级保护对智能电网工业控制系统的安全加固和安全健全两者都具有一定的积极影响。目前，我国常态化、机制化安全测评服务主要依赖于对高级专业技术人才培养，提高他们对智能电网工业设备的操作能力和系统相关物理指标的分析能力，通过他们提供的安全咨询、风险评估、安全等级保护、产品检测、上线测试等关键技术来为智能电网工业控制系统进行安全加固和健全以及必要的应急响应。

安全服务控制和管理主要包括以下四个方面：风险管理、质量管理、作业规范、服务流程。而这些都是为智能电网工业控制系统提供常态化、机制化安全测评服务的基石。

根据我国 2015 年制(修)订并发布的《电力监控系统安全防护规定》等规章制度，各地政府都开展了多轮电力企业网络与信息安全专项监管，积极推进电力行业信息安全等级保护工作，有效提升了电力工控系统安全防护能力，为我国智能电网工业控制系统信息安全的发展打下了坚实的基础。

智能电网工控系统对系统运行的安全性、可靠性和稳定性要求很高，因此，安全测评服务应当以保证系统正常稳定运行、保证风险可控在控为前提，测评人员需具备信息安全测评、加固、设计等能力和资质，应当掌握电力生产控制相关的业务知识背景，所使用的测评工具和方法不能对在运系统造成任何影响。智能电网工控系统安全测评除了具有丰富的服务内容，还需要严格的管控措施以及稳定、可靠、可控的技术和管理支撑，拟建设的智能电网工控系统安全服务能力架构如图 10.3 所示。

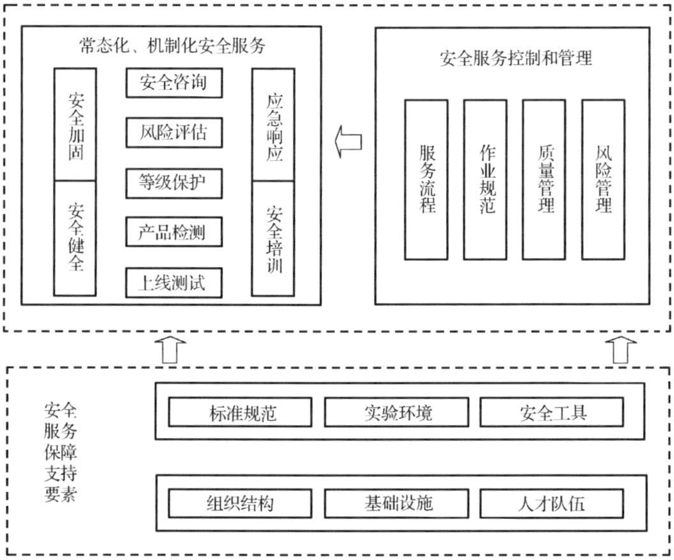

图 10.3　智能电网工控服务系统安全能力架构

4. 系统信息安全风险评估

在有效智能电网工控服务系统安全能力架构的基础之上，需要对智能电网工业控制系统信息安全风险进行可靠的风险评估。

要对工业控制系统进行识别，要理解区域和管道两个概念，要掌握信息安全等级，要熟悉风险评估过程，要学会相应的评估方法。通过可靠的系统信息安全评估，不断完善智能电网工控系统，增强系统的信息安全。

(1) 系统识别。工业企业应考虑工业控制系统信息安全的范围、边界、设备和所有控制系统的访问点。

(2) 区域与管道定义。理解区域和管道的定义，以便工业控制系统各个子系统进行分段管理，并找出相应的模板。做到有针对性的、专业化管理。

(3) 信息安全等级(security level，SL)。从信息安全角度，通过调研和查找，根据信息安全控制实用规则(ISO27002)的管理要求和过程自动化用户协会的推荐要求，通过管理评估，将管理等级划分为三级，分别为 ML1、ML2 和 ML3，由低到高分别对应低级、中级和高级。基于 IEC 62443-3-3 技术要求，通过系统能力(技术)评估，将系统能力等级分为四级，由小到大分别对应系统能力等级的 CL1、CL2、CL3 和 CL4。根据管理评估和系统能力评估的结果，可以得到工业控制系统的评估结果，即信息安全等级，其等级划分为四级，由低到高分别对应为 SL1、SL2、SL3 和 SL4，如表 10.2 所示。

表 10.2　信息安全等级表

管理等级	系统能力等级			
	CL1	CL2	CL3	CL4
ML1	SL1	SL1	SL1	SL1
ML2	SL1	SL2	SL2	SL3
ML3	SL1	SL2	SL3	SL4

(4) 风险评估过程。详细的风险评估流程包括四步：准备评估、开展评估、沟通结果、维护评估。

(5) 风险评估方法。风险评估方法主要有定性和定量风险评估方法、基于场景和资产风险评估方法、详细风险评估方法、高层次风险评估方法。每种风险评估方法有不同的要求和使用场合，因此，确定某种风险评估方法一般需要进行筛选、选择、验证和确定四个步骤。

10.2　智能电网工业控制系统信息安全标准研究

近年来，由于网络技术的飞速发展和各类信息安全事故的频繁发生，智能电网工业自动化和控制系统通信网络中的信息安全受到越来越多的关注。

首先，智能电网工控信息安全作为工业控制系统安全的一方面，了解工业控制系统安全是十分有必要的前提条件。国际上已有标准化组织针对工业控制系统的信息安全标准化，开展了一系列研究，主要包括 NIST、IEC。其中，IEC(工业过程测量)、TC65(控制和自动化)、WG10(网络与系统信息安全工作组)与国际自动化协会 ISA99 成立联合工作组，共同制定 IEC 62443《工业过程测量、控制和自动化以及网络与系统信息安全》系列标准。以下将围绕 IEC 62443 系列标准，详细讲解用于工业控制系统信息安全技术的国际标准化进展的详细研究。

对于工业自动化控制系统(IACS)而言，工控系统信息安全首要考虑的是所有系统部件的可用性。工业自动化系统部件的完整性则在第二位考虑需求上，而工业控制系统保密性通常都在最后考虑。因为工业数据都是原始格式，需要配合有关使用环境进行分析才能获取其价值。而系统的可用性则直接影响到企业生产，生产线停机或者操作错误等动作都可能导致巨大经济损失，甚至是人员生命危险和环境的破坏。所以工业控制系统安全的重要性不言而喻。

其次，即便当工业控制系统安全保护层被突破后，仍必须保证生产过程的安全，尽量降低对人员、环境、资产的破坏。除此之外，工控系统的实时性指标也非常重要。控制系统要求响应时间大多在 1ms 以内，而通用商务系统能够接受 1s 或数秒内完成。工业控制系统信息安全还要求必须保证持续的可操作性及稳定的系统访问、系统性能、专用工业控制系统安全保护技术，以及全生命周期的安全支持。在保证工业控制系统信息安全的同时，上述要求也必须满足。

安全是指避免会造成人体健康损害或人身损伤的不可接受的风险，而这种风险是由于对财产或环境的破坏而直接或间接导致的。通常工业领域的安全可分为三类，即功能安全(functional safety)、物理安全(physical safety)和信息安全(security)。功能安全是为了实现设备和工厂安全功能，受保护的安全相关部分和控制设备的安全相关部分都必须正确执行其功能。当系统部分功能失效或故障发生时，设备或系统必须仍能保持安全条件或进入到安全状态。物理安全是减少由于电击、着火、辐射、机械危险、化学危险等因素造成的危害。信息安全包括的范围很大，大到国家军事政治等机密安全，小到防范企业机密泄露、个人信息的泄露等。ISO/IEC 27002 中信息安全的定义是“保持信息的保密性、完整性、可用性；另外也可包括如信息的真实性、可核查性、不可否认性和可靠性等”。

在 IEC 62443 中针对工业控制系统对信息安全的定义是：

①保护系统所采取的措施；

②由建立和维护保护系统的措施所得到的系统状态；

③能够免于对系统资源的非授权访问和非授权或意外的变更、破坏或者损失；

④基于计算机系统能力的保证。

用于工业自动化和控制系统的信息安全技术标准最初是由国际自动化协会(ISA)中的 ISA99 委员会提出。2007 年，IEC/TC65/WG10 与 ISA99 成立联合工作组，共同制定 IEC 62443 系列标准。2011 年 5 月，IEC/TC65 年会决定整合 IEC 62443 标准结构，并从 14 个部分文档调整到 12 个，以优化工业控制系统信息安全标准体系。同时，为与 IEC/TC65 的工作范围相对应，IEC 62443 系列标准名称由《工业通信网络与系统信息安全》改为《工业过程测量、控制和自动化网络与系统信息安全》(这里的“过程”指的是生产过程)。IEC 62443 系列标准目前分为通用、信息安全程序、系统技术和部件技术四个部分，共包含 12 个文档，每个文档描述了工业控制系统信息安全的不同方面。

为了便于理解工业控制系统安全标准化的研究，以 IEC 62443 为例，图 10.4 给出了 IEC 62443 的框架示意图。

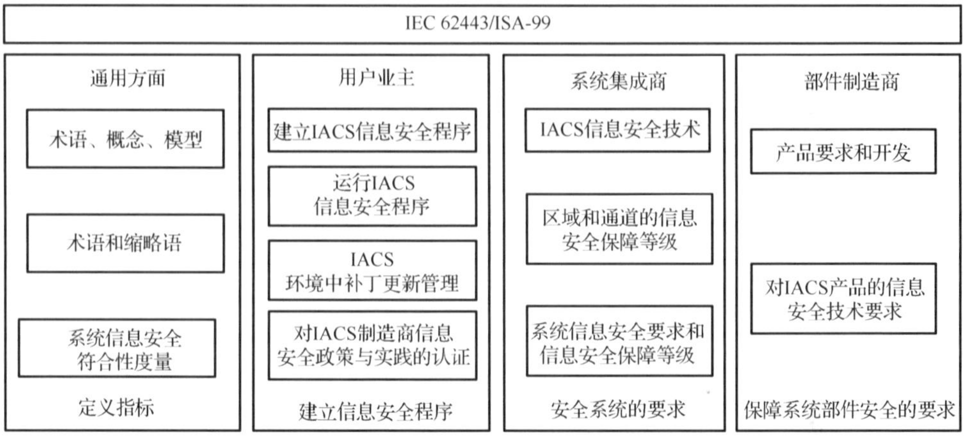

图 10.4　IEC 62443 标准结构图

第一部分描述了信息安全的通用方面，作为 IEC 62443 其他部分的基础。

IEC 62443 术语、概念和模型：为其余各部分标准定义了基本的概念和模型，从而更好地理解工业控制系统的信息安全。

IEC 62443 术语和缩略语：包含了该系列标准中用到的全部术语和缩略语列表。

IEC 62443-1-3 系统信息安全符合性度量：包含建立定量系统信息安全符合性度量体系所必要的要求，提供系统目标、系统设计和最终达到的信息安全保障等级。

第二部分主要针对用户的信息安全程序。它包括整个信息安全系统的管理、人员和程序设计方面，是用户在建立其信息安全程序时需要考虑的。

IEC 62443 建立工业自动化和控制系统信息安全程序：描述了建立网络信息安全管理系统所要求的元素和工作流程，以及针对如何实现各元素要求的指南。

IEC 62443 运行工业自动化和控制系统信息安全程序：描述了项目已设计完成

并实施后如何运行信息安全程序等问题，包括评判项目有效性的度量体系的定义和应用。

IEC 62443 工业自动化和控制系统环境中的补丁更新管理。

IEC 62443 对工业自动化控制系统制造商信息安全政策与实践的认证。

第三部分针对系统集成商保护系统所需的技术性信息安全要求。它主要是系统集成商在把系统组装到一起时需要处理的内容。它包括将整体工业自动化控制系统设计分配到各个区域和通道的方法，以及信息安全保障等级的定义和要求。

IEC 62443 信息安全技术：提供了对当前不同网络信息安全工具的评估、缓解措施，可有效地应用于基于现代电子的控制系统，以及用来调节和监控众多产业和关键基础设施的技术。

IEC 62443 区域和通道的信息安全保障等级：描述了定义所考虑系统的区域和通道的要求，用于工业自动化和控制系统的目标信息安全保障等级要求，并对验证这些要求提供信息性的导则。

IEC 62443 系统信息安全要求和信息安全保障等级：描述了与 IEC 62443-1-1 定义的 7 项基本要求相关的系统信息安全要求，以及如何分配系统信息安全保障等级。

第四部分针对制造商提供的单个部件的技术性信息安全要求。它包括系统的硬件、软件和信息部分，以及当开发或获取这些类型的部件时需要考虑的特定技术性信息安全要求。

IEC 62443 产品开发要求：定义了产品开发的特定信息安全要求。

IEC 62443 对 IACS 产品的信息安全技术要求：描述了对嵌入式设备、主机设备、网络设备等产品的技术要求。IEC 62443 系列标准通过四个部分，涵盖了所有的利益相关方，即资产所有者、系统集成商、组件供应商，以尽可能地实现全方位的安全防护。

IEC 62443 术语、概念和模型部分，建立工业自动化和控制系统信息安全程序部分，系统集成商保护系统所需的技术性信息安全要求部分已发布 IEC 标准；区域和通道的信息安全保障等级部分目前处于委员会投票草案阶段；工业自动化控制系统制造商信息安全政策与实践的认证部分已通过新工作项目投票；其余部分都在起草过程中。为了避免标准冲突，IEC 62443 同时涵盖了业内相关国际标准的内容，例如，来自荷兰石油天然气组织 WIB 标准和美国电力可靠性保护协会 NERCCIP 标准，它们包含的附加要求也被整合在 IEC 62443 系列标准中。

NISTSP800 系列系统安全指南，报告了关于 NIST 信息技术实验室的研究、指导和计算机安全的外展性工作，并且包括与工业界、政府以及学术机构的协作活动的文件。重点领域主要包括加密技术和应用、认证，公共关键基础设施，互联网络的安全性、标准和保障等。其中 SP800-82(工控系统安全指南)专门分析了工业控制系统的特点、面临的威胁和存在的漏洞，说明了如何开发和部署一个工业控制系统的安全项目，并基于 SP800-5(联邦信息系统推荐安全控制)针对 FIPS199 所定义的不同级别系统推荐了不同强度的安全控制集(包括管理、技术和运行类)对工业控制系统提出了建议和指导。

IEC/TC65/WG10 致力于解决跨共同自动化联网情况下的安全标准，基于 ISA99 的系列标准，结合工控界相关国际标准(如 NERC-CIP 标准等)，正在起草 IEC 62443“工业控制过程测量和控制的安全性网络和系统安全”。该系列标准从通用基础标准、系统安全程序设计要求、系统技术要求和系统组件技术要求做出了规范。目前，全国工业过程测量和控制标准化技术委员会 (SAC/TC124) 正在对已经发布的 IEC 62443 的部分标准进行行业标准转化工作。IEC/TC57 则关注于电力系统管理和相关信息的交换，WG15 负责制定系统的数据和通信安全方面的标准，已经被我国电力系统转化为行业标准。

工业控制系统的信息安全与其使用环境、用户管理及企业文化等要素密切相关，要做好此项工作一定要发挥好各行业的作用。我们必须深入研究我国工业控制系统的行业特点和需求，有针对性地制定相关行业信息安全保障应用行规。同时联合相关标准化组织和机构研究我国工业控制系统信息安全标准体系，积极开展工业控制系统信息安全评估与验收标准的制定工作，健全工业控制系统信息安全评估认证机制，建立有效的工业控制系统信息安全应急系统，形成我国自主的工业控制系统信息安全产业和管理体系。信息安全的认证不同于其他安全认证评估，它必须要自主掌握，“实现自己的保险柜自己来锁”，才能实现真正的安全。

2011 年，工业和信息化部《关于加强工业控制系统信息安全管理的通知》指出我国工业控制系统信息安全管理工作存在若干问题，管理制度不健全，相关标准规范缺失，技术防护不到位，安全防护能力和应急处置能力不强等问题，并明确要求全国信息安全标准化技术委员会抓紧制定工业控制系统关键设备信息安全规范和技术标准，明确设备安全技术要求。全国信息安全标准化技术委员会(TC260)也开展了一系列研究：2009 年信息安全技术《工控 SCADA 系统安全防护管理指南》立项，2010 年国家标准委正式下达国标制定计划(计划号 20100384-T-469)，2011 年安全可控信息系统(电力系统)安全指标体系立项，并报国家标准委。

10.3　我国智能电网工业控制系统信息安全工作

国家历来高度重视电力监控系统的网络与信息安全，不断颁布和实施了电力监控系统安全防护规定、等级保护等一系列法令、制度和标准，来强化系统与设备的自主可控性，保证我国电力监控系统网络与信息安全相对稳定。

同时，我国智能电网工业控制系统在技术、产业、应用上正高速发展，已逐步具备高度集成化、网络化的发展趋势和特点。

10.3.1 我国智能电网工业控制系统信息安全工作思路

由于智能电网工业控制系统的一体化趋势，使得电力工业控制系统和传统IT管理系统以及互联网相连通，电力工业控制系统内部也开始越来越多地采用了通用软件、通用硬件、通用协议。智能电网工业控制系统日益复杂化、IT化和通用化的趋势，使传统电力工业控制系统的封闭、低效的问题日益暴露出来，引进开放、高效的智能电网工业控制系统已是大势所趋，系统信息安全问题也越来越不容忽略。

智能电网工业控制系统的信息安全标准化应该和智能电网工业控制系统的信息安全工作相结合，紧密结合智能电网工业控制系统的特点来开展，当前，针对我国的智能电网工业控制系统的信息安全工作(也可以看作智能电网工业控制系统的信息安全需求)可以分为三个部分来进行：风险评估发掘漏洞隐患、进行智能电网工控系统安全加固和推进(工控系统)产品研发。

因此，针对我国智能电网工业控制系统信息安全工作，建议从以下几方面开展。

(1)通过智能电网工控系统的调研，总结出清晰的智能电网工控系统总体框架及路线图等。当前，工业和信息化部信息安全协调司正在开展相关工作。

(2)在调研过程中，对发现的信息安全问题，基于信息安全的已有技术，进行一定整改，本着保核心、保要害的原则，先改进能改的信息安全漏洞。

(3)抓紧制定相关标准，搭建标准验证测试环境，并研制开发相关工具、产品。

(4)推进标准示范工作，依据标准对工业控制系统进行定级、安全加固等工作，并规范工控系统所用产品的开发、采购等过程。

1. 智能电网信息安全技术需求

国务院下发的《国家中长期科学和技术发展规划纲要(2006—2020)》中明确把“面向核心应用的信息安全”作为2006年起的15年内国家重点发展领域和优先主题。因此，积极响应国家政策要求并结合智能电网安全需求特点，国家电网公司将信息安全作为智能电网重点建设内容之一。智能电网信息安全技术需求包括：面向电网核心应用及业务系统安全防御建设，重点研究开发电网基础信息网络和重要信息系统的安全保障技术，开发复杂大系统下的主动实时防护、安全存储、网络病毒防范、恶意攻击防范、网络信任体系与新的密码技术；同时，制定并设计一个完整规范的智能电网信息安全技术体系，针对智能电网信息安全进行专项技术策略标准和安全防御体系一体化、标准化建设，全面提升智能电网信息安全技术水平，保障核心业务系统及信息网络安全。

(1)信息系统与设备安全技术系列规范。

智能电网覆盖范围大，网络结构复杂，数据传输形式众多，导致其继承了IP网、无线传输等IT信息架构的风险；不同业务类型采用不同应用系统、不同厂商设备采用不同的标准和接口，使得其结构上出现了更多可以被利用的脆弱点；未来智能电表、智能变电站等传统电网不包含的设备和设施的广泛采用将可能引入未知的风险。因此，急需在智能电网的信息网络层面、信息系统层面和设备层面制定统一的信息安全技术标准。该系列标准包括通信安全标准、智能设备安全技术规范、网络和终端设备隔离部件安全技术要求和信息网络安全接入技术规范等。

(2)信息安全技术评估准则系列标准。

智能电网建设中信息技术应用的必然结果是形成信息系统或信息技术产品，这些软硬件应用的安全保障都需要在设计、开发中得以考虑，若系统总源头缺乏安全考虑，在今后的运行中则难以实现信息安全目标。另外，信息安全等级保护制度作为国家信息安全战略和策略，未来智能电网中的所有信息系统都必须满足等级保护要求，等级保护符合性评估和测评工作需通过标准化进行规范。因此，该系列标准需要制定和完善包含软件产品安全性评估准则、硬件产品安全性评估准则和信息系统安全评估准则等。

(3)信息安全管理体系系列标准。

智能电网信息安全保障既包括信息安全技术保障也包括信息安全管理，而且应涵盖“信息”的全生命周期。应针对智能电网中信息系统面临的信息安全风险，建立起一套能够持续改进的信息安全管理体系。

2. 我国智能电网信息安全建设发展方向

智能电网信息安全建设工作的开展需要提前考虑以下方面的因素。

(1)由于智能电网引进了先进的管理理念进行系统管理，智能电网需要的数据(如发电，输配电，电力消耗)需要从系统终端设备采集，从信息论角度分析，构建智能电网等于搭建一个开放的交流平台。运用此平台实现电力系统的生产自动化、管理现代化、决策科学化，因此系统信息安全必将面临着巨大挑战。

(2)当前我国国家电网公司致力于实现对商品运输过程中的全程信息过程，包括办公人员、资金、材料和业务等信息。因此，国家电网公司建立智能电网，应提前考虑他们信息结构的一致性和接受传递数据的安全性，同时，在系统进行决策时，通信协议等框架应能得到整合的数据和信息。

智能电网信息安全建设工作的开展，一方面需要贯彻落实国家的科学发展观，坚持以信息化带动安全建设的现代化，有效整合技术资源，推进资源配置优化；另一方面要面向国家电网公司建设现代化、智能化、互动化的坚强智能电网发展方向，以智能电网新型安全业务需要为导向，构建企业级智能信息安全综合防御体系，加强电网业务应用系统的安全集约化管控，助力统一坚强智能电网建设。

未来智能电网工业化控制系统的信息安全建设工作将会向技术自主化、多元化、核心化的方向发展。做到设备采集实时数据不仅多元化，处理实时数据的手段也多元化和核心化，以保证系统数据的采集、传输、整合分析的安全。

为了实现实时数据采集与生产控制，达到精益化管理要求，网络与信息化技术在电力监控系统中广泛应用，电力监控系统由专用平台、专用协议逐渐转变为开放平台和通用协议。原本孤立的系统开始大规模互联，通过电力专用数据网络进行交互，系统的开放性和网络的高度连接性为网络攻击者提供了更多的攻击渠道。电力系统由封闭独立逐渐向开放互联转变，网络与信息安全防御日趋增加。

3. 信息安全技术体系总体架构

智能电网具有信息化、自动化和互动化的特征，其信息安全技术主要包括：基础信息网络安全和重要业务系统安全保障、复杂大系统下的网络生存、主动实时防御、安全存储备份、网络入侵防御、恶意攻击防范、网络信任体系与新型密码技术等。

由于安全技术种类繁多，因此，需要建立一个防御对象层次化、防御结构合理化、技术管控动态化的安全技术体系防御架构，以便根据智能电网的不同发展阶段，满足信息安全建设的相应安全需求。安全技术上要强调系统平台深度集成、安全信息高度共享、管控流程高度贯通、业务安全高度互动，这些要求涵盖电网核心应用安全各个环节，统一建设和总体规划智能电网信息安全技术体系架构。

4. 国家电网公司工控安全经验

国家电网公司在中央网信办、发改委、工信部、公安部、能源局等国家主管部门的领导下，落实国家等级保护制度、发改委 14 号令、电力监控系统安全防护规定等各项要求，建成信息安全主动防御体系，保障电网安全。

(1)全面落实等级保护制度。

近年来，国家电网公司按照能源局和公安部发布的等级保护系列文件要求，确定电力监控系统安全防护工作的方向和基础，逐一在建设、运行和管理实践中落实。常态化开展等级保护测评和安全管理等工作，已将等级保护测评体制纳入电网调度安全评价体系，推动等级保护测评工作并将其制度化、常态化。

(2)强化电力监控系统安全防护体系建设。

国家电网公司全面落实了发改委 14 号令，坚持信息安全“三同步”(同步规划、同步建设、同步投入运行)，逐步建立健全电力监控系统安全防护体系，在技术方面强化结构安全、系统安全和数据安全，在应急方面强化分布式备用调度、内网安全实时监测和电力监控系统安全三道防线的建设，加强电力监控系统的体系防护，建成栅格状的动态安全防护体系。

(3)提升电力监控系统的自主可控能力。

经过多年努力，国家电网公司自主完成安全芯片研发，研制了电力监控系统专用的纵向身份认证装置、单向物理隔离装置、逻辑强隔离装置。通过总参谋部信息化部等国家机构的认证，实现电力监控系统自主可控率 100%，有效提高电力监控系统的安全防御水平。

(4) 建立公司信息安全专业队伍。

充分发挥公司所属的两个信息安全实验室和各省公司信息安全专业队伍的作用，建成公司信息安全队伍(红队、蓝队和督查队伍)近千人。立足于“红队攻点、定点挖掘；蓝队防面、全面消缺；督查巡检、闭环管控”的工作机制，对公司内外网管理与技术漏洞深入挖掘，能及时发现并消除基础隐患，有效提升对抗外界高危攻击的能力。

10.3.2　我国智能电网工业控制系统信息安全标准化现状

1. 我国智能电网信息安全标准化工作相关组织

我国智能电网信息安全标准化工作的相关组织有：全国信息安全标准化技术委员会(TC260)，承担我国信息安全标准化工作，2009 年立项编制《工控 SCADA 安全指南》；全国电力系统管理及信息交换标准化技术委员会(TC82)下设通信工作组，涉及部分智能电网通信安全标准化工作；全国工业过程测量与控制标准化技术委员会(TC124)的 SC 分委会，负责全国工业通信及系统等专业领域的标准化工作。国家电网公司作为我国智能电网建设的提出者和实施者，2009 年 6 月底，在国家电网公司科技等部门的共同组织下，成立了智能电网标准体系研究工作组，针对我国智能电网信息安全标准化需求，制定和完善相关标准，为我国智能电网信息安全标准化工作提供战略发展指导。

2. 我国智能电网信息安全标准化工作相关标准现状

智能电网信息安全标准作为智能电网标准体系的核心部分之一，主要包括信息系统安全等级保护基本要求、电力二次系统安全防护规定、信息安全管理体系要求与信息安全管理实用规则、信息技术安全性评估准则等四个部分。

(1) 信息系统安全等级保护基本要求。

信息安全等级保护制度作为国家信息安全战略和策略，在今后的智能电网中，所有信息技术系统都必须满足等级保护要求。GB/22239-2008《信息系统安全等级保护基本要求》是描述信息安全等级保护基本技术要求和管理要求的基本标准，该标准也是等级保护方面其他标准的基础。我国已在 GB/22239 基础上针对信息安全保障体系的各部分内容制定和规划了一系列的标准。国家电网公司在此标准基础上制定了《国家电网公司信息化“SG 186”工程安全防护总体方案》。

(2) 电力二次系统安全防范规定。

电力二次系统的安全防护是智能电网信息安全的关键内容，也是电网安全生产的基础。智能电网安全稳定运行要求必须实现电力二次系统的安全保障。《电力二次系统安全防护规定》(电监会5号令)用以指导电力系统实现对二次系统的安全防护，标准包含了《电力二次系统安全防护总体方案》、《省级以上调度中心二次系统安全防护方案》、《地、县级调度中心二次系统安全防护方案》、《变电站二次系统安全防护方案》、《发电厂二次系统安全防护方案》、《配电二次系统安全防护方案》等六部分内容，是我国电力系统信息安全核心标准，标准文本为国家秘密。

(3)信息安全管理体系要求与信息安全管理实用规则。

信息安全保障结合了技术和管理两个方面的工作，ISO/IEC 27000系列标准综合了信息安全技术和管理两方面的内容，适用范围不仅包括信息技术，同时内容涵盖了“信息”的全生命周期。ISO/IEC 27000系列标准是目前国际上应用范围最广的信息安全标准，由英国国家标准BS7799发展而来，目前已经由原先的两个部分规划发展为包含35个部分的标准族。其中最核心的两部分是ISO/C 27001信息安全管理体系要求、ISO/C 27002信息安全管理实用规则，我国已经引用这两个标准为国家标准。这两个国家标准分别是GB/T22080-2008/ISO/IEC 27001:2005《信息安全管理体系要求》和GB/I 22081-2008/ISO/IEC 27002:2005《信息安全管理实用规则》。国家电网公司2009年已经启动了ISO/IEC 27000标准的研究和应用工作，主要针对信息安全管理体系的建设和运行。

(4)信息技术安全性评估准则。

ISO/IEC 15408标准定义了一套能满足各种需求的信息技术安全准则，核心内容是在安全保护框架(protection profile，PP)和安全目标(security target，ST)中描述评测对象(target of evaluation，TOE)的安全要求时，应尽可能使其与标准定义的安全功能组件、安全保证组件相一致。ISO/IEC 15408标准采用了结构化的表述方式，在信息技术产品、系统的安全设计和测评方面具有重要作用。ISO/IEC 15408自发布后已经更新了3版，标准的三个部分已经被我国全面引用，对应的国家标准为GB/T 18336-2008《信息技术安全性评估准则》。2006年国家电网公司结合GB/T 18336制定了《国家电网公司信息应用通用安全要求》，用以指导系统开发和测评工作。智能电网建设中信息技术应用的必然结果是形成信息系统或信息技术产品，这些软硬件应用的安全保障都需要在设计、开发中得以考虑，否则系统总源头就缺乏安全考虑，在今后的运行中则难以实现信息安全目标。ISO/IEC 15408对软硬件应用的安全功能及其实现进行了结构化设计，可广泛应用于系统开发设计和系统安全性测评方面。

10.3.3　我国智能电网工业控制系统信息安全标准化策略

我国智能电网工业控制系统制定信息安全标准，需要一个抽象的、具有代表性的参考模型。参考模型试图描述一个集成制造或生产的通用系统，采用一系列的逻辑层次进行表示。智能电网工业控制系统的体系结构如图10.5所示。

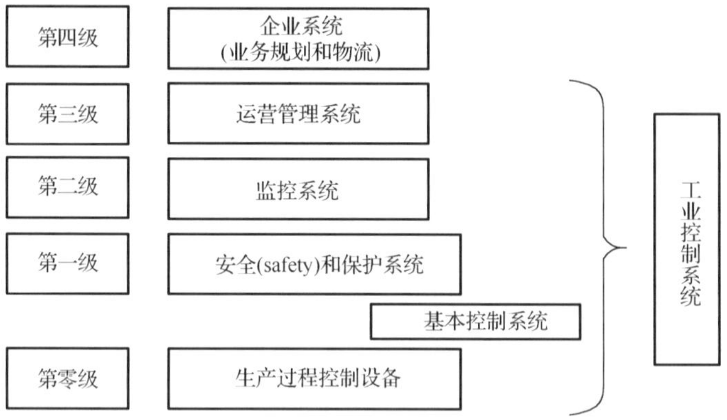

图 10.5　智能电网工业控制体系结构

第四级业务规划和物流系统，包括业务相关活动所需要的功能：整个企业或区域的财务系统、经营管理系统、企业网站的管理和维护的基础设施组件。

第三级运营管理系统，包括生产出最终期望产品的管理工作流程的相关功能、生产调度、详细的生产进程、生产过程中的可靠性保障。

第二级监控系统，包括监测和控制生产物理过程中所涉及的功能。

第一级分为安全和保护系统、基本控制系统。安全和控制系统，是确保自动生产过程中相关状态不会超出安全生产阈值，一旦超出，将发出报警或自动使生产系统返回安全状态。基本控制则包括传感、操作生产物理过程所涉及的相关设备，如 DCS 控制器、PLC、RTU 等设备。

第零级为实际的生产物理过程，包括所有部门的生产设施，如与生产设备直接连接的传感器和驱动器。

从第三级到第零级的相关系统、设备构成了智能电网工业控制系统。

在明确了智能电网工业控制系统模型后，建议依据智能电网工业控制系统的信息安全工作思路和智能电网工业控制系统的行业需求，制定如下标准。

(1) 提出智能电网工业控制系统信息安全标准体系架构、信息安全标准的术语等基础标准。

智能电网工业控制系统信息安全关系生产安全，甚至国家安全，体系架构规划意义重大，是一个系统工程。智能电网工业控制系统的信息安全标准体系应建立在 IT 技术信息安全等基础性技术和管理标准体系的基础之上。同时，智能电网工业控制系统的信息安全标准体系与重点领域的典型应用相结合，总结分析安全风险及其风险缓解方法与技术。

(2) 提出智能电网工控系统的信息安全管理指南。

以支撑国家管理为目的，为主管部门对智能电网工业控制系统的管理提供依据，如相关的标准、规范、程序等，可用于企业自查，以及主管部门的定期检查、抽查，使智能电网工控系统管理更加标准化、规范化。

(3) 提出智能电网工业控制系统信息安全测评、风险评估标准。

从智能电网工业控制系统的重要性、系统所面临信息安全风险等多方面因素综合考虑，以国家标准 GB/T 18836-2001《信息技术安全性评价准则》为基础，并结合参考国家标准 GB 17859-1999《计算机信息系统安全保护等级划分准则》，共同制定智能电网工业控制系统的信息安全测评标准和信息安全风险评估标准。为智能电网工业控制系统信息安全测评、风险评估提供有效的标准化理论依据。

(4) 提出智能电网工控系统的安全防护指南。

通过对智能电网工业控制系统的信息安全测评和风险评估，提出相对应的安全防护控制措施，包括管理、技术、运行等多方面，为建立立体的智能电网工业控制系统安全防护框架提供指导。

10.4　本章小结

信息化和工业化深度融合，智能化以及新技术的引入已成为国内外当前电力工业控制系统发展的趋势，但随着这些技术发展带来生产力的同时，其双刃剑的另一面，信息安全问题却普遍被忽略，这在客观上进一步增加了电力工业控制系统的信息安全隐患问题。

需要引起重视的是，在智能电网工业控制系统的生产过程中，生产安全是第一安全，信息安全作为生产安全的一部分，其解决方案同传统生产安全的解决方案完全不同。通过单一的安全产品、技术或解决方案无法有效保护智能电网工业控制系统的信息安全，所以需要一种包括两个或多个不同安全机制的纵深防御策略来抵御外部威胁；通过风险评估明确自身漏洞，提出风险消减方案；通过提高自主可控产品的研发能力解决供应链的安全问题。智能电网工业控制系统的信息安全标准将为政府、企业建立多层防御策略架构，进行风险评估提供指南和方向，相关安全标准的建设已经成为智能电网工业控制系统发展、国家经济安全的重大战略问题。

智能电网具有信息化、自动化、互动化、自愈性等特征，系统内的用户端设备以及各个节点均可实现实时的数据监控并形成双向的功率流信息，过程涵盖电力的发、输、变、配、用各个环节。在开放性系统和信息共享的基础上，智能电网实现了电网中各单元的协调与互动，以达到优化电网管理、提高运营效率的目的。

本章从智能电网工控信息安全测评体系建设、智能电网工控信息安全标准研究以及我国智能电网工控系统信息安全工作三个方面，对智能电网测评及标准认证进行了详细阐述。其中，智能电网工控信息安全测评体系建设以建设信息安全“系统、连贯、主动”为主要目标，大量参考国际、国家信息安全工程管理标准，结合电力行业多年信息安全防护实践经验，提出由实验验证环境、产品检测能力和安全服务能力三部分组成的智能电网工控系统信息安全测评体系框架。为了保障智能电网工控系统信息安全，国内、国外各政府及电力相关企业给予高度重视，并共同制定IEC 62443《工业过程测量、控制和自动化以及网络与系统信息安全》系列标准，为电力工业控制系统信息的规范化、标准化做出了巨大贡献。我国智能电网工业控制系统不仅参考国外发达国家电力系统管理机制和信息整合机制，同时结合我国多年电力工业控制系统的发展，针对我国自身电力工业控制系统信息安全存在的问题以及潜藏的安全威胁，搭建了“生产、监控、企业管理”多方共同完善和维护的信息安全系统框架，并具体针对智能电网工业控制系统信息安全问题，进行了分层处理和多向监控。为我国智能电网工业控制系统信息安全的研究及发展，提供了有力的理论依据，打下了夯实的基础。

但随着我国“互联化”的时代发展，搭建开放、自主、高效智能电网工业控制系统信息处理平台已是必然的发展趋势，必不可少地需要大量而广泛引进“新能源和新技术”，这都将为我国智能电网工业控制系统的信息安全带来新的希望和挑战。

因此，制定和完善智能电网信息安全标准，对智能电网信息安全提供强力的技术支撑，为我国智能电网信息安全体制建设保驾护航，是电力科技工作者义不容辞的责任，我国智能电网信息安全标准化工作任重而道远。

参 考 文 献

陈春霖, 王继业, 张涛, 等. 智能电网信息安全防护体系及关键技术研究与应用[C]//电力行业信息化优秀成果集 2013. 2013: 20.

韩利, 秦鹏, 刘启飞, 等. 智能电网与环境安全关系综述[J]. 电力科技与环保, 2012, 28(1):7-9.

马李翠. 智能电网的安全关键技术研究[D]. 北京：北京交通大学, 2017.

王宝祥. 智能电网调度支持系统中主机安全监视平台的设计与实现[D]. 成都：电子科技大学, 2013.

吴烈, 杨云. 一种面向电力云的细粒度数据完整性检验方法[J]. 重庆邮电大学学报(自然科学版), 2012, 24(6): 703-707.

夏飞. 智能电网智能终端工控安全风险分析及防护方案[J]. 无线互联科技, 2016, (22): 117-119,128.

杨飞. 安全审计技术在电力系统中的应用研究[J]. 软件, 2016, 37(12): 184-187.

杨建军, 唐一鸿. 工业控制系统信息安全标准化[J]. 信息技术与标准化, 2012, (3): 20-23.

俞海国, 马先, 徐有蕊, 等. 电网工业控制系统安全威胁监测系统设计及应用[J]. 电力信息与通信技术, 2016(7):76-80.

张伟. 智能电网环境下工控系统信息安全初探[J]. 科技创新与应用, 2016, (27):194.

钟志琛. 基于网络流量异常检测的电网工控系统安全监测技术[J]. 远光软件, 2017, 15(1): 98-102.

Wang C, Ai H, Wu L, et al. A fine-grained access control model for smart grid[J]. Applied Mechanics & Materials, 2014, 513-517:772-776.

Wang Y, Wu L, Yang Y. Security authentication method of terminal trusted access in smart grid[J]. International Journal of Security & its Applications, 2015, 9(7):337-346.

Yang Y, Li Y. A review of computer network topology discovery methods[C]//Proceedings of the International Conference on Computer and Information Science, Safety Engineering. 2012.

Yang Y, Wang X. A review of application layer protocol identification[C]//Proceedings of the International Conference on Computer and Information Science, Safety Engineering. 2012.

Yang Y, Wu L, Hu W. Security architecture and key technologies for power cloud computing[C]//International Conference on Transportation, Mechanical, and Electrical Engineering. IEEE, 2012:1717-1720.

Yang Y, Wu L, Wang C, et al. Research on security access and authentication technology of power terminal based on TNC[J]. Applied Mechanics & Materials, 2014, 494-495:1623-1626.

Yang Y, Wu L, Yang S. The structure of intelligent grid based on cloud computing and risk analysis[C]//International Conference on Intelligent Human-Machine Systems and Cybernetics. IEEE Computer Society, 2012:123-126.

Yang Y, Wu L, Yan Y, et al. Fine-grained data integrity check for power cloud computing[C]// International Conference on Biomedical Engineering and Informatics. IEEE, 2013:1346-1350.

Yang Y, Zhang X, Zhu Z, et al. Research on homomorphic encryption clustering algorithm for smart grid privacy preserving[C]//International Conference on Information Engineering for Mechanics and Materials. 2016.